曲線と曲面の現代幾何学

Iwanami Mathematics

曲線と曲面の現代幾何学

——入門から発展へ

Modern Geometry of Curves and Surfaces

Reiko Miyaoka 宮岡礼子

岩波書店

まえがき

曲線論，曲面論については良書が既に多数あります．筆者は数学科の講義で曲線論・曲面論を長年にわたり担当し，その間，既刊書を参考に，教えることで多くを学びました．講義をするたびに気づくことも多く，日々ノートに手を入れ，それを元に今般，教科書として書き下ろしたのが本書です．

AI や IoT の時代を迎え，数学の必要性が改めて浮き彫りにされるこの頃です．数学科では，集合，位相に続き，曲線論，曲面論を学ぶことが多い反面，数学以外の理工系で，幾何学と称する科目をとる人は，一部の教員志望の学生以外ほとんどいません．しかし，社会における諸問題で幾何学が関わる分野は非常に多く，例えば次のような身近な問題の解決に幾何学が寄与しています．

医療分野では画像診断，ステントなどによる治療，製造業では自動車など工業製品のデザイン，建築業，材料関係では結晶格子の解析，生命科学では DNA 組み換え，化学分野では界面の解析，そして物理学ではブラックホールの解析などです．

そこで数学科に限らず，多くの理工系，そして文系の学生さんにも幾何学の基本を学んでいただきたいと常々思っております．

本書の特徴は，教科書として講義で利用することを主眼とした上で，自習書としても使えるよう，最重要な事項をピックアップして，全体を手に取りやすい分量におさえたことです．セメスター制の講義で使う場合，1 回 1 章として，標準回数 15 回におさまるよう工夫したのが第 I 部で，半年で曲線論と，曲面論の目標であるガウス–ボンネの定理をマスターできます．章タイトルに † を付した第 8 章と第 15 章は余力のある人向けですので，この回は中間テストや期末テストに振り替えることも可能です．各章にはまとめと問題(略解は巻末に掲載)を入れて，自習しやすくしました．十分な理解につなげるには自分の手でこれらの問題を解くという講義外の学習が必須となります．1回の講義に要する予習，復習時間は講義時間の3倍と考えて実践すれば，知識を確かなものにすることができます．こぼれ話的な余談もつけましたので息抜きもしてください．幾何学の学習においてはできるだけ図を描くことをお勧めします．

体裁の上では，列ベクトルに統一することで，多様体論へと進んだときに動枠法(エリー・カルタン(É. Cartan)により導入された moving frame method とよばれる方法で，多様体論の計算で頻繁に使われる)の論文が読みやすいようにしました．これは線形代数学に現れる基底の変換則とも整合性をもちますが，既存の多くの書籍(行ベクトルを使用)とは異なる表現になっている部分がありますので，注意してください．

フェンチェルの定理の証明は，平易なものを載せています．また曲面の存在に関する曲面論の基本定理については，可積分系の立場からも理解できるよう，2つの証明を与えました．

しかし，初めて学ぶ人にとっては，証明を詳細に理解することは苦痛かもしれません．そんな人はまず，より一般向けの拙著『曲がった空間の幾何学』(ブルーバックス)で概要を学んでください．また，本書の次に何を勉強したらよいか知りたい人は『現代幾何学への招待』(サイエンス社)を読んでください．ただこれらの書物では詳細な証明や，厳密な定義などを省略した部分もありますので，本書ではできるだけ正確な記述を心がけました．

曲面論の話題は尽きず，またこの先の多様体論への導入も考えると，書き足りないことばかりですが，第II部，第16章以下は通常の書籍にあまり書いていない，フビニ–スタディ計量と，ポアンカレ計量の由来のわかる表示を詳述しました．また，基本群と被覆空間は重要ですので，導入を図りました．測地線や極小曲面の意味を与える変分問題にも触れ，それらを統合する調和写像についても紹介しました．曲面論の基本定理に現れる可積分条件とポアンカレの補題との関係，さらには可積分系理論との関係にもほんの少し触れています．他方，詳しく述べられなかった位相幾何については，専門書をお読みください．

最後に，本書執筆中に自発的に原稿を読み，チェックをしてくれた，当初東北大学２年生，現在３年生の物理学科 近藤暖君に感謝します．また，本書の刊行に際しまして大変お世話になりました岩波書店の吉田宇一氏と彦田孝輔氏には，心より感謝と御礼を申し上げます．

2019 年 8 月　杜の都にて

宮岡礼子

目　次

第II部

第 I 部

1
曲線論・曲面論に必要な基本事項

本章では，曲線論・曲面論で用いる必要最小限の概念を復習する．第2章から読み，必要に応じて本章に戻ってもよい．

1.1 ベクトルと行列

平面ベクトル全体のなす空間を $\mathbb{R}^2$ と書いて，2次元実ベクトル空間，空間ベクトルからなる空間を $\mathbb{R}^3$ と書いて，3次元実ベクトル空間という．原則としてこれらのベクトルを列ベクトルで表示し，太字 $\boldsymbol{a}$ で表す．これは，ベクトルに対して行列を左から施すことと関係するが，ここでは代数的な演算よりも，幾何学的な意味に着目する．すなわち行列を施すことは，ベクトルを他のベクトルに移すことと理解し，例えば2つの独立なベクトルは，正則行列を施すことにより，2つの独立なベクトルに移る．ここに**正則行列**とは可逆な行列，つまり逆行列をもつ行列のことである．このように行列演算の図形的な意味を考えながら進もう．

さて列ベクトルを行ベクトルに，行ベクトルを列ベクトルにすることを**転置**といい，記号 ^{t} で表す．列ベクトル $\boldsymbol{a}$ の転置で得られる行ベクトルを $\vec{a} = {}^t\boldsymbol{a}$ と上に矢印をつけて表す．

以下の議論は一般の n でなりたつが，$n=2$ または3で理解すれば十分である．$\vec{a}=\begin{pmatrix} a_1 & \ldots & a_n \end{pmatrix}$ と，$\boldsymbol{b}=\begin{pmatrix} b_1 \\ \vdots \\ b_n \end{pmatrix}$ との行列としての積は

$$\vec{a}\boldsymbol{b} = a_1b_1 + \cdots + a_nb_n \tag{1.1}$$

であり，スカラー[*1]を得る．右辺は列ベクトル $\boldsymbol{a}={}^t\vec{a}$ と $\boldsymbol{b}$ の通常のユークリッド内積 $\langle \boldsymbol{a}, \boldsymbol{b} \rangle$ の形であるから，

$$\langle \boldsymbol{a}, \boldsymbol{b} \rangle = \vec{a}\boldsymbol{b} = {}^t\boldsymbol{a}\boldsymbol{b} \tag{1.2}$$

とも表せる．ベクトル $\boldsymbol{a}$ の大きさは

$$|\boldsymbol{a}| = \sqrt{\langle \boldsymbol{a}, \boldsymbol{a} \rangle} \tag{1.3}$$

で与えられる．$\boldsymbol{a}$ と $\boldsymbol{b}$ のなす角を $\theta\ (0 \leqq \theta \leqq \pi)$ とするとき

$$\cos\theta = \frac{\langle \boldsymbol{a}, \boldsymbol{b} \rangle}{|\boldsymbol{a}||\boldsymbol{b}|} \tag{1.4}$$

である．

定義 1.1　(1.2)に現れた内積 $\langle\ ,\ \rangle$ を入れた n 次元実ベクトル空間 $\mathbb{R}^n$ を **n 次元ユークリッド空間**といい，E^n で表す．

1.2　行列式とトレース

補題 1.1　2つのベクトル $\boldsymbol{a}$ と $\boldsymbol{b}$ のはる平行四辺形の面積 S は，$\sqrt{|\boldsymbol{a}|^2|\boldsymbol{b}|^2-\langle \boldsymbol{a}, \boldsymbol{b} \rangle^2}$ で与えられる．ここでのベクトルは何次元でもよい．

[証明]　今，$\boldsymbol{a}$ と $\boldsymbol{b}$ のなす角を θ とすると，(1.4)を用いて

$$S = |\boldsymbol{a}||\boldsymbol{b}||\sin\theta| = |\boldsymbol{a}||\boldsymbol{b}|\sqrt{1-\cos^2\theta}$$

＊1　ベクトルと区別するため，通常の数(複素数でもよい)をスカラーとよぶことにする．

$$= |\boldsymbol{a}||\boldsymbol{b}|\sqrt{1 - \frac{\langle \boldsymbol{a}, \boldsymbol{b} \rangle^2}{|\boldsymbol{a}|^2|\boldsymbol{b}|^2}}$$
$$= \sqrt{|\boldsymbol{a}|^2|\boldsymbol{b}|^2 - \langle \boldsymbol{a}, \boldsymbol{b} \rangle^2}. \qquad (1.5)$$ ▮

系 1.1　$\boldsymbol{a}$ と $\boldsymbol{b}$ が一次独立 $\Longleftrightarrow |\boldsymbol{a}|^2|\boldsymbol{b}|^2 - \langle \boldsymbol{a}, \boldsymbol{b} \rangle^2 > 0$

特に 2 次元ベクトル $\boldsymbol{u} = \begin{pmatrix} u_1 \\ u_2 \end{pmatrix}$ と $\boldsymbol{v} = \begin{pmatrix} v_1 \\ v_2 \end{pmatrix}$ ではられる平行四辺形の面積は，この式から

$$S = \sqrt{(u_1^2 + u_2^2)(v_1^2 + v_2^2) - (u_1v_1 + u_2v_2)^2} = |u_1v_2 - v_1u_2| \qquad (1.6)$$

で与えられる．

定義 1.2　2 次正方行列 $U = \begin{pmatrix} u_1 & v_1 \\ u_2 & v_2 \end{pmatrix}$ の**行列式**を，$u_1v_2 - v_1u_2$ で定め，

$$\det U = \det \begin{pmatrix} u_1 & v_1 \\ u_2 & v_2 \end{pmatrix} = \begin{vmatrix} u_1 & v_1 \\ u_2 & v_2 \end{vmatrix} = u_1v_2 - v_1u_2 \qquad (1.7)$$

と記す．

(1.6) と (1.7) より

$$\det U = \pm\sqrt{|\boldsymbol{u}|^2|\boldsymbol{v}|^2 - \langle \boldsymbol{u}, \boldsymbol{v} \rangle^2} \qquad (1.8)$$

であり，2 次正方行列の行列式とは $\boldsymbol{u}, \boldsymbol{v}$ のはる平行四辺形の符号付き面積（± の符号は $\boldsymbol{u}, \boldsymbol{v}$ が反時計回りに位置していれば正，そうでなければ負）であるという幾何学的意味がわかった．

ここからは 3 次元ベクトル空間の話をする．

定義 1.3　$\boldsymbol{a}=\begin{pmatrix}a_1\\a_2\\a_3\end{pmatrix}, \boldsymbol{b}=\begin{pmatrix}b_1\\b_2\\b_3\end{pmatrix}\in E^3$ に対して，その**外積ベクトル** $\boldsymbol{a}\times\boldsymbol{b}$ を

$$\boldsymbol{a}\times\boldsymbol{b}=\begin{pmatrix}\begin{vmatrix}a_2 & b_2\\a_3 & b_3\end{vmatrix}\\[2mm]\begin{vmatrix}a_3 & b_3\\a_1 & b_1\end{vmatrix}\\[2mm]\begin{vmatrix}a_1 & b_1\\a_2 & b_2\end{vmatrix}\end{pmatrix} \tag{1.9}$$

で定義する．

補題 1.2　$\boldsymbol{a}\times\boldsymbol{b}$ は $\boldsymbol{a}, \boldsymbol{b}$ と直交するベクトルで，$|\boldsymbol{a}\times\boldsymbol{b}|$ は $\boldsymbol{a}, \boldsymbol{b}$ のはる平行四辺形の面積に等しい．

［証明］　まず

$$\langle\boldsymbol{a}, \boldsymbol{a}\times\boldsymbol{b}\rangle = a_1\begin{vmatrix}a_2 & b_2\\a_3 & b_3\end{vmatrix}+a_2\begin{vmatrix}a_3 & b_3\\a_1 & b_1\end{vmatrix}+a_3\begin{vmatrix}a_1 & b_1\\a_2 & b_2\end{vmatrix}=0.$$

同様に $\langle\boldsymbol{b}, \boldsymbol{a}\times\boldsymbol{b}\rangle=0$ を得る．

$$\begin{aligned}|\boldsymbol{a}\times\boldsymbol{b}|^2 &= (a_3b_2-b_3a_2)^2+(a_3b_1-b_3a_1)^2+(a_1b_2-b_1a_2)^2\\&=(a_1^2+a_2^2+a_3^2)(b_1^2+b_2^2+b_3^2)-(a_1b_1+a_2b_2+a_3b_3)^2\\&=|\boldsymbol{a}|^2|\boldsymbol{b}|^2-\langle\boldsymbol{a}, \boldsymbol{b}\rangle^2\end{aligned}$$

なので，(1.5) より $|\boldsymbol{a}\times\boldsymbol{b}|$ は $\boldsymbol{a}, \boldsymbol{b}$ のはる平行四辺形の面積である．　∎

定義 1.4　3 つのベクトル $\boldsymbol{a}, \boldsymbol{b}, \boldsymbol{c}\in\mathbb{R}^3$ の作る 3 次正方行列 $A=\begin{pmatrix}\boldsymbol{a} & \boldsymbol{b} & \boldsymbol{c}\end{pmatrix}$ の**行列式**を

$$\det A = \begin{vmatrix} \boldsymbol{a} & \boldsymbol{b} & \boldsymbol{c} \end{vmatrix} = \langle \boldsymbol{a} \times \boldsymbol{b}, \boldsymbol{c} \rangle \tag{1.10}$$

で定める．

もちろんこの定義は線形代数学で習う行列式の定義に一致する．証明は第3列に関する余因子展開を行えばよい(関連図書 [11] 参照).

補題 1.3 3次行列式の絶対値 $|\det A|$ は3つのベクトル $\boldsymbol{a}, \boldsymbol{b}, \boldsymbol{c}$ でできる平行六面体の体積 V である.

[証明] V は底面積 × 高さであるから，$\boldsymbol{a}, \boldsymbol{b}$ のはる平行四辺形を底面と考えると，$\boldsymbol{c}$ の $\boldsymbol{a}\times\boldsymbol{b}$ 成分 $\left\langle \dfrac{\boldsymbol{a}\times\boldsymbol{b}}{|\boldsymbol{a}\times\boldsymbol{b}|}, \boldsymbol{c} \right\rangle$ が高さだから,

$$V = |\boldsymbol{a} \times \boldsymbol{b}| \left| \left\langle \frac{\boldsymbol{a} \times \boldsymbol{b}}{|\boldsymbol{a} \times \boldsymbol{b}|}, \boldsymbol{c} \right\rangle \right| = |\langle \boldsymbol{a} \times \boldsymbol{b}, \boldsymbol{c} \rangle| = |\det A|$$

を得る. ∎

定義 1.5 $\langle \boldsymbol{a}\times\boldsymbol{b}, \boldsymbol{c}\rangle > 0$ のとき，$\boldsymbol{a}, \boldsymbol{b}, \boldsymbol{c}$ は**右手系**をなすという.

<u>特に $\boldsymbol{a}, \boldsymbol{b}, \boldsymbol{a} \times \boldsymbol{b}$ は右手系をなす.</u>

一般には，n 個の n 次元ベクトル $\boldsymbol{x}_1, \dots, \boldsymbol{x}_n$ のはる n 次元立体の体積に符号をつけたものが，線形代数学で習う n 次正方行列 $X = \begin{pmatrix} \boldsymbol{x}_1 & \dots & \boldsymbol{x}_n \end{pmatrix}$ の**行列式**である．我々は幾何学を勉強するので，行列式の意味をこのように図形的に捉えるとよい．符号について説明する.

互いに直交する $\mathbb{R}^n$ の標準枠を与える単位ベクトル $\boldsymbol{e}_1, \dots, \boldsymbol{e}_n$ のはる単位立方体 P を考えよう．P の体積は1である．$\boldsymbol{x}_1, \dots, \boldsymbol{x}_n$ を $\mathbb{R}^n$ の n 個のベクトルとして，$n\times n$ 行列 $X = \begin{pmatrix} \boldsymbol{x}_1 & \dots & \boldsymbol{x}_n \end{pmatrix}$ を考える．P を行列 $X = \begin{pmatrix} \boldsymbol{x}_1 & \dots & \boldsymbol{x}_n \end{pmatrix}$ で移すと，$X\boldsymbol{e}_i = \boldsymbol{x}_i$, $i=1, \dots, n$ ではられるひしゃげた n 次元立体になる．この体積が $|\det X|$ にほかならない．$\det X < 0$ となるとき X は $\mathbb{R}^n$ の向きを変える．向きの定義(15.1 節参照)をしていないので，これは曖昧であるが，平面 $\mathbb{R}^2$ では反時計回りか，時計回り，$\mathbb{R}^3$ では右手系か,

左手系で定まるのが向きである．

このように行列式を理解しておくと，$\boldsymbol{x}_1, \ldots, \boldsymbol{x}_n$ が一次独立でないときはこの図形が潰れる(次元が落ちる)から，図形の体積は 0，つまり $\det X = 0$ となることがよくわかる．

正方行列 A の行列式 $\det A$ とあわせて，もう一つ重要なのが**トレース**である．つまり行列の対角成分の和をトレースといい，$\mathrm{tr}\, A$ と書く．トレースは，のちに平均曲率を与えるところで現れる．

行列式とトレースは

$$\det(AB) = \det A \det B, \quad \mathrm{tr}(AB) = \mathrm{tr}(BA) \tag{1.11}$$

をみたす．T を正則行列とするとき，$T^{-1}AT$ は A と**相似である**という．(1.11)から

$$\det(T^{-1}AT) = \det A, \quad \mathrm{tr}(T^{-1}AT) = \mathrm{tr}\, A \tag{1.12}$$

がなりたつことが直ちにわかる．

実ベクトル空間 V の**線形変換** $L : V \to V$ とは，

$$L(\boldsymbol{u}+\boldsymbol{v}) = L(\boldsymbol{u}) + L(\boldsymbol{v}), \quad L(\lambda \boldsymbol{u}) = \lambda L(\boldsymbol{u}), \quad \lambda \in \mathbb{R}$$

をみたす変換のことである．線形変換の行列表示 A は，V の基底を決めると定まる．2 つの基底の間の基底変換の行列を T とする(章末の問 1.3 (5)参照)．行列 A は，新しい基底に関しては $T^{-1}AT$ と表されることを線形代数学で学習したであろう(章末の問 1.4 参照)．これと(1.12)から，

命題 1.1　線形変換を表す行列の行列式とトレースは，基底のとり方に依存しない．

という重要な事実がわかる．

1.3 等長変換と運動

ユークリッド空間において2点間の距離は内積から決まる．一般に距離を保つ変換を**等長変換**という．2次元ユークリッド空間の等長変換は，平行移動と回転で得られることが知られている．このうち向きを変えないものを総称して**運動**とよぶ．つまり運動では折り返しのように向きを変える変換は考えない．

また，3次元ユークリッド空間の回転とは，ある軸を中心とする回転のことである．すると，E^3 の等長変換は平行移動といくつかの回転の繰り返しで得られることがわかっている．ここでも向きを保つものを総称して**運動**とよぶ．ただし，向きを保つとは右手系を右手系に移す変換のことである．

◆**注意**　一般に**計量ベクトル空間**(内積をもつベクトル空間)の内積を保つ変換は線形変換であることが知られていて，これは行列で表される(関連図書 [11] 参照)．これを**直交変換**という．他方，平行移動は線形変換ではなく，**アフィン変換**とよばれるものであることに注意しよう(章末の問 1.8 参照)．

1.4 行列の指数関数

指数関数 $f(x)=e^x$ の $x=0$ におけるテイラー(Taylor)展開は

$$e^x = \sum_{k=0}^{\infty} \frac{x^k}{k!} \tag{1.13}$$

で与えられる．これを模して正方行列 A の**指数行列** $\exp A$ を

$$\exp A = \sum_{k=0}^{\infty} \frac{A^k}{k!} \tag{1.14}$$

で定める．これは無限和であるから収束が問題になるが，e^x と同様に，A の成分の最大値ノルムでおさえることにより，収束は保証される．さて，これより

$$F(t) = \exp(tA) = \sum_{k=0}^{\infty} \frac{t^k A^k}{k!} \tag{1.15}$$

も定義できる．t で微分すると，

$$\dot{F}(t) = \sum_{k=0}^{\infty} \frac{kt^{k-1}A^k}{k!} = \sum_{k=1}^{\infty} \frac{t^{k-1}A^k}{(k-1)!} = \exp(tA)A = A\exp(tA) \tag{1.16}$$

を得る．つまり $F(t)$ は常微分方程式

$$\dot{F}(t) = F(t)A, \quad \dot{F}(t) = AF(t) \tag{1.17}$$

のいずれか，実は両方をみたす初期条件 $F(0)=E$（E は単位行列）の一意解である（$F(t)$ と A は可換であることに注意）．

補題 1.4　$J=\begin{pmatrix} 0 & -1 \\ 1 & 0 \end{pmatrix}$ とするとき，

$$\exp(tJ) = \begin{pmatrix} \cos t & -\sin t \\ \sin t & \cos t \end{pmatrix} \tag{1.18}$$

［証明］　$J^2=-E$, $J^3=-J$, $J^4=E$ であるから

$$\exp(tJ) = \sum_{i=0}^{\infty} \frac{(-1)^i t^{2i}}{(2i)!}E + \sum_{i=0}^{\infty} \frac{(-1)^i t^{2i+1}}{(2i+1)!}J$$

を得る．他方，

$$\cos t = \sum_{i=0}^{\infty} \frac{(-1)^i t^{2i}}{(2i)!}, \quad \sin t = \sum_{i=0}^{\infty} \frac{(-1)^i t^{2i+1}}{(2i+1)!} \tag{1.19}$$

であるから，(1.18)を得る．　■

(1.18)は 2 次元平面の回転角 t の**回転行列**で，これを $R(t)$ と表す．回転行列が内積を保つことは明らかであろう．

定義 1.6　内積を保つ線形変換のなす群を**直交群**という．また行列式の値が 1 の行列を特殊行列という．(1.18)の形の回転行列全体は **2 次特殊直交群**とよばれ，$SO(2)$ と表される．折り返し，例えば x 軸に対する折

り返し $\begin{pmatrix} 1 & 0 \\ 0 & -1 \end{pmatrix}$ は直交群の元であるが，行列式の値は -1 である．これも含めた**2 次直交群**は $O(2)$ と表す．

◆**注意**　一般に演算が定義された集合 G において，演算に関する結合法則がなりたち，単位元と逆元が存在するとき，G を**群**という．

◆**注意**　直交群の要素である直交行列 T は $T^{-1} = {}^tT$ をみたす行列で，計量ベクトル空間の正規直交基底を並べて得られる(関連図書 [11] 参照)．

まとめ

1. 2 つの列ベクトル $\boldsymbol{a}, \boldsymbol{b} \in \mathbb{R}^n$ の内積：$\langle \boldsymbol{a}, \boldsymbol{b} \rangle = {}^t\boldsymbol{a}\boldsymbol{b} = \vec{a}\boldsymbol{b}$
2. 2 つのベクトル $\boldsymbol{a}, \boldsymbol{b}$ のなす角度を θ とするとき，$\cos\theta = \dfrac{\langle \boldsymbol{a}, \boldsymbol{b} \rangle}{|\boldsymbol{a}||\boldsymbol{b}|}$
3. 2 つのベクトル $\boldsymbol{a}, \boldsymbol{b}$ ではられる平行四辺形の面積：$\sqrt{|\boldsymbol{a}|^2|\boldsymbol{b}|^2 - \langle \boldsymbol{a}, \boldsymbol{b} \rangle^2}$
4. 2 次正方行列 $U = \begin{pmatrix} u_1 & v_1 \\ u_2 & v_2 \end{pmatrix}$ の行列式は，$\begin{pmatrix} u_1 \\ u_2 \end{pmatrix}$，$\begin{pmatrix} v_1 \\ v_2 \end{pmatrix}$ のはる平行四辺形の符号付き面積で，$\det U = \begin{vmatrix} u_1 & v_1 \\ u_2 & v_2 \end{vmatrix} = u_1v_2 - v_1u_2$
5. 3 次元ベクトル $\boldsymbol{a} = \begin{pmatrix} a_1 \\ a_2 \\ a_3 \end{pmatrix}$，$\boldsymbol{b} = \begin{pmatrix} b_1 \\ b_2 \\ b_3 \end{pmatrix} \in E^3$ の外積ベクトル：

$$\boldsymbol{a} \times \boldsymbol{b} = \begin{pmatrix} \begin{vmatrix} a_2 & b_2 \\ a_3 & b_3 \end{vmatrix} \\ \begin{vmatrix} a_3 & b_3 \\ a_1 & b_1 \end{vmatrix} \\ \begin{vmatrix} a_1 & b_1 \\ a_2 & b_2 \end{vmatrix} \end{pmatrix}$$

は，$\boldsymbol{a}, \boldsymbol{b}$ と直交し，$|\boldsymbol{a}\times\boldsymbol{b}|$ は $\boldsymbol{a}, \boldsymbol{b}$ のはる平行四辺形の面積に等しく，$\boldsymbol{a}, \boldsymbol{b}, \boldsymbol{a}\times\boldsymbol{b}$ は右手系をなす．

6. ベクトル $\boldsymbol{a}, \boldsymbol{b}, \boldsymbol{c}\in\mathbb{R}^3$ の作る 3 次正方行列 $A=\begin{pmatrix}\boldsymbol{a} & \boldsymbol{b} & \boldsymbol{c}\end{pmatrix}$ の行列式：$\det A=\langle\boldsymbol{a}\times\boldsymbol{b}, \boldsymbol{c}\rangle$ は $\boldsymbol{a}, \boldsymbol{b}, \boldsymbol{c}$ でできる平行六面体の符号付き体積
7. n 次正方行列 A のトレース $\operatorname{tr} A$ とは対角成分の和
8. 正則行列 T に対して，$\det(T^{-1}AT)=\det A$，$\operatorname{tr}(T^{-1}AT)=\operatorname{tr} A$
9. 正方行列 A の指数行列：$\exp A=\sum_{k=0}^{\infty}\dfrac{A^k}{k!}$

   $F(t)=\exp(tA)$ は $\dot{F}(t)=F(t)A=AF(t)$，$F(0)=E$ (E は単位行列) の一意解
10. $J=\begin{pmatrix}0 & -1\\ 1 & 0\end{pmatrix}$ のとき，$\exp(tJ)=\begin{pmatrix}\cos t & -\sin t\\ \sin t & \cos t\end{pmatrix}=R(t)$
11. $SO(2)=\{R(t)\}$ を 2 次特殊直交群という．

問　題

問 1.1　2 つのベクトル $\begin{pmatrix}1\\1\\2\end{pmatrix}, \begin{pmatrix}0\\1\\1\end{pmatrix}$ のなす角 θ を求めよ．

問 1.2　E^3 の 4 点 $(1,2,3)$，$(2,1,3)$，$(1,0,-1)$，$(-2,1,0)$ を頂点とする四面体の体積を求めよ．

問 1.3　(1)　$\boldsymbol{f}_1=\begin{pmatrix}1\\-1\\0\end{pmatrix}, \boldsymbol{f}_2=\begin{pmatrix}0\\1\\1\end{pmatrix}$ ではられる平行四辺形の面積 S を求めよ．

(2)　このとき $\boldsymbol{f}_3=\boldsymbol{f}_1\times\boldsymbol{f}_2$ を求めよ．

(3)　$\boldsymbol{f}_1, \boldsymbol{f}_2, \boldsymbol{f}_3$ のはる平行六面体の体積 V を求めよ．

(4)　グラム-シュミットの直交化で $\boldsymbol{f}_1, \boldsymbol{f}_2, \boldsymbol{f}_3$ から E^3 の正規直交枠 $\boldsymbol{e}_1, \boldsymbol{e}_2, \boldsymbol{e}_3$ を求めよ．

(5)　$\boldsymbol{f}_1, \boldsymbol{f}_2, \boldsymbol{f}_3$ から，$\boldsymbol{e}_1, \boldsymbol{e}_2, \boldsymbol{e}_3$ への基底の変換行列 T を求めよ．ただし T は $E=\begin{pmatrix}\boldsymbol{e}_1 & \boldsymbol{e}_2 & \boldsymbol{e}_3\end{pmatrix}$，$F=\begin{pmatrix}\boldsymbol{f}_1 & \boldsymbol{f}_2 & \boldsymbol{f}_3\end{pmatrix}$ とするとき，$E=FT$ で決まる行列のことである．

問 1.4　一般に $\mathbb{R}^3$ の線形変換について，$\mathbb{R}^3$ のある基底 $\mathcal{F}$ に関する行列表示が A であるとき，他の基底 $\mathcal{E}$ に関する行列表示 B は，$\mathcal{F}$ から $\mathcal{E}$ への基底の変換行列 T を用いると $B=T^{-1}AT$ となることを示せ．

問 1.5　正方行列 A, B, C について，次のうち正しいものはどれか．

(1)　$\mathrm{tr}(ABC)=\mathrm{tr}(CAB)$　(2)　$\mathrm{tr}(ABC)=\mathrm{tr}(BAC)$

(3)　$\mathrm{tr}(ABC)=\mathrm{tr}(BCA)$　(4)　$\mathrm{tr}(ABC)=\mathrm{tr}(CBA)$

問 1.6　次はなりたつか：$\exp(A+B)=\exp A \exp B$．理由とともに答えよ．

問 1.7　$SO(2)=\left\{R(t)=\begin{pmatrix}\cos t & -\sin t \\ \sin t & \cos t\end{pmatrix}\right\}$ の 2 元は，$R(t_2)R(t_1)=R(t_1+t_2)$ をみたすことを示せ．また $R(t)$ の逆行列を求めよ．

問 1.8　ユークリッド空間の平行移動は線形変換ではないことを示せ．

2 平面曲線

曲線とは読んで字のごとく曲がった線である．ユークリッド空間では曲がっていない曲線は直線であるが，曲面の上にある曲線を考えると，「曲がっていない曲線」は測地線というものになる(6.5 節参照)．

このように，曲線をどの空間の中で考えるかによって，事情は異なってくる．ただし，基礎になるのはユークリッド空間の曲線であるから，我々もここから話を始めよう．まず，平面曲線について学ぶ．

2.1 平面曲線とは

定義 2.1 xy 平面上の曲線を，パラメーター t で動く E^2 の質点

$$\boldsymbol{c}(t) = \begin{pmatrix} x(t) \\ y(t) \end{pmatrix} : [a, b] \to E^2 \tag{2.1}$$

の軌跡として，列ベクトルで表す[*1]．$\boldsymbol{c}(t)$ は 2 階連続微分可能(第 6 章参照．これを $\boldsymbol{C^2}$ **級**という)かつ，$\dot{\boldsymbol{c}}(t) = \dfrac{d\boldsymbol{c}(t)}{dt} \neq 0$ をみたすと仮定する．

*1 紙面の節約のため，ベクトルを行ベクトルで表す書籍が多いが，のちの議論との整合性を考え，本書では列ベクトルで表示する．単に点を座標で表す場合には行で表す．

$\dot{\boldsymbol{c}}(t)$ を曲線の**接ベクトル**という．t が増える方向を**曲線の向き**という．

$\dot{\boldsymbol{c}}(t)\neq 0$ は，曲線にとんがった点(尖点)や角が現れないことを保証するものである．

例 2.1　$\boldsymbol{c}(t)=\begin{pmatrix} t^2 \\ t^3 \end{pmatrix}$, $t\in(-\infty,\infty)$ について，$\dot{\boldsymbol{c}}(t)=\begin{pmatrix} 2t \\ 3t^2 \end{pmatrix}$ は $t=0$ で消えるから曲線でない．概形を描くと $t=0$ で尖点が現れる(図 2.1)．　□

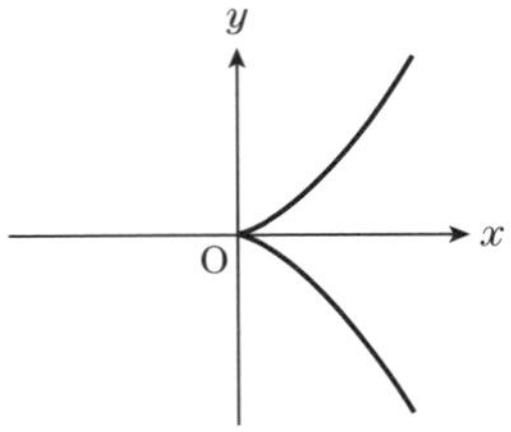

図 2.1　尖点をもつ曲線

例 2.2　$y=f(x)$ が C^2 級であるとき，$\boldsymbol{c}(x)=\begin{pmatrix} x \\ f(x) \end{pmatrix}$ は x をパラメーターとする曲線である．実際，$\dot{\boldsymbol{c}}(x)=\begin{pmatrix} 1 \\ \dot{f}(x) \end{pmatrix}$ はいたるところ消えない．　□

定義 2.2　例 2.2 の形の曲線を $\boldsymbol{f(x)}$ **のグラフ**という．

曲線はこのほかにも円：$x^2+y^2=1$ のように，ある関数の等位曲線で表されることもあるが，これも適当なパラメーターを用いることにより，$\begin{pmatrix} \cos t \\ \sin t \end{pmatrix}$ のように(2.1)の形で表される．ただし，次で述べるようにパラメーターのとり方は様々である．

定義 2.3　$\tau:[a,b]\ni t\mapsto\tau(t)\in[\alpha,\beta]$ が狭義単調な C^2 級関数のとき，$\boldsymbol{c}(\tau)=\boldsymbol{c}(\tau(t))=\boldsymbol{c}(t)$ を**曲線のパラメーター変換**という(図 2.2)．特に $\tau(t)$ が狭義単調増加であるとき，曲線の向きは変わらない．

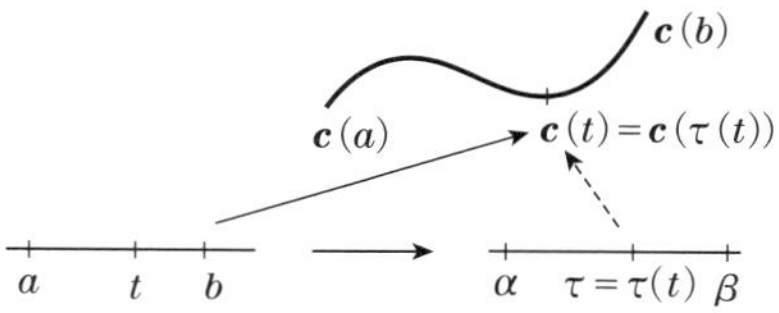

図 2.2 曲線のパラメーター変換

補題 2.1 $\boldsymbol{c}(t)$ が曲線であるとき，パラメーター変換した $\boldsymbol{c}(\tau)$ も曲線である．

[証明] $\dfrac{d\boldsymbol{c}(\tau)}{d\tau}=\dfrac{d\boldsymbol{c}(t)}{dt}\dfrac{dt}{d\tau}\neq 0.$ ∎

以後，$\mathbb{R}^2$ にユークリッド内積を入れたユークリッド平面 E^2 を考えよう．

$$|\dot{\boldsymbol{c}}(t)|=\sqrt{\dot{x}(t)^2+\dot{y}(t)^2} \tag{2.2}$$

である．求積法で学んだことから曲線の長さは次で与えられる(付録 A. 1 節参照)．

定義 2.4 E^2 の曲線 $\boldsymbol{c}(t)$ の長さを

$$L(\boldsymbol{c})=\int_a^b |\dot{\boldsymbol{c}}(t)|dt \tag{2.3}$$

で定める．さらに

$$s(t)=\int_a^t |\dot{\boldsymbol{c}}(t)|dt \tag{2.4}$$

を曲線 $\boldsymbol{c}(t)$ の**弧長**という．積分変数 t と積分範囲の t が重なっているが誤解はないであろう．

補題 2.2 曲線の長さはパラメーターのとり方によらない．

[証明] $\tau=\tau(t)$ のとき

$$\int_\alpha^\beta \left|\frac{d\boldsymbol{c}(\tau)}{d\tau}\right| d\tau = \int_\alpha^\beta \left|\frac{d\boldsymbol{c}(t)}{dt}\right|\left|\frac{dt}{d\tau}\right| d\tau = \begin{cases} \displaystyle\int_a^b |\dot{\boldsymbol{c}}(t)|dt \\ \displaystyle\int_b^a -|\dot{\boldsymbol{c}}(t)|dt. \end{cases}$$

ここに $\tau(t)$ が単調減少のときは，始点と終点が入れ替わるから，a と b を入れ替えることにより，長さは正になる．∎

(2.4) より，$\dfrac{ds}{dt} = |\dot{\boldsymbol{c}}(t)| > 0$ であるから，s は t について狭義単調増加で，$\boldsymbol{c}(s) = \boldsymbol{c}(s(t))$ は曲線のパラメーター変換である．

定義 2.5　s を**弧長パラメーター**とよぶ．

弧長をパラメーターにとるといろいろ良いことがある(2.3 節の余談 1 参照)．

以後，本書を通して弧長 s に関する微分をダッシュで表そう．

2.2　平面曲線のフレネ-セレ枠と曲率

命題 2.1　$\boldsymbol{c}(s) : [0, l] \to E^2$ を弧長パラメーター表示された曲線とするとき次がなりたつ(図 2.3)．

(1) $\boldsymbol{e}_1(s) = \boldsymbol{c}'(s) = \begin{pmatrix} x'(s) \\ y'(s) \end{pmatrix}$ は曲線の**単位接ベクトル**である．

(2) $\boldsymbol{e}_1(s)$ を反時計回りに $\dfrac{\pi}{2}$ 回転させて得られる $\boldsymbol{e}_2(s) = \begin{pmatrix} -y'(s) \\ x'(s) \end{pmatrix}$

を曲線の**単位法ベクトル**とよぶ．すると，ある関数 $\kappa(s)$ を用いて $\boldsymbol{c}''(s) = \kappa(s)\boldsymbol{e}_2(s)$ と表せる．

[証明]　(1) $|\boldsymbol{c}'(s)| = |\dot{\boldsymbol{c}}(t)|\left|\dfrac{dt}{ds}\right| = |\dot{\boldsymbol{c}}(t)|\dfrac{1}{|\dot{\boldsymbol{c}}(t)|} = 1.$

(2) $\langle \boldsymbol{c}'(s), \boldsymbol{c}'(s)\rangle = 1$ を s で微分すると $2\langle \boldsymbol{c}''(s), \boldsymbol{c}'(s)\rangle = 0$ より $\boldsymbol{c}''(s)$ は $\boldsymbol{e}_1(s)$ と直交するから，$\boldsymbol{e}_2(s)$ のスカラー倍になる．∎

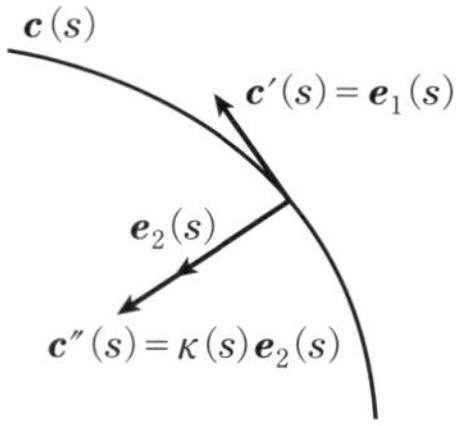

図 2.3 曲線の単位接ベクトルと単位法ベクトル

定義 2.6 $\boldsymbol{e}_1(s), \boldsymbol{e}_2(s)$ を平面曲線の**フレネ-セレ**(Frenet-Serret)**枠**, $\kappa(s)$ を**平面曲線の曲率**という.

◆**注意** フレネ-セレ枠は本来は空間曲線(第 4 章参照)のものをいうが, ここでは平面曲線のものも同じようによぼう.

命題 2.2 **フレネ-セレの公式**とよばれる次の式がなりたつ.

$$\begin{cases} \boldsymbol{e}_1'(s) = \kappa(s)\boldsymbol{e}_2(s) \\ \boldsymbol{e}_2'(s) = -\kappa(s)\boldsymbol{e}_1(s) \end{cases} \tag{2.5}$$

[証明] 第 1 式は定義から. 第 2 式は $\langle \boldsymbol{e}_2(s), \boldsymbol{e}_2(s)\rangle = 1$ を微分すると $\boldsymbol{e}_2'(s)$ が $\boldsymbol{e}_1(s)$ 方向を向くことがわかり, $\langle \boldsymbol{e}_2(s), \boldsymbol{e}_1(s)\rangle = 0$ を微分して, $\langle \boldsymbol{e}_2'(s), \boldsymbol{e}_1(s)\rangle = -\langle \boldsymbol{e}_2(s), \boldsymbol{e}_1'(s)\rangle = -\kappa(s)$ がわかる. ∎

これを用いると, $\boldsymbol{c}'(s) = \boldsymbol{e}_1(s)$, $\boldsymbol{c}''(s) = \boldsymbol{e}_1'(s) = \kappa(s)\boldsymbol{e}_2(s)$ であるから, $\boldsymbol{c}(s)$ の $\boldsymbol{c}(0)$ におけるテイラー展開は

$$\boldsymbol{c}(s) = \boldsymbol{c}(0) + \boldsymbol{e}_1(0)s + \kappa(0)\boldsymbol{e}_2(0)\frac{s^2}{2} + \cdots \tag{2.6}$$

で与えられることがわかる.

2.3 曲率円と曲がり方

定義 2.7　点 $\boldsymbol{c}(s)$ で $\boldsymbol{c}(s)$ に内接する半径 $\dfrac{1}{|\kappa(s)|}$ の円 $\gamma(t)$ を**曲率円**という (図 2.4).

点 $\boldsymbol{c}(s)$ において曲線に接する円は無数にあるが，曲率円は $\boldsymbol{c}(s)$ に最もよく接している円である．実際，次がなりたつ．

補題 2.3　曲率円は法線上 $\boldsymbol{c}(s)+\dfrac{1}{\kappa}\boldsymbol{e}_2(s)$ に中心をもち，曲線 $\boldsymbol{c}(s)$ と 2 次の接触をする円である．

［証明］　パラメーターをずらすことにより，$s=0$ で考えよう．今 $\boldsymbol{c}(0)=\boldsymbol{p}$, $\kappa(0)=\kappa$, $\boldsymbol{e}_1(0)=\boldsymbol{e}_1$, $\boldsymbol{e}_2(0)=\boldsymbol{e}_2$ と書く．$\boldsymbol{p}+\dfrac{1}{\kappa}\boldsymbol{e}_2$ を中心とする半径 $\dfrac{1}{\pm\kappa}$ の円 γ を考える．ただし符号は $\kappa>0$ のとき $+$, $\kappa<0$ のとき $-$ をとる．点 $\boldsymbol{p}$ と γ 上の点のなす曲率円の中心角を t とすると，γ は

$$\gamma(t)=\boldsymbol{p}+\frac{1}{\kappa}\boldsymbol{e}_2+\frac{1}{\pm\kappa}(\sin t\boldsymbol{e}_1\mp\cos t\boldsymbol{e}_2)$$

と表せる．cos の前の符号は図 2.4 を見て理解せよ．

$|\dot{\gamma}(t)|=\dfrac{1}{\pm\kappa}$ より，γ の弧長は $\sigma=\dfrac{t}{\pm\kappa}$ なので，

$$\gamma(\sigma)=\boldsymbol{p}+\frac{1}{\kappa}\boldsymbol{e}_2+\frac{1}{\pm\kappa}(\sin(\pm\kappa\sigma)\boldsymbol{e}_1\mp\cos(\pm\kappa\sigma)\boldsymbol{e}_2) \tag{2.7}$$

となる．σ で微分すると，

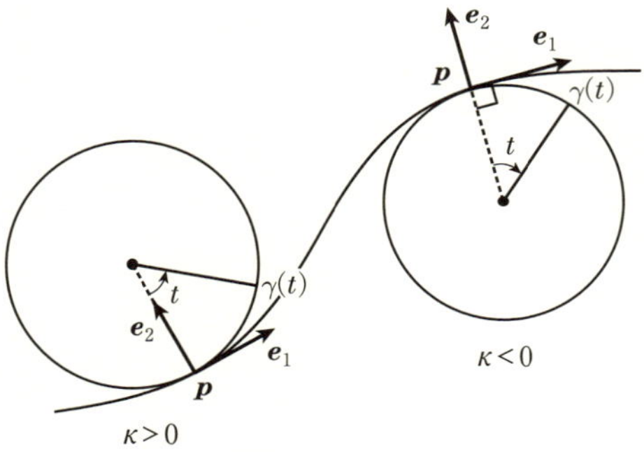

図 2.4　曲率円

$$\frac{d\gamma(\sigma)}{d\sigma} = \cos(\pm\kappa\sigma)\boldsymbol{e}_1 \pm \sin(\pm\kappa\sigma)\boldsymbol{e}_2 \tag{2.8}$$

であるから，$\sigma=0$ における 1 階微分は $\boldsymbol{e}_1$，2 階微分は同様に，

$$\frac{d^2}{d\sigma^2}(\gamma(\sigma))\bigg|_{\sigma=0} = \pm\kappa(-\sin(\pm\kappa\sigma)\boldsymbol{e}_1 \pm \cos(\pm\kappa\sigma)\boldsymbol{e}_2)\bigg|_{\sigma=0} = \kappa\boldsymbol{e}_2 \tag{2.9}$$

となる．よって(2.6)により $\boldsymbol{c}(s)$ と $\gamma(\sigma)$ は，$\boldsymbol{c}(0)$ において 2 次までの項が一致し，2 次の接触をしている．■

このことから次もわかる．$\kappa(0)\neq 0$ なる点で，曲線に接線 $\boldsymbol{l}$ を引いてみる．接線の方程式は(2.6)で s についての 1 次の項まで，つまり

$$\boldsymbol{l}(s) = \boldsymbol{c}(0) + s\boldsymbol{e}_1(0) \tag{2.10}$$

で与えられる．すると $\kappa(0)>0$ のとき，曲線は $\boldsymbol{l}$ の左側にある．実際，(2.6)において，2 次の展開項は $\boldsymbol{e}_2(0)$ 方向に正の係数がついているからである．もちろん $\kappa(0)<0$ ならば $\boldsymbol{l}$ の右側にくる．

<u>平面曲線の曲率の正負は，曲線がその点のそばで，</u>
<u>接線のどちら側に位置するかを表している．</u>

$\kappa(0)=0$ のときは接線の両方にまたがることもあるし，そうでない場合もある．これは s について 3 次以上の項がどうなるかにより決まるのである．

命題 2.3　任意パラメーター t で与えられた平面曲線 $\boldsymbol{c}(t)$ の曲率は

$$\kappa(t) = \frac{\dot{x}\ddot{y}-\ddot{x}\dot{y}}{(\dot{x}^2+\dot{y}^2)^{3/2}} = \frac{\det\begin{pmatrix}\dot{\boldsymbol{c}} & \ddot{\boldsymbol{c}}\end{pmatrix}}{|\dot{\boldsymbol{c}}|^3} \tag{2.11}$$

で与えられる．

［証明］　$\boldsymbol{c}(t) = \begin{pmatrix} x(t) \\ y(t) \end{pmatrix}$ より $\dot{\boldsymbol{c}}(t) = \begin{pmatrix} \dot{x}(t) \\ \dot{y}(t) \end{pmatrix}$ で

$$\boldsymbol{e}_1 = \frac{1}{|\dot{\boldsymbol{c}}(t)|}\begin{pmatrix}\dot{x}(t)\\ \dot{y}(t)\end{pmatrix}, \quad \boldsymbol{e}_2 = \frac{1}{|\dot{\boldsymbol{c}}(t)|}\begin{pmatrix}-\dot{y}(t)\\ \dot{x}(t)\end{pmatrix},$$

$\boldsymbol{e}_1' = \kappa\boldsymbol{e}_2$ である．したがって $\boldsymbol{e}_1, \boldsymbol{e}_2$ が直交することに注意して，

$$\begin{aligned}\kappa = \langle \boldsymbol{e}_1', \boldsymbol{e}_2\rangle &= \left\langle \frac{dt}{ds}\frac{d\boldsymbol{e}_1}{dt}, \frac{1}{|\dot{c}(t)|}\begin{pmatrix}-\dot{y}(t)\\ \dot{x}(t)\end{pmatrix}\right\rangle \\ &= \frac{1}{|\dot{c}(t)|^2}\left\langle \frac{d\boldsymbol{e}_1}{dt}, \begin{pmatrix}-\dot{y}(t)\\ \dot{x}(t)\end{pmatrix}\right\rangle = -\frac{1}{|\dot{c}(t)|^2}\left\langle \boldsymbol{e}_1, \frac{d}{dt}\begin{pmatrix}-\dot{y}(t)\\ \dot{x}(t)\end{pmatrix}\right\rangle \\ &= \frac{1}{|\dot{c}(t)|^3}\left\langle \begin{pmatrix}\dot{x}\\ \dot{y}\end{pmatrix}, \begin{pmatrix}\ddot{y}(t)\\ -\ddot{x}(t)\end{pmatrix}\right\rangle = \frac{\dot{x}\ddot{y} - \ddot{x}\dot{y}}{(\dot{x}^2 + \dot{y}^2)^{3/2}}\end{aligned}$$

を得る．第 2 式は行列式の定義から明らかである． ∎

余談 1

曲線 $\boldsymbol{c}(t)$ を時間パラメーター t で表した質点の動きと捉えると，1 階微分 $\dot{\boldsymbol{c}}(t)$ は速度，2 階微分 $\ddot{\boldsymbol{c}}(t)$ は加速度と考えられる．これらはベクトルであり，速さは $|\dot{\boldsymbol{c}}(t)|$ のことで，時速 10 km というようにスカラーである．これを少し掘り下げてみよう．

速度(ベクトル)の変化を表す加速度(ベクトル) $\ddot{\boldsymbol{c}}(t)$ は，2 つのことを同時に表現している．つまり，速さの変化と，向きの変化の両方である．このように時間パラメーターでは両方が混在していて，少しややこしい．

弧長パラメーターを用いると，速さ $|\boldsymbol{c}'(s)|$ は常に 1 であるから，加速度 $\boldsymbol{c}''(s)$ は，純粋に向きの変化の度合いを与え，わかりやすい．

平面曲線では $\boldsymbol{c}'(s) = \boldsymbol{e}_1(s)$ の変わる方向は $\pm\boldsymbol{e}_2(s)$ のみであり，この変化の度合いを表すスカラーが，曲率 $\kappa(s)$ なのである．$|\kappa(s)|$ が大きければ急激に曲がるし，小さければほとんど曲がらない．

2.4 平面曲線の基本定理

定理 2.1 (平面曲線の基本定理) 平面曲線はその曲率により，運動を除いて形が一意に決まる.

[証明] 弧長パラメーター表示された平面曲線 $\boldsymbol{c}(s):[0,l]\to E^2$ のフレネ-セレ枠を用いて，2×2 行列

$$X(s)=\Big(\boldsymbol{e}_1(s)\quad \boldsymbol{e}_2(s)\Big)$$

を考える．フレネ-セレの公式(2.5)は

$$X'(s)=X(s)A(s),\quad A(s)=\begin{pmatrix}0 & -\kappa(s)\\ \kappa(s) & 0\end{pmatrix} \tag{2.12}$$

と書ける常微分方程式である*2．常微分方程式の基本定理より，初期値 $X(0)$ を与えると解 $X(s)$ が一意に定まる．ここで $X(0)=\Big(\boldsymbol{e}_1(0)\quad \boldsymbol{e}_2(0)\Big)$ の選び方には平面の回転の自由度がある．また $\boldsymbol{c}'(s)=\boldsymbol{e}_1(s)$ より

$$\boldsymbol{c}(s)-\boldsymbol{c}(0)=\int_0^s \boldsymbol{e}_1(s)ds$$

となるので，$\boldsymbol{c}(0)$ が決まれば曲線 $\boldsymbol{c}(s)$ が得られる．つまり $\boldsymbol{c}(s)$ は平行移動の自由度をもつ．したがって $\boldsymbol{c}(s)$ は運動を除き，一意に決まる. ∎

このことから，平面曲線の形は曲率から決まってしまう．逆に

命題 2.4 平面曲線を運動で動かしても曲率は不変である.

[証明] 念のため，証明を与えよう．曲線 $\boldsymbol{c}(s)$ に回転 A を施し，さらに $\boldsymbol{b}$ だけ平行移動したものを $\tilde{\boldsymbol{c}}(s)=A\boldsymbol{c}(s)+\boldsymbol{b}$ とおく．運動で長さは変わらないから s は弧長である．$\tilde{\boldsymbol{c}}(s)$ のフレネ-セレ枠を求めると，$\tilde{\boldsymbol{e}}_1(s)=A\boldsymbol{c}'(s)=A\boldsymbol{e}_1(s)$，これを s で微分すると，$\tilde{\boldsymbol{e}}_1'(s)=A\boldsymbol{e}_1'(s)=\kappa(s)A\boldsymbol{e}_2(s)$ となり，A は向きを保

*2 ベクトルを行ベクトルで表した書籍ではこの式の両辺を転置した式が現れることに注意しよう.

つから $\tilde{\boldsymbol{e}}_2(s)=A\boldsymbol{e}_2(s)$ で，$\tilde{\boldsymbol{c}}(s)$ の曲率も $\kappa(s)$ である．　∎

◆**補足**　1.4 節の議論を用いると，平面曲線の場合に限り，$\kappa(s)$ から $X(s)$ を具体的に求めることができる．

$A(s)=\kappa(s)J$ なので $\tilde{\kappa}(s)=\int_0^s \kappa(t)dt$ として

$$B(s)=\exp\int_0^s A(t)dt=\exp(\tilde{\kappa}(s)J)$$

とおく((1.15)参照)．J と $B(s)$ が可換であることに注意して，

$$B'(s)=\kappa(s)J\exp(\tilde{\kappa}(s)J)=\kappa(s)B(s)J$$

を得る．このとき(2.12)の解は

$$X(s)=X(0)B(s) \tag{2.13}$$

で与えられる．実際 $\kappa(s)$ はスカラーであることに注意して，

$$X'(s)=X(0)B'(s)=X(0)\kappa(s)B(s)J=X(s)\kappa(s)J=X(s)A(s)$$

である．したがって(2.13)は(2.12)の解である．

余談 2

車が曲がるとき，どのような曲線を描けば揺れは少なくて済むであろうか？ 例えば，直角方向に曲がりたいとき，角に内接する円に沿って曲がるとすると，直線と円のつなぎ目で，曲率がゼロから正の値にジャンプするから(章末の問 2.1, 2.2 参照)，滑らかに曲がるとはいえない．実は，直線と円弧を滑らかにつなぐ曲線として**クロソイド**が知られている(図 2.5)．つまり曲率がジャンプせずに滑らかに変化する曲線がクロソイドである．これは車の速さを一定にして，ハンドルを一定の角速度で回して得られる曲線である．

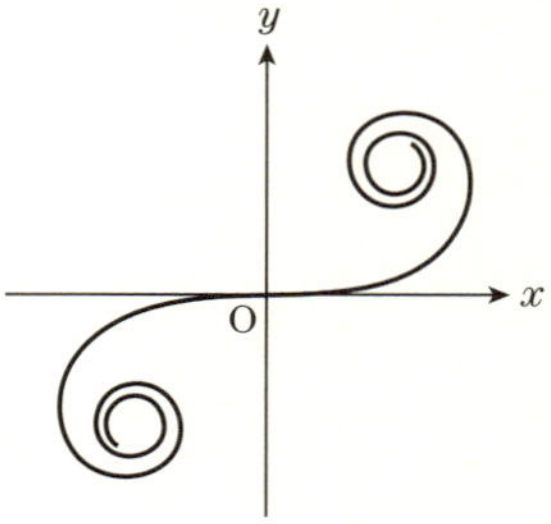

図 2.5　クロソイド

ドイツのアウトバーンで初めて採用され，日本では 1953 年に国道 17 号の三国峠で導入された．近くには，クロソイド曲線碑が建てられている．自動運転においてもこのような曲線の役割は重要であろう．

まとめ

平面曲線 $\boldsymbol{c}(t)=\begin{pmatrix} x(t) \\ y(t) \end{pmatrix}:[a,b]\to E^2,\ \dot{\boldsymbol{c}}(t)\neq 0$

1. 曲線の長さ：$L(\boldsymbol{c})=\int_a^b |\dot{\boldsymbol{c}}(t)|dt$

2. 弧長：$s(t)=\int_a^t |\dot{\boldsymbol{c}}(t)|dt,\quad ds=|\dot{\boldsymbol{c}}(t)|dt$

3. フレネ-セレ枠：$\boldsymbol{e}_1(s)=\begin{pmatrix} x'(s) \\ y'(s) \end{pmatrix},\ \boldsymbol{e}_2(s)=\begin{pmatrix} -y'(s) \\ x'(s) \end{pmatrix}$

4. フレネ-セレの公式：$\begin{cases} \boldsymbol{e}_1'(s)= & \kappa(s)\boldsymbol{e}_2(s) \\ \boldsymbol{e}_2'(s)=-\kappa(s)\boldsymbol{e}_1(s) & \end{cases}$

5. 曲率：$\kappa=\dfrac{\dot{x}\ddot{y}-\ddot{x}\dot{y}}{(\dot{x}^2+\dot{y}^2)^{3/2}}$

6. 平面曲線の基本定理：平面曲線は曲率が決まると，運動を除いて形が一意に決まる．

問　題

問 2.1　半径 a の反時計回りの円の曲率は $\dfrac{1}{a}$ であることを示せ．

問 2.2　$\kappa\equiv 0$ なる曲線は直線であることを示せ．

問 2.3　曲線を極座標 (r,θ) で表すとき，θ をパラメーターと考えて，$(r,\theta)=(r,r(\theta))$ とすれば，曲率は

$$\kappa=\frac{r^2+2\left(\dfrac{dr}{d\theta}\right)^2-r\dfrac{d^2r}{d\theta^2}}{\left\{r^2+\left(\dfrac{dr}{d\theta}\right)^2\right\}^{3/2}} \tag{2.14}$$

で与えられることを示せ．

問 2.4　シッソイド $x(t)=\dfrac{2at^2}{1+t^2},\ y(t)=\dfrac{2at^3}{1+t^2}$ は $x^3+xy^2-2ay^2=0$ をみたすことを示し，この概形を描け．これは $\dot{\boldsymbol{c}}(t)\neq 0$ をみたすか？

問 2.5　楕円 $x(t)=a\cos t,\ y(t)=b\sin t\ (a>b>0)$ のフレネ-セレ枠，曲率を求めよ.

問 2.6　双曲線 $x(t)=\cosh t,\ y(t)=\sinh t$ の曲率を求めよ.

問 2.7　$y=f(x)\ (a\leqq x\leqq b)$ で与えられる曲線の長さは $\displaystyle\int_a^b \sqrt{1+\left(\frac{dy}{dx}\right)^2}dx$ であることを示せ.

問 2.8　懸垂線 $y=a\cosh\dfrac{x}{a}\ (-c\leqq x\leqq c)$ の長さを求めよ.

問 2.9　懸垂線 $y=a\cosh\dfrac{x}{a}$ の曲率を求めよ.

問 2.10　3 次曲線 $y=x^3$ の曲率の符号を調べよ.

問 2.11　サイクロイド $x(t)=a(t-\sin t),\ y(t)=a(1-\cos t)\ (0\leqq t\leqq 2\pi)$ の曲率を計算せよ．なおサイクロイドとは半径 $a\ (>0)$ の円が直線上を転がるとき，円上の 1 点が描く曲線である.

問 2.12　サイクロイド $(0\leqq t\leqq 2\pi)$ の長さを求めよ.

3 平面曲線の性質

本章では閉じた曲線について知られていることを紹介しよう．

3.1 閉曲線の回転数

補題 3.1 $\boldsymbol{e}_1(s)$ の x 軸からの偏角を $\varphi(s)$ とするとき，曲線の曲率は

$$\kappa(s) = \varphi'(s) \tag{3.1}$$

で与えられる．

［証明］ $\boldsymbol{e}_1 = \begin{pmatrix} \cos\varphi(s) \\ \sin\varphi(s) \end{pmatrix}$ であるから，$\boldsymbol{e}_2 = \begin{pmatrix} -\sin\varphi(s) \\ \cos\varphi(s) \end{pmatrix}$ である．$\boldsymbol{e}_1'(s) = \varphi'(s)\begin{pmatrix} -\sin\varphi(s) \\ \cos\varphi(s) \end{pmatrix}$ と，フレネ-セレの公式の $\boldsymbol{e}_1'(s) = \kappa(s)\boldsymbol{e}_2(s)$ から $\kappa(s) = \varphi'(s)$ を得る． ∎

定義 3.1 平面曲線の始点と終点が一致し，そこでの接ベクトル，法ベクトルも一致するときこれを**閉曲線**という（図 3.1）．さらに自己交叉をも

たないとき，**単純閉曲線**という．また単純閉曲線の囲む領域が凸であるとき，これを**卵形線**という．ただし，領域が**凸である**とは，境界のどの2点を結ぶ線分も曲線の囲む領域からはみ出さないことをいう．

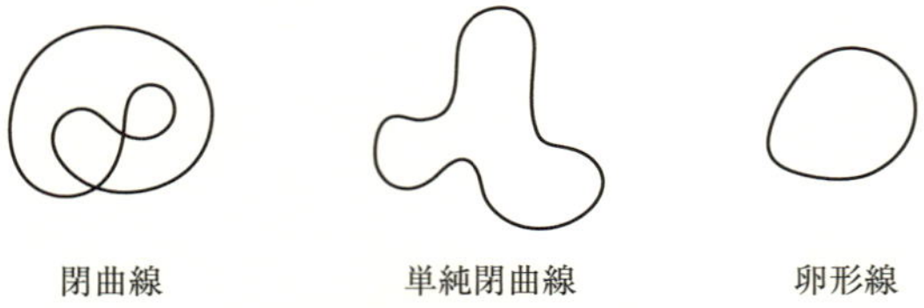

図 3.1　閉曲線の例

定義 3.2　弧長パラメーター表示された閉曲線 $\boldsymbol{c}(s):[a,b]\to E^2$ の**回転数**を

$$m=\frac{1}{2\pi}\int_a^b \kappa(s)ds \tag{3.2}$$

で定める．これは整数値をとる．

実際(3.1)より弧長パラメーター s について，

$$\int_a^b \kappa(s)ds=\int_a^b \varphi'(s)ds=\varphi(b)-\varphi(a)$$

がなりたつが，閉曲線であるから，$\boldsymbol{e}_1(a)=\boldsymbol{e}_1(b)$，すなわち $\varphi(b)-\varphi(a)$ は 2π の整数倍で，m は整数値となる．

回転数は位相不変量である．

つまり，曲線をほんの少し連続変形しても値は変わらない．

◆**注意**　曲線をほんの少し連続変形するということの意味は，もともと滑らかな($\dot{\boldsymbol{c}}(t)\neq 0$)曲線を滑らかさを保ったまま変形するということで，尖った点(特異点)が現れるような変形は許さない(図 3.2)．

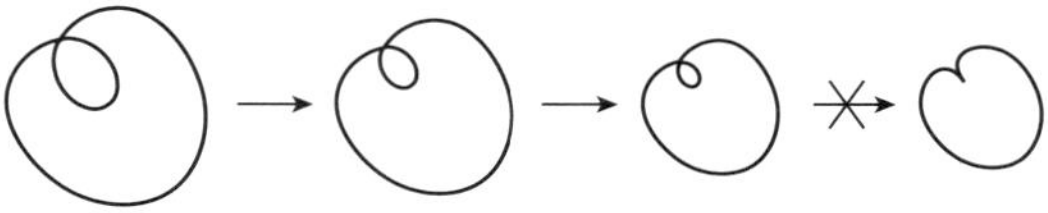

図 3.2　曲線の連続変形

余談

曲率は曲がり方を表しているのに，それを積分すると，曲がり方を変えても変わらない位相不変量である回転数が現れる．こうした現象が数学ではよく観察され，非常に重要である．本書の目標は，この事実の 2 次元版，**ガウス–ボンネの定理**（第 11 章参照）の証明である．この定理は閉曲面の曲がり方を表すガウス曲率の積分と，曲面の位相不変量を結びつける曲面論では最も重要な定理である．

3.2　4 頂点定理

本節では平面曲線 $\boldsymbol{c}(s)$ は 3 階連続微分可能（第 6 章参照）であると仮定する．

定義 3.3　平面曲線 $\boldsymbol{c}(s)$ の**頂点**とは $\kappa'(s)=0$ となる点 $\boldsymbol{c}(s)$ のことである．

◆**注意**　$\kappa'(s)=0$ とは，例えば曲率が最大の点や最小の点，より正確には曲率の臨界点のことである．曲線がぐにゃぐにゃ曲がっているほどこのような点は増えるから，卵形線の場合が頂点数は最も少ないと考えられる．その最小数について次の定理がある．

定理 3.1（**4 頂点定理**）　卵形線には少なくとも 4 つの頂点がある．

［証明］　ある区間で $\kappa(s)$ が一定であれば頂点は無限個あるから，そうではないとする．閉曲線はコンパクトであるから，その上の連続関数 $\kappa(s)$ は最大値，最小値をとる．これらの値は上のことから等しくない．またこれらの点は頂点である．この 2 点をそれぞれ p, q とするとき，p, q 以外で κ' が消えないとすると，$\kappa(s)$ は p から q へは減少，よって $\kappa'<0$，q から p へは増加，よって

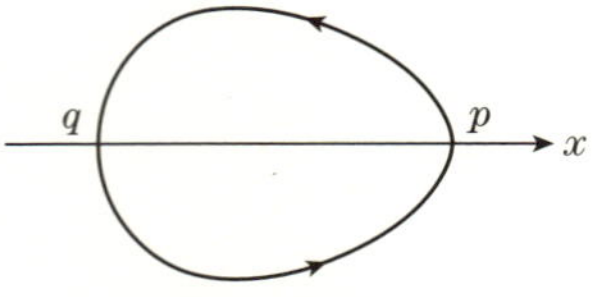

図 3.3　卵形線

$\kappa'>0$ である(図 3.3).

pq を通る直線を x 軸にとるとき，y 軸方向をうまくとることにより，$y>0$ で $\kappa'<0$，$y<0$ で $\kappa'>0$ としてよい．補題 3.1 で $\boldsymbol{e}_1(s)=\begin{pmatrix} x'(s) \\ y'(s) \end{pmatrix}=\begin{pmatrix} \cos\varphi(s) \\ \sin\varphi(s) \end{pmatrix}$ として $\varphi(s)$ を決めた．今，仮定により κ' と y の符号は曲線全体で逆であるから，(3.1)に注意して

$$\begin{aligned} 0 &> \int_a^b \kappa'(s)y(s)ds = [\kappa(s)y(s)]_a^b - \int_a^b \kappa(s)y'(s)ds \\ &= -\int_a^b \varphi'(s)(\sin\varphi(s))ds = [\cos\varphi(s)]_a^b = 0 \end{aligned}$$

で矛盾する．したがって第 3 の点 r で $\kappa'=0$ となる．

これ以外に頂点がないとする．p,q,r がこの順に並んでいるとき，p から q では $\kappa'<0$, r から p では $\kappa'>0$ である．q から r で $\kappa'<0$ とすると，q が κ の最小値であることに矛盾するので，$\kappa'\geqq 0$ となる．つまり q から p では $\kappa'\geqq 0$ となる．すると上と同じ議論(κ は一定でないので，$\kappa'\not\equiv 0$ だから上の不等号はそのまま使える)で矛盾が示せる．p,r,q の順に並ぶときも同様に矛盾が示せる．よって少なくとも，もう 1 つ頂点が存在して，最低 4 頂点は存在することがわかる．　∎

3.3　全曲率とフェンチェルの定理

定義 3.4　平面曲線 $\boldsymbol{c}(s)$ の各点の単位法ベクトル $\boldsymbol{e}_2(s)$ を原点に平行移動して，原点中心の単位円 S^1 の点に対応させる写像 $g:[0,l]\to S^1$ を**ガウス**(Gauss)**写像**という(図 3.4).

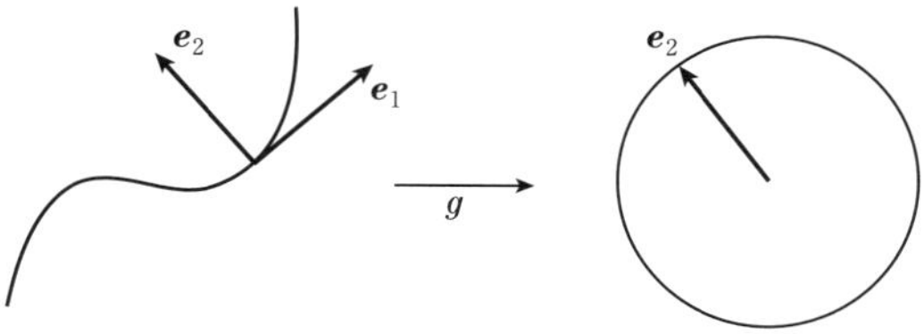

図 3.4 ガウス写像

定義 3.5 平面閉曲線に対して,

$$\mu = \int_a^b |\kappa(s)| ds$$

を**全曲率**という.

定理 3.2 (平面曲線のフェンチェル(Fenchel)の定理) 平面閉曲線の全曲率は $\mu \geqq 2\pi$ をみたす. 等号は卵形線のときに限る.

[証明] ガウス写像 $g(s) = \boldsymbol{e}_2(s) = \begin{pmatrix} -\sin\varphi(s) \\ \cos\varphi(s) \end{pmatrix}$ は, $g'(s) = \varphi'(s)\begin{pmatrix} -\cos\varphi(s) \\ -\sin\varphi(s) \end{pmatrix}$ より, $|g'(s)| = |\varphi'(s)| = |\kappa(s)|$ であるから, μ は $g(s)$ の道のり(行きつ戻りつも数える)

$$\int_a^b |g'(s)| ds = \int_a^b |\varphi'(s)| ds = \int_a^b |\kappa(s)| ds = \mu$$

にほかならない.

$g(s)$ の像はどんな半円からもはみ出す, つまり $\mu > \pi$ を示そう. もし $\mu \leqq \pi$ とすると, x 軸を適当にとって $\cos\varphi \geqq 0$ としてよいが, $\boldsymbol{e}_1 = \begin{pmatrix} \cos\varphi(s) \\ \sin\varphi(s) \end{pmatrix} = \begin{pmatrix} x'(s) \\ y'(s) \end{pmatrix}$ だから

$$0 \leqq \int_a^b x'(s) ds = x(b) - x(a) = 0 \tag{3.3}$$

より $x'(s)\equiv 0$ となる．よって $\boldsymbol{e}_1=\begin{pmatrix}0\\1\end{pmatrix}$ で元の曲線 $\boldsymbol{c}(s)$ は線分となり，矛盾である．(3.3)では終点と始点が一致していることのみを用いていることに注意する．

これにより，$g(s)$ には $\boldsymbol{e}_2(a)=-\boldsymbol{e}_2(s_1)$ なる s_1 が存在し，そこまでの道のりは π 以上で，戻る道のりも π 以上だから．$\mu\geqq 2\pi$ である．

次に等号がなりたつときを考えよう．

まず曲線が単純閉曲線であることを示そう．もし自己交叉(接していてもよい)が起こると，ここで切り離せば2つ以上の閉曲線が現れる．切り離した点で曲線が尖ることもあるが，(3.3)の議論は曲線が閉じてさえいればよかった(ある s_2 に対して $\boldsymbol{c}(a)=\boldsymbol{c}(s_2)$ なら a から s_2 までの $x'(s)$ の積分は0)から，どちらの閉曲線も，$\mu>\pi$ をみたす．よって元の曲線については $\mu>2\pi$ となり，等号は生じない．

次に曲線が卵形線であることを示そう．$\mu=2\pi$ のときは，円周の長さそのものが道のりとなるから，行きつ戻りつはなく，$\boldsymbol{e}_2(s)$ は各方向をただ一回だけとる．したがって g は線分を含まない．もし卵形線でなければ，$\boldsymbol{c}$ と交わらない直線を $\boldsymbol{c}$ に近づけていくとき，2点以上で $\boldsymbol{c}$ と初めて接するものがある(章末の問3.6参照)．この直線を x 軸として，y 軸の向きを $\boldsymbol{c}$ のある側が正となるようにとれば，2接点で y は最小値0をとり，少なくとももう1点で最大値をとる．これら3点では $\pm y$ 軸が法方向 $\boldsymbol{e}_2$ を与えるから，$\boldsymbol{e}_2(s)$ は各方向をただ一回だけとることに矛盾する．∎

まとめ

平面曲線 $\boldsymbol{c}(t)=\begin{pmatrix}x(t)\\y(t)\end{pmatrix}:[a,b]\to E^2,\ \dot{\boldsymbol{c}}(t)\neq 0$

1. 閉曲線の回転数：$m=\dfrac{1}{2\pi}\displaystyle\int_a^b \kappa(s)ds$
2. 卵形線：単純閉曲線で凸曲線
3. 頂点：$\kappa'=0$ となる点

4. 4 頂点定理：卵形線には少なくとも 4 つの頂点がある．

5. 全曲率：$\mu = \int_a^b |\kappa(s)| ds$

6. フェンチェルの定理：閉曲線について $\mu \geqq 2\pi$ で，等号は卵形線に限る．

問　題

問 3.1　次の平面閉曲線の回転数を求めよ（図 3.5）．

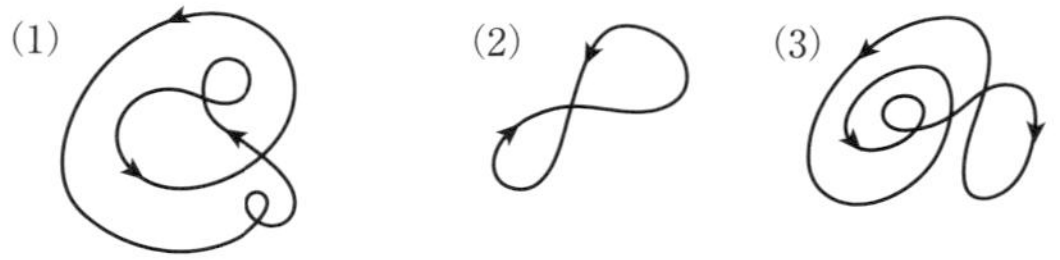

図 3.5

問 3.2　レムニスケート $x(t) = \dfrac{a\cos t}{1+\sin^2 t}$，$y(t) = \dfrac{a\sin t\cos t}{1+\sin^2 t}$ は $(x^2+y^2)^2 - a^2(x^2 - y^2) = 0$ をみたすことを示せ．これは $\dot{\boldsymbol{c}}(t) \neq 0$ をみたすか？

問 3.3　レムニスケートは $r^2 = a^2\cos 2\theta$ と極表示されることを示せ．この概形を描け．その回転数はいくつか．また曲率は $3r/a^2$ で与えられることを示せ．

問 3.4　楕円 $x(t) = a\cos t$，$y(t) = b\sin t$ の曲率 $\kappa = \kappa(t)$ の最大値，最小値を求め（第 2 章の問 2.5 参照），さらにそれらを与える点を図示せよ．

問 3.5　卵形線はどの点においても，全体が接線の片側にあることを示せ．

問 3.6　卵形線 $\boldsymbol{c}$ の接線が $\boldsymbol{c}$ と 2 点以上で接するならば，その 2 点を結ぶ線分は $\boldsymbol{c}$ に含まれることを示せ．

問 3.7　$\boldsymbol{c} = \boldsymbol{c}(s)$ を滑らかな平面曲線で弧長パラメーター表示されているとし，$\kappa = \kappa(s)$ をその曲率とする．$R:\mathbb{R}^2 \to \mathbb{R}^2$ がある直線 l に関する折り返しのとき $\tilde{\boldsymbol{c}}(s) = R \circ \boldsymbol{c}(s)$ とおく．このとき以下を示せ：

(1)　$\tilde{\boldsymbol{c}}(s)$ も滑らかな平面曲線であり，弧長パラメーター表示されている．

(2)　$\tilde{\boldsymbol{c}}(s)$ の曲率 $\tilde{\kappa}$ は $-\kappa$ で与えられる．

4 空間曲線

ここでは 3 次元ユークリッド空間 E^3 の曲線を考える．平面曲線との違いは，法ベクトルの方向が一つに定まらないことである．

4.1 空間曲線のフレネ–セレ枠とフレネ–セレの公式

定義 4.1 xyz 空間内の曲線を，パラメーター t で動く E^3 の質点

$$\mathbf{c}(t) = \begin{pmatrix} x(t) \\ y(t) \\ z(t) \end{pmatrix} : [a, b] \to E^3$$

の軌跡として列ベクトルで表す．$\mathbf{c}(t)$ が C^3 級かつ，$\dot{\mathbf{c}}(t) = \dfrac{d\mathbf{c}(t)}{dt} \neq 0$ をみたすとき，**空間曲線**といい，$\dot{\mathbf{c}}(t)$ を曲線の**接ベクトル**という．t が増える方向を**曲線の向き**という．

平面曲線のときと異なり，連続微分可能性を 3 階まで仮定する．

空間曲線の長さ，弧長は，平面曲線のときと同様，次で与えられる（A. 1 節参照）：

$$L(\boldsymbol{c}) = \int_a^b |\dot{\boldsymbol{c}}(t)|dt,$$
$$s(t) = \int_a^t |\dot{\boldsymbol{c}}(t)|dt. \tag{4.1}$$

弧長パラメーターでは $\boldsymbol{e}_1(s)=\boldsymbol{c}'(s)$ は単位ベクトルとなる(命題 2.1 参照). ここに

$$\boldsymbol{e}_1(s) = \begin{pmatrix} x'(s) \\ y'(s) \\ z'(s) \end{pmatrix}$$

である. 平面曲線との違いは, これに直交するベクトルの選び方に 2 次元の自由度があることである. そこで**空間曲線の曲率**を

$$\kappa(s) = |\boldsymbol{c}''(s)| \tag{4.2}$$

で定義し, $\boldsymbol{c}''(s)\neq 0$ のとき, $\boldsymbol{e}_2(s)$ を

$$\boldsymbol{e}_2(s) = \frac{\boldsymbol{c}''(s)}{|\boldsymbol{c}''(s)|} = \frac{\boldsymbol{e}_1'(s)}{\kappa(s)} \tag{4.3}$$

で定める. このとき E^3 の外積ベクトルを用いて

$$\boldsymbol{e}_3(s) = \boldsymbol{e}_1(s) \times \boldsymbol{e}_2(s) \tag{4.4}$$

と定めると, $\boldsymbol{e}_2(s)$, $\boldsymbol{e}_3(s)$ とも, 曲線 $\boldsymbol{c}(s)$ の単位法ベクトルとなる. (4.3)で仮定した $\kappa(s)\neq 0$ において, 実際は零点が孤立していれば, 連続性から $\boldsymbol{e}_2(s)$ を定義できるが, 簡単のため, 以下では $\kappa(s)\neq 0$ のときを考えよう.

定義 4.2　こうして決まる各点における正規直交基底 $\boldsymbol{e}_1(s), \boldsymbol{e}_2(s), \boldsymbol{e}_3(s)$ を, 曲線 $\boldsymbol{c}(s)$ の**フレネ-セレ枠**という(図 4.1).

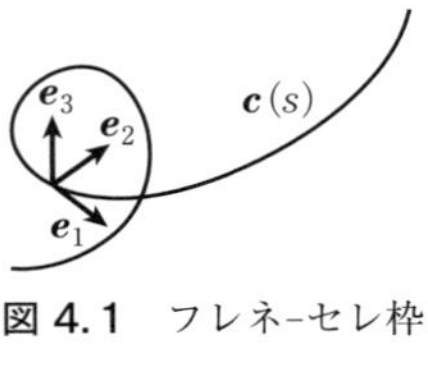

図 4.1　フレネ-セレ枠

◆**注意**　平面曲線の曲率の決め方と空間曲線の曲率の決め方の違いに注意しよう．平面曲線では $\boldsymbol{e}_1$ を決めれば，$\boldsymbol{e}_2$ はこれを反時計回りに $\pi/2$ 回転したものとして一意に決まる．他方，空間曲線で $\boldsymbol{e}_2$ を決めようとすると，$\boldsymbol{e}_1$ に直交する方向が 2 次元あるので，困ってしまう．それで速度ベクトル $\boldsymbol{c}'(s)=\boldsymbol{e}_1$ と加速度ベクトル $\boldsymbol{c}''(s)$ のはる平面をとりあえず考えれば，$\boldsymbol{e}_2$ はこの平面上で $\boldsymbol{e}_1$ に直交する方向である．しかし平面曲線のときのように，この平面に時計回り，反時計回りを決めることはできない．そこで，先に曲率を $\kappa=|\boldsymbol{c}''(s)|$ と決めてしまってから，$\boldsymbol{c}''(s)=\kappa\boldsymbol{e}_2$ として，$\boldsymbol{e}_2$ を選ぶのである．この決め方から，**空間曲線の曲率は常に非負**である．

定理 4.1（**フレネ-セレの公式**）　$\kappa(s)\neq 0$ のとき，次の微分方程式がなりたつ．ここに現れる $\tau(s)$ を**捩率**（れいりつ）とよぶ．

$$\begin{cases} \boldsymbol{e}_1'(s) = & \kappa(s)\boldsymbol{e}_2(s) \\ \boldsymbol{e}_2'(s) = -\kappa(s)\boldsymbol{e}_1(s) & +\tau(s)\boldsymbol{e}_3(s) \\ \boldsymbol{e}_3'(s) = & -\tau(s)\boldsymbol{e}_2(s) \end{cases} \tag{4.5}$$

[証明]　第 1 式は定義から．第 2 式は，$\boldsymbol{e}_2'(s)$ が $\boldsymbol{e}_2(s)$ と直交することから $\boldsymbol{e}_2'(s)=a\boldsymbol{e}_1(s)+\tau(s)\boldsymbol{e}_3(s)$ とおけて，$a=\langle\boldsymbol{e}_2'(s),\boldsymbol{e}_1(s)\rangle=\langle\boldsymbol{e}_2(s),\boldsymbol{e}_1(s)\rangle'-\langle\boldsymbol{e}_2(s),\boldsymbol{e}_1'(s)\rangle=-\kappa(s)$ を得る．第 3 式は，$\boldsymbol{e}_3'(s)$ が $\boldsymbol{e}_3(s)$ と直交することから $\boldsymbol{e}_3'(s)=b\boldsymbol{e}_1(s)+c\boldsymbol{e}_2(s)$ とおけて，$b=\langle\boldsymbol{e}_3'(s),\boldsymbol{e}_1(s)\rangle=-\langle\boldsymbol{e}_3(s),\boldsymbol{e}_1'(s)\rangle=0$ であり，$c=\langle\boldsymbol{e}_3'(s),\boldsymbol{e}_2(s)\rangle=-\langle\boldsymbol{e}_3(s),\boldsymbol{e}_2'(s)\rangle=-\tau(s)$ を得る．∎

4.2　空間曲線の基本定理

定理 4.2（**空間曲線の基本定理**）　空間曲線はその曲率 $\kappa(s)$ と捩率 $\tau(s)$ を与えると，運動を除き形が一意に決まる．ただし $\kappa(s)>0$ であるとしよう．

[証明]　$X(s)=\begin{pmatrix}\boldsymbol{e}_1(s) & \boldsymbol{e}_2(s) & \boldsymbol{e}_3(s)\end{pmatrix}$，$T(s)=\begin{pmatrix}0 & -\kappa(s) & 0\\ \kappa(s) & 0 & -\tau(s)\\ 0 & \tau(s) & 0\end{pmatrix}$ に対して，フレネ-セレの公式(4.5)は

$$X'(s) = X(s)T(s)$$

と表せるから，初期値 $X(0)=\begin{pmatrix}\boldsymbol{e}_1(0) & \boldsymbol{e}_2(0) & \boldsymbol{e}_3(0)\end{pmatrix}$ を直交行列として与えれば，常微分方程式の基本定理から解 $X(s)$ が一意に定まり，これは各点で正規直交基底を並べたものとなる(章末の問 4.5 参照)．$\boldsymbol{c}(s)-\boldsymbol{c}(0)=\int_0^s \boldsymbol{e}_1(s)ds$ であるから，$\boldsymbol{c}(0)$ が決まれば曲線 $\boldsymbol{c}(s)$ が一意に決まる．$X(0)$ は E^3 の(向きを保つ)回転の自由度，$\boldsymbol{c}(0)$ は平行移動の自由があるから，$\boldsymbol{c}(s)$ は E^3 の運動を除き一意に決まる． ∎

◆**注意**　平面曲線のときのように $X(s)$ を一般式で与えることはできない．κ, τ が定数のときは具体的に与えられる(関連図書 [13]，2.3.2 項参照)．

定理 4.3　空間曲線 $\boldsymbol{c}(s)$ の曲率が $\kappa(s)\neq 0$ をみたすとき，捩率 $\tau(s)$ が恒等的に 0 ならば $\boldsymbol{c}(s)$ は平面曲線である．

[証明]　$\kappa(s)\neq 0$ よりフレネ-セレ枠が定義できて，$\boldsymbol{e}_3'(s)\equiv 0$ より，$\boldsymbol{e}_3(s)=\boldsymbol{a}$ は定ベクトル．$\langle \boldsymbol{c}'(s), \boldsymbol{a}\rangle=\langle \boldsymbol{e}_1(s), \boldsymbol{e}_3(s)\rangle=0$ であるから，積分して $\langle \boldsymbol{c}(s)-\boldsymbol{c}(0), \boldsymbol{a}\rangle=d$ は一定．よって $\langle \boldsymbol{c}(s), \boldsymbol{a}\rangle=d+\langle \boldsymbol{c}(0), \boldsymbol{a}\rangle=d'$ も一定だから，$\boldsymbol{c}(s)$ は $\langle \boldsymbol{x}, \boldsymbol{a}\rangle=d'$ なる平面*1にのっている． ∎

補題 4.1　弧長パラメーター表示された空間曲線 $\boldsymbol{c}(s)$ は次をみたす．

$$\boldsymbol{c}' = \boldsymbol{e}_1, \quad \boldsymbol{c}'' = \kappa\boldsymbol{e}_2, \quad \boldsymbol{c}''' = \kappa'\boldsymbol{e}_2 - \kappa^2\boldsymbol{e}_1 + \kappa\tau\boldsymbol{e}_3 \tag{4.6}$$

*1　$\boldsymbol{x}=\begin{pmatrix}x\\ y\\ z\end{pmatrix}$，$\boldsymbol{a}=\begin{pmatrix}a\\ b\\ c\end{pmatrix}$ とするとき $ax+by+cz=d'$ は平面の方程式である．

［証明］ 第1式と第2式はフレネ-セレの公式から．第3式は，

$$\boldsymbol{c}''' = (\kappa\boldsymbol{e}_2)' = \kappa'\boldsymbol{e}_2 + \kappa\boldsymbol{e}_2' = \kappa'\boldsymbol{e}_2 + \kappa(-\kappa\boldsymbol{e}_1 + \tau\boldsymbol{e}_3)$$

より得られる． ▮

◆**注意** これにより空間曲線の点 $\boldsymbol{c}(0)$ におけるテイラー展開

$$\begin{aligned}\boldsymbol{c}(s) &= \boldsymbol{c}(0) + \boldsymbol{e}_1(0)s + \kappa(0)\boldsymbol{e}_2(0)\frac{s^2}{2} \\ &\quad + (\kappa'(0)\boldsymbol{e}_2(0) - \kappa^2(0)\boldsymbol{e}_1(0) + \kappa(0)\tau(0)\boldsymbol{e}_3(0))\frac{s^3}{3!} + \cdots \end{aligned} \tag{4.7}$$

を得る．これを**ブーケ**(Bouquet)**の公式**という．

4.3 曲率と捩率の公式

命題 4.1 任意のパラメーターで与えられた空間曲線 $\boldsymbol{c}(t)$ の曲率 $\kappa(t)$ と捩率 $\tau(t)$ は，次の式で得られる．

$$\kappa(t) = \frac{|\dot{\boldsymbol{c}} \times \ddot{\boldsymbol{c}}|}{|\dot{\boldsymbol{c}}|^3}, \quad \tau(t) = \frac{|\dot{\boldsymbol{c}}\ \ddot{\boldsymbol{c}}\ \dddot{\boldsymbol{c}}|}{|\dot{\boldsymbol{c}} \times \ddot{\boldsymbol{c}}|^2} \tag{4.8}$$

ここに $\left|\dot{\boldsymbol{c}}\ \ddot{\boldsymbol{c}}\ \dddot{\boldsymbol{c}}\right|$ は 3×3 行列式を表す．

［証明］ $\dot{\boldsymbol{c}} = \boldsymbol{c}'\dfrac{ds}{dt} = \dfrac{ds}{dt}\boldsymbol{e}_1$，$\ddot{\boldsymbol{c}} = \dfrac{d^2s}{dt^2}\boldsymbol{e}_1 + \left(\dfrac{ds}{dt}\right)^2\kappa\boldsymbol{e}_2$，(4.5)に注意すると，$\dddot{\boldsymbol{c}} = \left(\dfrac{ds}{dt}\right)^3\kappa\tau\boldsymbol{e}_3 + \{\boldsymbol{e}_1$ と $\boldsymbol{e}_2$ の項$\}$．したがって，

$$\begin{aligned} &|\dot{\boldsymbol{c}}| = \left|\frac{ds}{dt}\right|, \quad \dot{\boldsymbol{c}} \times \ddot{\boldsymbol{c}} = \left(\frac{ds}{dt}\right)^3\kappa\boldsymbol{e}_3, \quad |\dot{\boldsymbol{c}} \times \ddot{\boldsymbol{c}}| = \left(\frac{ds}{dt}\right)^3\kappa, \\ &\left|\dot{\boldsymbol{c}}\ \ddot{\boldsymbol{c}}\ \dddot{\boldsymbol{c}}\right| = \left|\frac{ds}{dt}\boldsymbol{e}_1 \quad \left(\frac{ds}{dt}\right)^2\kappa\boldsymbol{e}_2 \quad \left(\frac{ds}{dt}\right)^3\kappa\tau\boldsymbol{e}_3\right| = \left(\frac{ds}{dt}\right)^6\kappa^2\tau \end{aligned}$$

となり，上の公式を得る． ▮

例 4.1 a，$b>0$ とするとき，常螺旋 $\boldsymbol{c}(t) = \begin{pmatrix} a\cos t \\ a\sin t \\ bt \end{pmatrix}$ の曲率と捩率は，上の公式により，

$$\kappa = \frac{a}{a^2+b^2}, \quad \tau = \frac{b}{a^2+b^2} \tag{4.9}$$

で，ともに正の一定値になる(章末の問 4.1 参照)．□

例 4.2 空間曲線が 0 でない一定の曲率，0 でない一定の捩率をもつとする．捩率が消えないから平面曲線ではない．したがって直線と円は該当しない．例 4.1 を認めると，常螺旋は 0 でない一定の曲率と捩率をもつ．したがって空間曲線の基本定理により，0 でない一定の曲率と捩率をもつ曲線は常螺旋に限ることがわかる．□

4.4 空間曲線のフェンチェルの定理

本節では $\boldsymbol{c}\colon [a, b] \to E^3$ を弧長パラメーター表示された閉曲線，すなわち $\boldsymbol{c}(a)=\boldsymbol{c}(b)$ および $\boldsymbol{e}_i(a)=\boldsymbol{e}_i(b)$ $(i=1,\ 2)$ をみたす曲線とする．

定義 4.3 空間曲線 $\boldsymbol{c}(s)$ の**全曲率**を

$$\mu = \int_a^b \kappa(s)ds \tag{4.10}$$

で定める．

定理 4.4（フェンチェルの定理） 閉曲線に対し $\mu \geqq 2\pi$ で，等号は卵形線のときに限る．

◆**注意**　この証明[*2]は

＊ 球面上の 2 点を結ぶ最短線は 2 点を結ぶ大円弧である(命題 12.1)

ということを認めた上で行うが，このことは 12.2 節で証明する．なお，大円とは，球面の中心を通る平面と球面との切り口のことである．

＊2　R. A. Horn (1971) On Fenchel's Theorem, *The American Mathematical Monthly*, **78**(4), pp. 380–381.

写像 $\gamma:[a,b]\mapsto \boldsymbol{e}_1(s)$ は曲線 $\boldsymbol{c}(s)$ を単位球面 S^2 に移す．$\gamma'(s)=\boldsymbol{e}_1'(s)=\kappa(s)\boldsymbol{e}_2(s)$ であるので，$\kappa(s)=0$ なる点で曲線の定義をみたさないが，γ の長さは測ることができる．$|\gamma(s)'|=\kappa(s)$ であるから，全曲率 μ は γ の長さにほかならない．

補題 4.2　γ の長さが 2π より小さいとき $\gamma(\boldsymbol{c}(s))$ は S^2 のある開半球面に含まれる．

[証明]　γ の長さを二等分する 2 点 p,q で γ を分割し，$\gamma=\gamma_1\cup\gamma_2$ とおくと，γ_1 も γ_2 も長さは π より小さい．したがって✱により，p から q への球面距離も π より小さいので，p から q への大円弧で長さが π より小さいものがある．この円弧の中点を M にとる．このとき γ が M を中心とする半球面に含まれることをいえばよい．つまり γ がこの半球面の境界である大円 c と交わらないことをいえばよい．そこで γ_1 と c が点 R で交わったとしよう．S^2 の M を通る軸で γ_1 を半回転させ，p を q に，q を p に移した曲線を γ_1' とすれば，γ_1 と γ_1' をつなげてできる曲線は元の曲線と同じ長さであるが，対点 $\pm R$ をもつから長さは 2π 以上でなければならず，矛盾である．よって補題が示された．

∎

[定理 4.4 の証明]　今，任意の半球面の中心を $\boldsymbol{a}$ として，関数 $h(s)=\langle \boldsymbol{a},\boldsymbol{c}(s)\rangle$ を考える．これを $\boldsymbol{a}$ 方向の**高さ関数**という（定理 4.3 の証明にも現れた）．$h(s)$ はコンパクト集合上の連続関数であるから，相異なる s_1,s_2 で最大値，最小値をもち，そこで

$$0=h'(s_i)=\langle \boldsymbol{a},\boldsymbol{c}'(s_i)\rangle=\langle \boldsymbol{a},\boldsymbol{e}_1(s_i)\rangle=\langle \boldsymbol{a},\gamma(s_i)\rangle,\quad i=1,2$$

となる．したがって $\gamma(s_1)$ と $\gamma(s_2)$ は $\boldsymbol{a}$ と直交するから，$\boldsymbol{a}$ を中心とする半球面の境界上にあることになる．よって補題 4.2 により，$\mu\geqq 2\pi$ を得る．

等号がなりたつとき，上の議論から γ は S^2 の大円であるから，$\boldsymbol{e}_1(s)$ はこの大円の中心 $\boldsymbol{a}$ と直交する平面にのっている．すなわち $0=\langle \boldsymbol{e}_1(s),\boldsymbol{a}\rangle=\langle \boldsymbol{c}'(s),\boldsymbol{a}\rangle$ であり，$\langle \boldsymbol{c}(s),\boldsymbol{a}\rangle=d$（一定）となり，$\boldsymbol{c}(s)$ は平面曲線である．すると全曲率は平面曲線の全曲率となるから，平面曲線に対するフェンチェルの定

理 3.2 で等号がなりたつ場合で，$\boldsymbol{c}(s)$ は卵形線となる．■

余談

平面曲線，空間曲線において導入したフレネ-セレ枠は，曲線の点ごとに外の空間の正規直交基底を与える動く枠である．これを**動枠**という．

曲線の接ベクトル $\boldsymbol{e}_1$ は点ごとに動くので，動枠を考えることは自然である．のちに現れる曲面の接平面，法ベクトルも点ごとに動くので，曲面論でも動枠を使うことになる(9.3 節参照)．

ま と め

空間曲線 $\boldsymbol{c}(t)=\begin{pmatrix} x(t) \\ y(t) \\ z(t) \end{pmatrix}:[a,b]\to E^3$，$\dot{\boldsymbol{c}}(t)\neq 0$

1. 曲線の長さ：$L(\boldsymbol{c})=\displaystyle\int_a^b |\dot{\boldsymbol{c}}(t)|dt$
2. 弧長：$s(t)=\displaystyle\int_a^t |\dot{\boldsymbol{c}}(t)|dt$，$ds=|\dot{\boldsymbol{c}}(t)|dt$
3. フレネ-セレ枠：$\boldsymbol{e}_1(s)=\boldsymbol{c}'(s)$, $\boldsymbol{e}_2(s)=\dfrac{1}{\kappa(s)}\boldsymbol{c}''(s)$, $\boldsymbol{e}_3(s)=\boldsymbol{e}_1(s)\times\boldsymbol{e}_2(s)$
4. フレネ-セレの公式：$\begin{cases} \boldsymbol{e}_1'(s)= & \kappa(s)\boldsymbol{e}_2(s) \\ \boldsymbol{e}_2'(s)=-\kappa(s)\boldsymbol{e}_1(s) & +\tau(s)\boldsymbol{e}_3(s) \\ \boldsymbol{e}_3'(s)= & -\tau(s)\boldsymbol{e}_2(s) \end{cases}$
5. 曲率：$\kappa(t)=\dfrac{|\dot{\boldsymbol{c}}\times\ddot{\boldsymbol{c}}|}{|\dot{\boldsymbol{c}}|^3}$
6. 捩率：$\tau(t)=\dfrac{|\dot{\boldsymbol{c}}\ \ddot{\boldsymbol{c}}\ \dddot{\boldsymbol{c}}|}{|\dot{\boldsymbol{c}}\times\ddot{\boldsymbol{c}}|^2}$
7. 空間曲線の基本定理：空間曲線は曲率と捩率が決まると，運動を除いて形が一意に決まる．
8. $\tau\equiv 0 \Longleftrightarrow$ 平面曲線
9. 曲率と捩率が 0 でない定数をもつ曲線 $\Longleftrightarrow$ 常螺旋
10. 全曲率：$\mu=\displaystyle\int_a^b \kappa(s)ds$
11. フェンチェルの定理：閉曲線について $\mu\geqq 2\pi$ で，等号は卵形線に限る．

問　題

問 4.1　(4.9)を証明せよ.

問 4.2　$a>0$ とするとき，空間曲線 $\boldsymbol{c}(t)=\begin{pmatrix} a(3t-t^3) \\ 3at^2 \\ a(3t+t^3) \end{pmatrix}$ の曲率と捩率はともに $\dfrac{1}{3a(1+t^2)^2}$ であることを示せ.

問 4.3　曲線 $\boldsymbol{c}(t)=\begin{pmatrix} a\cosh t \\ a\sinh t \\ at \end{pmatrix}$ の弧長，曲率，捩率を求めよ.

問 4.4　曲線 $\boldsymbol{c}(t)=\begin{pmatrix} a\cosh t\cos t \\ a\cosh t\sin t \\ at \end{pmatrix}$ の曲率と捩率を求めよ.

問 4.5　曲線 $\boldsymbol{c}(s)$ が弧長パラメーター表示されているとき，曲率を $\kappa(s)\ (>0)$，捩率を $\tau(s)$ として，フレネ-セレの公式は $X(s)=\begin{pmatrix}\boldsymbol{e}_1(s) & \boldsymbol{e}_2(s) & \boldsymbol{e}_3(s)\end{pmatrix}$ についての線形常微分方程式

$$X'(s)=X(s)T(s), \qquad T(s)=\begin{pmatrix} 0 & -\kappa(s) & 0 \\ \kappa(s) & 0 & -\tau(s) \\ 0 & \tau(s) & 0 \end{pmatrix}$$

である．初期値 $X(0)$ が直交行列，すなわち $X(0)\,{}^t\!X(0)=E$ (E は単位行列)をみたすならば，この解 $X(s)$ は直交行列であることを示せ.

5 曲面の位相

曲面は身近なものである．人体や車の表面，シャボン玉や，窓から見える山肌，すべて曲面である．曲線が1つのパラメーターで表されるのに対して，曲面は2つのパラメーター(座標)で表されるという特色がある．また曲線は始点から終点まで同じパラメーターで表すことができるのに対して，曲面は地球の地図を考えればわかるように，一般には一枚の座標では表せない．この座標の取り替えという概念がのちに多様体の概念に発展する．というわけで，曲面を学ぶことは，幾何学の源泉に触れると同時に，その発展へとつながっていく．

5.1 集合と位相の復習

ここでは曲面論で必要最小限の集合と位相の復習を行う．詳細は関連図書[5]，[14] などを参照してほしい．

定義 5.1 集合 A の各元に集合 B のある元を対応させる $f\colon A\to B$ を A から B への**写像**という．A の異なる2元に B の異なる2元が対応するとき，f を**一対一写像**(**単射**)という．B のどの元も A のある元の f による像となっているとき，f を**上への写像**(**全射**)という．単射かつ全射である写像 f を，**一対一上への写像**(**全単射**)という．$A=B$ のとき，一対一上への写像を**変換**という．

定義 5.2　空間 X が位相空間であるとは，X の部分集合からなるある集合族 $\mathcal{U}=\{U\}$ が与えられ，次をみたすこと：

(1) $X=\bigcup_{U\in\mathcal{U}} U$

(2) $U, V\in\mathcal{U}$ ならば $U\cap V\in\mathcal{U}$

(3) $U_\lambda\in\mathcal{U}$, $\lambda\in\Lambda$ ならば $\bigcup_{\lambda\in\Lambda} U_\lambda\in\mathcal{U}$

このとき $U\in\mathcal{U}$ を X の**開集合**，$\mathcal{U}$ を X の**開被覆**という．

補題 5.1　A が X の**開集合**であるのは，A の各点に対して，$x\in U\subset A$ をみたす $U\in\mathcal{U}$ が存在するときに限る．

[証明]　$A\in\mathcal{U}$ ならば $U=A$ とすればよい．逆に各点 $x\in A$ で $U_x\subset A$ なる $U_x\in\mathcal{U}$ が存在するなら，(3) より $A=\bigcup_{x\in A} U_x\in\mathcal{U}$ である．∎

定義 5.3　X の部分集合 A の開集合族を $\mathcal{U}_A=\{U\cap A\,|\,U\in\mathcal{U}\}$ で定めると A も位相空間になる．このように定める A の位相を**相対位相**という．

定義 5.4　V が $x\in X$ の**近傍**であるとは，$x\in U\subset V$ なる $U\in\mathcal{U}$ が存在することである．V が開集合のとき，**開近傍**という．

例 5.1　任意の距離空間 (X, d) は位相空間である．開集合族は各点の ε 近傍から生成される．□

逆は正しくない．つまり距離を入れられる位相空間は限られる．我々は距離が入る位相空間を扱う．ユークリッド空間はユークリッド距離に関する距離空間であるから，位相空間である．

定義 5.5　位相空間 X, Y の間の写像 $f\colon X\to Y$ が**連続**であるとは，Y の開集合の f による逆像が X の開集合であることである．

連続変形で変わらない図形の性質を調べる幾何学を位相幾何学という．位相

=トポロジーともいう．連続変形とは，ハサミで切ったり，のりではったりはできないが，曲げ伸ばしは自由にしてよい変形である．長さや曲がり方は問題にしない．

厳密な定義は位相幾何学に委ねて，ここでは直感的な説明を少し行う．図形AとBがあるとき，AがBに連続的に変形されるとき，AはBと**ホモトピック**であるという．例えば円板は中心点に連続的に縮められるから，1点とホモトピックである．ホモトピックの概念を数学的にきちんと書くと，せっかくのわかりやすい概念が面倒になるのでここでは意識的に書かない．

これに対して，AがBに連続的に変形でき，さらにBもAに連続的に変形できるとき，AとBは**互いに同相**であるという．正確にいうと，AからBへの連続な一対一上への写像と，BからAへの連続な一対一上への写像が存在することで，今度は片方が1点につぶれてしまったりということはない．「ドーナツとコーヒーカップは同じ」というのは「同相」の例で，ドーナツの輪の部分がコーヒーカップの取っ手に対応する(図5.1)．

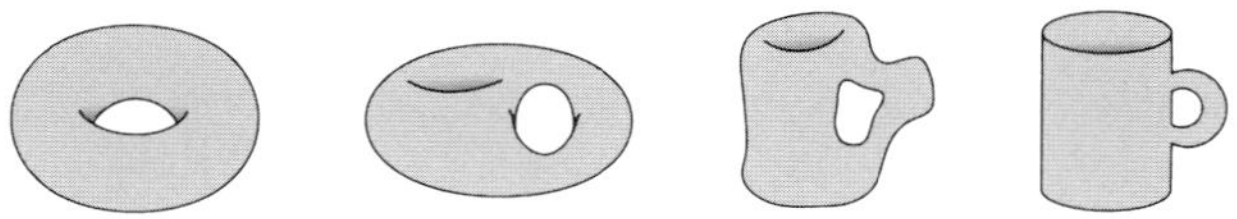

図 5.1　同相の例

「同相」の考え方で分類すると，端点のない曲線は2種類しかない．閉じた曲線(閉曲線)と閉じていない曲線(開曲線)である．閉曲線は円周 S^1 と同相である．開曲線は数直線 $\mathbb{R}$ と同相である．円周を数直線に連続変形することは決してできない．

また，ホモトピーで分類すると，開曲線は1点にホモトピック，つまり自分自身の中で1点に縮められるが，閉曲線ではどうやってもそれはできない．この場合，閉曲線の外の世界は考えないので，閉曲線の中でそれを1点につぶすことは不可能である．

位相不変量とよばれる不変量には，ホモトピーで変わらないホモトピー不変量と，同相で変わらない不変量があり，いずれも以下に述べる分類において重要な役割を果たす．

5.2 曲面とは

どんなに複雑な空間も，ごく小さい部分は平らな空間を身代わりに考えることにより，解析することができる．2 次元ならば身代わりは平面(の一部)である．平面には通常の座標が入っている．この意味では，曲面とはごく小さな部分ごとに平面座標が入っている空間である．ここではまだ長さや曲がり方は考えていない．

これをきちんと述べると次のようになる．平面の一部として仮に中心が原点，半径 r の開円板

$$B = \{(u, v) \mid \sqrt{u^2 + v^2} < r\}$$

を考える．

定義 5.6　曲面 M とは，ハウスドルフ(Hausdorff)空間*1であって，

(1) M の各点 p の周りに開近傍 U_p があり，U_p は B と同相である．

(2) $M = \bigcup_{p \in M} U_p$ であり，$U_p \cap U_q$ も空でなければ B と同相である．

U_p を**チャート**(=地図)，または**座標近傍**という．U_p をすべて集めたものを **アトラス**(=地図帳)または**座標近傍系**という．U_p から入る座標を M の**局所座標**という．$a \in U_p \cap U_q$ のとき，a の座標を U_p から U_q に取り替えることを**座標変換**という．

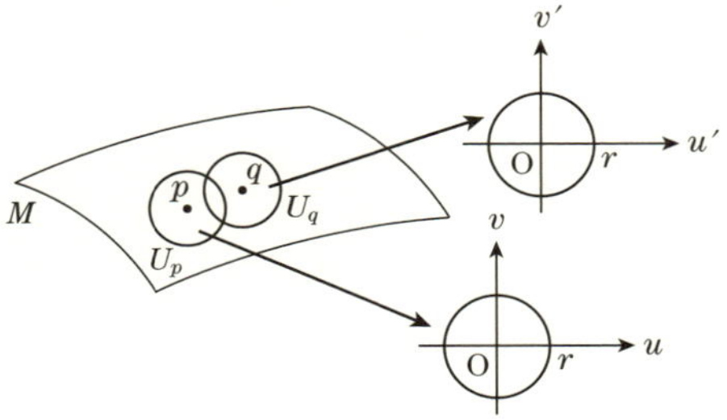

図 5.2　座標近傍

*1　$p \neq q$ ならば $U_p \cap U_q = \emptyset$ をみたす開近傍 U_p, U_q が存在する．

このように曲面 M は，座標を与える開円板をはり合わせてできる空間といってよい(図 5.2)．ちなみに，開円板というのは単に 2 次元の広がりをもっている空間の代表であって，$\mathbb{R}^2$ の開部分集合であれば円板でなくてもよいが，簡単のため上のようにいっておく．$U_p \cap U_q$ も開円板と同一視できる．

5.3 単体分割とオイラー数

以下，曲面の位相的分類を目標として簡単なことから議論を始める．

穴のあいていない多面体 P の頂点の数を v，辺の数を e，面の数を f として，P の**オイラー**(Euler)**数**を $\chi(P)=v-e+f$ で定義する．

定理 5.1 (オイラーの多面体定理) 穴のあいていない多面体 P は $\chi(P)=2$ をみたす．

つまりこれは四面体でも八面体でも十二面体でも二十面体でもその他の多面体でもすべて 2 になる．証明はいろいろあるが，関連図書 [2] を参照しておく．

次に多面体とは限らない図形をできるだけ簡単な形に分割して，そのオイラー数を調べよう．0 次元なら点 p，1 次元なら線分 $I=[0,1]$，2 次元なら三角形 $\triangle$ が基本図形である．これらはそれぞれ，0 単体，1 単体，2 単体とよばれる．3 次元以上も考えられるが，ここでは 2 次元で止めておく．ただし，ここでいう単体は曲がっていてもよい．有限個の単体の合併でできる図形を**単体的複体**という(厳密な定義ではない)．次節で述べる三角形分割された曲面は単体的複体である．

定義 5.7 単体的複体 M の頂点数を v, 辺の数を e，面の数を f として，**オイラー数** $\chi(M)=v-e+f$ を定める．

図形が 1 次元の場合は $f=0$，0 次元の場合は $e=f=0$ として，上の式でオイラー数を定義する．オイラー数はホモトピー不変量であることが知られている．

例 5.2 $\chi(p)=1$，$\chi(I)=2-1=1$，$\chi(\triangle)=3-3+1=1$． □

これは定義からしたがうが，線分も，三角形も1点とホモトピックなので，0単体(点)と同じオイラー数をもつ．

他方，円周 S^1 については，3つ(2つ以上ならいくつでもよい)の線分で分割できるから，$\chi(S^1)=3-3=0$ となる．一方，円板 D は円板の中で1点に縮められるから，三角形と同じ $\chi(D)=\chi(p)=1$ である．

では球面のオイラー数はどうなるか．球面は曲がり方を考えなければ，四面体をふくらませたものとして与えられるので，オイラーの多面体定理を用いれば，$\chi(S^2)=2$ である(図5.3)．

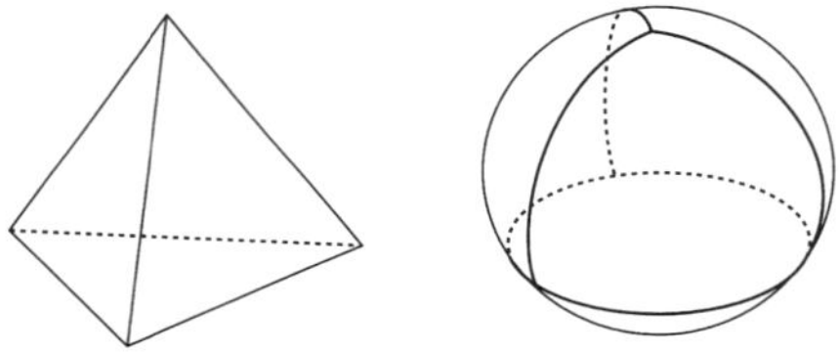

図 5.3　四面体と球面

オイラー数が異なる2つの図形は連続変形できないこともわかっており，オイラー数は2つの図形をラフに分類するのに役立つ．

5.4　曲面の三角形分割

だいたい様子がわかったところで，曲面の三角形分割を考えよう．そのために基本的な定義を述べる．

定義 5.8　境界がないコンパクトな曲面を**閉曲面**とよぶ．ここにコンパクトとは，点列が収束する空間のことである．

定義 5.9　うらおもてを区別できる曲面を**向き付け可能**という．

のちにきちんとした定義を与える(15.1節参照)が，ここでは直感的に理解しておこう．

例 5.3　球面やトーラス(ドーナツの表面)は向き付け可能な閉曲面である．□

定義 5.10 M の**三角形分割**とは，座標近傍 U_α に入っている(曲がった)三角形のタイルで M をはることで，次の性質をもつ分割である．

1. M の点 p があるタイルの縁の上になければ，p がのっているタイルはただ一つ．
2. p があるタイルの縁の上にあり，頂点ではないならば，p の属するタイルがちょうどもう一つある．
3. p があるタイルの頂点のときは，p を頂点とする有限個のタイル $T_1, \ldots, T_k$ があり，T_j と T_{j+1} ($T_{k+1} = T_1$ のこと)はただ一つの辺を共有し，p は $T_1, \ldots, T_k$ の内部にある(図 5.4)．

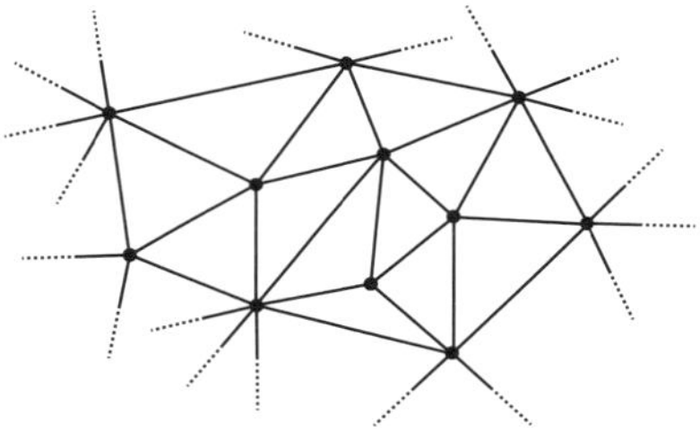

図 5.4 三角形分割

例 5.4 座標近傍 U_α におさまる三角形という意味は，分割が十分細かいことを意味する．閉曲面は各辺を測地線(6.5 節参照)とする測地三角形で三角形分割できることが知られている．特にその 2 頂点を結ぶ辺は一意である(12.3 節の後半参照：十分近い 2 点を結ぶ測地線は一意である)． □

不思議なことは，どんな三角形分割をもってきても，したがって個々の v, e, f の値は変わっても，オイラー数 $v-e+f$ は変わらないことである．

5.5 曲面の連結和と位相的分類

定理 5.2 (**閉曲面の分類定理**) 向き付け可能な閉曲面は，S^2，T^2，M_g ($g \geqq 2$) で尽くされる(図 5.5)．T^2 はトーラス，M_g は g 人乗りの浮き輪の表面である．

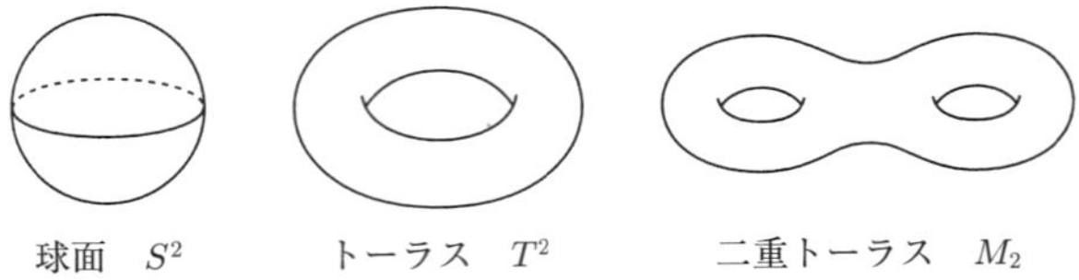

図 5.5　閉曲面の分類

定義 5.11　M_g の g は穴の数で，**種数**とよばれる．S^2 の種数は 0，T^2 の種数は 1 である．

以下では定理 5.2 の厳密な証明ではなく，考え方を示す．

定義 5.12　2 つの曲面 M, M' を考える．各々から円板を取り去り，それぞれにあいた穴を円筒でつなぐ．この操作を**連結和**をとるといい(図 5.6)，できた曲面を $M \sharp M'$ と書く．

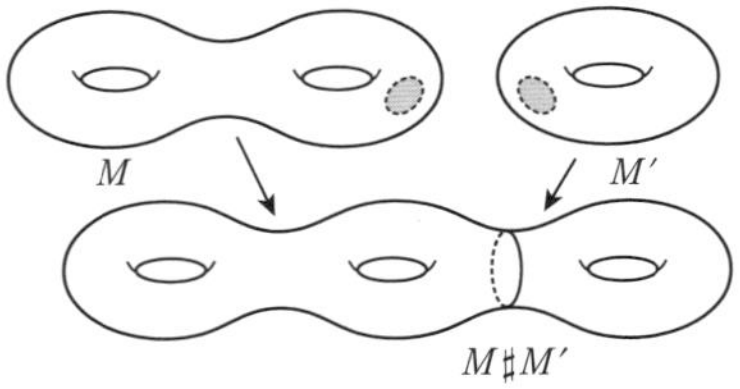

図 5.6　2 つの曲面の連結和

S^2 との連結和を**自明な連結和**という．実際 S^2 との連結和は元の曲面にたやすく連続変形できる．

逆に曲面 M の**連結和分解**も考えられる．M に首のように見える部分があって，それをちょん切ってできる 2 つの穴をそれぞれ円板でふさぐと，元とは違う曲面になる(図 5.7)．

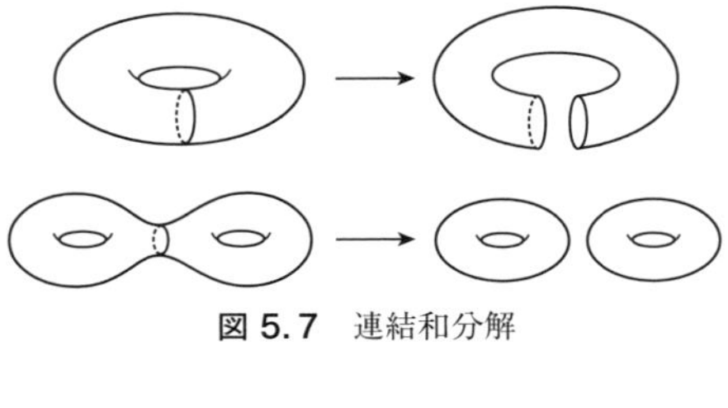

図 5.7　連結和分解

2つの曲面に分かれないこともあるが，$M=M_1\sharp M_2$ と分かれるとき，M の連結和分解という．

定義 5.13 M が S^2 ではなく，かつ M のどんな連結和分解 $M=M_1\sharp M_2$ も自明になるとき，M を**素である**という．

整数論の素数のようにこれが分類の基本になる．穴が2つ以上あれば自明でない連結和分解があるので，閉曲面の中で素なものが T^2 に限られることは直感的にわかる．

さて，閉曲面 M をいくつかの連結和に分解して，$M=M_1\sharp M_2\sharp\cdots\sharp M_k$ になったとする．各 M_i は素としてよい．実際もし素でないなら，さらに非自明な連結和分解ができるから．結局いえることは，向き付け可能な閉曲面は，S^2，T^2，$M_g=T^2\sharp T^2\sharp\cdots\sharp T^2$ (g 個の連結和，$g\geqq 2$)で尽くされるということである．

5.6 オイラー数と種数(1)

命題 5.1 向き付け可能な閉曲面 M_g のオイラー数と種数には

$$\chi(M_g)=2(1-g) \tag{5.1}$$

なる関係がある．

[証明] $M_0=S^2$．トーラスとの連結和をとることが種数を1つ増やすことであるが，これは元の曲面にハンドルを1つつけることといってもよい．ここにハンドルとは円柱面と同相な曲面のことである．

$\chi(M_{g-1})$ と $\chi(M_g)$ の関係を見てみよう．M_{g-1} から三角形を2つ取り除き，ハンドルとして曲がった三角柱面(側面だけ考える)を2つの穴につないだ曲面が M_g である．

三角柱面(上底面，下底面は含まない)の三角形分割(境界付き閉曲面なので，直感的に理解しよう)は，側面の長方形を斜めに辺でつないだものと考えると，$v=6, e=12, f=6$ であるから $v-e+f=0$ である．

M_{g-1} から三角形を2つ取り除いた境界付き閉曲面は，M_{g-1} から面が2つ減るので，$v-e+f$ は2減る．これに三角柱面をはりつけると，元の曲面 M_{g-1} のオイラー数に比べ，$v-e+f$ はトータルとして2減る．つまり $\chi(M_g)=\chi(M_{g-1})-2$ となる．球面のオイラー数は2であることから，結局，種数 g の閉曲面 M_g のオイラー数は $\chi(M_g)=2(1-g)$ となる．■

余談

オイラー数を三角形分割の頂点数 v，辺の数 e，面の数 f から $v-e+f$ で定めた．それでは一般の n 角形分割を三角形分割と同様に定義するとき，その頂点数 V，辺の数 E，面の数 F からオイラー数が求まるであろうか．実は，オイラー数はこのときも $V-E+F$ で得られる．実際，各 n 角形のある頂点と，両隣以外の $n-3$ 個の頂点を結ぶと三角形分割ができる．このとき，頂点数は V のままであり，辺の数は $n-3$ 個増えるが，同時に面の数も $n-3$ 個増えるので，$-e+f=-E+F$ である．すなわちオイラー数は多角形分割で定義しても三角形分割で定義しても同じである（章末の問 5.5，5.6 参照）．

まとめ

1. 曲面とは2次元の座標近傍をはり合わせてできる空間である．
2. 三角形分割された曲面 M の頂点数 v，辺の数 e，面の数 f に対してオイラー数は $\chi(M)=v-e+f$ で与えられる．
3. 閉曲面：境界がなく，曲面上の点列が収束する曲面
4. 向き付け可能＝うらおもての区別可能＝2色で塗り分け可能
5. 閉曲面は三角形分割できる．
6. 向き付け可能な閉曲面は S^2，T^2，または $g\,(\geqq 2)$ 人乗りの浮き輪の表面 $M_g=T^2\sharp T^2\sharp\cdots\sharp T^2$（$g$ 個の連結和）である．
7. g を閉曲面の種数という．
8. オイラー数と種数の関係は $\chi(M_g)=2(1-g)$

問　題

問 5.1　$\binom{a}{b} = {}_aC_b$ を組み合わせの数とする．閉曲面の三角形分割について

$$\binom{v-3}{2} \geqq 3(2-\chi(M)) \tag{5.2}$$

がなりたつことを，$e \leqq \binom{v}{2}$ および $2e=3f$ を用いて示せ．これを**ヒーウッド**(Heawood)**の不等式**という．

問 5.2　(1) 前問より，トーラス T^2 の三角形分割の頂点の数の最小値は 7 である．図 5.8 の左は $v=7$ なるトーラスの三角形分割である．$v-e+f$ が $\chi(T^2)$ となっていることを確かめよ．

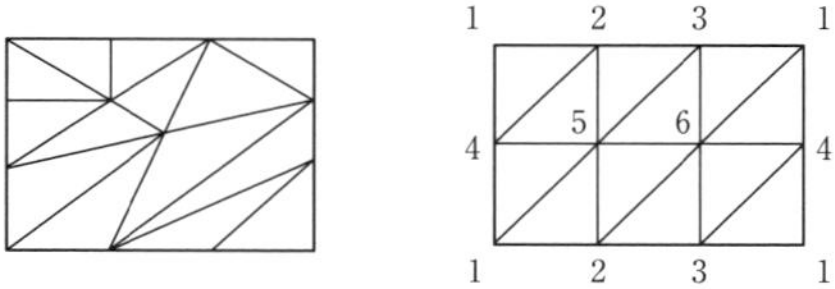

図 5.8

(2) 図 5.8 の右では $v=6$，$e=18$ で，$e \leqq \binom{6}{2} = 15$ に反するから，実際は三角形分割として成立していない．トーラス T^2 の三角形分割の例で，(1)と異なるものを一つ与えよ．

問 5.3　$0<r<R$ とする．$S=\left\{ \begin{pmatrix} x \\ y \\ z \end{pmatrix} \in E^3 \mid (R-\sqrt{x^2+y^2})^2+z^2=r^2 \right\}$ で与えられる E^3 の図形は何か？

問 5.4　閉曲面 M が四辺形に分割され，各頂点に四辺形が 4 個ずつあるとき，M は何か？

問 5.5　閉曲面 M が六辺形に分割され，各頂点に六辺形が 3 個ずつあるとき，M の種数はいくつか？

問 5.6　種数 g_1 の閉曲面 M_1 と，種数 g_2 の閉曲面 M_2 との連結和 $M_1 \sharp M_2$ のオイラー数を求めよ．

6
曲面の局所理論

この章では E^3 内の曲面を微分幾何学的に定義し，そのガウス曲率や平均曲率の計算を行う．E^3 内の曲面は目に見えるので，容易に扱うことができる．
関数 $f(t)$ が **r 階連続微分可能**とは，r 階微分ができて，その微分係数が連続関数となることである．単に r 階微分可能とは異なることに注意しておく．多変数関数 $f(x_1, \ldots, x_n)$ については，どの変数についても r 階連続微分可能のとき，**r 階連続偏微分可能**であるという．このとき著しい性質として，r 階までのどの偏微分も変数の微分の順序によらない．
以下で用いる固有値，対称行列，2 次形式などに関する基本事項は付録の A. 2 節と 7. 5 節を参照すること．

6.1 曲面の計量と第 1 基本形式

定義 6.1 uv 平面の領域 D から 3 次元ユークリッド空間 E^3 への C^2 級写像 $\boldsymbol{p}: D \ni (u,v) \mapsto \boldsymbol{p}(u,v) \in E^3$ を考える．v を止めて得られる u 曲線の接ベクトル $\boldsymbol{p}_u$ と，u を止めて得られる v 曲線の接ベクトル $\boldsymbol{p}_v$,

$$\boldsymbol{p}_u = \frac{\partial \boldsymbol{p}}{\partial u}, \quad \boldsymbol{p}_v = \frac{\partial \boldsymbol{p}}{\partial v}$$

が存在して，互いに独立なとき，$M = \boldsymbol{p}(D)$ を E^3 の**曲面(片)**という（図

6.1).

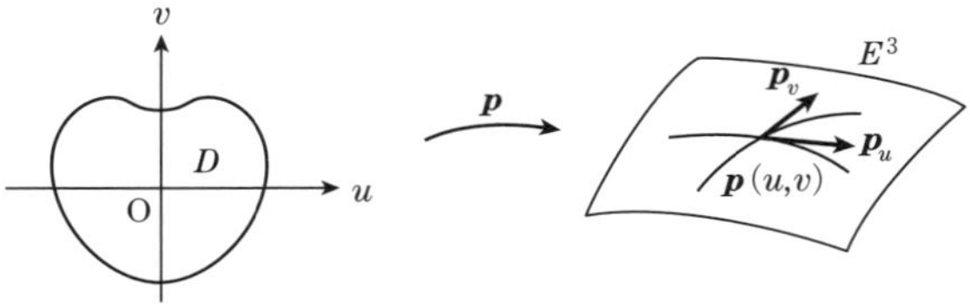

図 6.1　曲面片

定義 6.2　2つのベクトル $\boldsymbol{p}_u, \boldsymbol{p}_v$ の長さの平方とその内積を

$$E=|\boldsymbol{p}_u|^2, \quad F=\langle \boldsymbol{p}_u, \boldsymbol{p}_v\rangle, \quad G=|\boldsymbol{p}_v|^2 \tag{6.1}$$

とおいて，曲面の**第 1 基本量**という．

$$I=Edu^2+2Fdudv+Gdv^2 \tag{6.2}$$

を曲面の**第 1 基本形式**または**計量**という．

このとき系 1.1 により $EG-F^2>0$ に注意しよう．

(6.2)は対称行列 $\begin{pmatrix} E & F \\ F & G \end{pmatrix}$ の 2 次形式(A.2 節参照)にほかならない．この幾何学的意味を説明しよう．M 上の曲線 $\boldsymbol{p}(t)=\boldsymbol{p}(u(t), v(t))$，$a \leqq t \leqq b$ を考える．M の上にあるので，$\boldsymbol{c}(t)$ ではなく，$\boldsymbol{p}(t)$ と書いている．第 1 基本量 E, F, G がわかると，M の曲線 $\boldsymbol{p}(t)=\boldsymbol{p}(u(t), v(t))$ に対して，その接ベクトル

$$\dot{\boldsymbol{p}}(t)=\boldsymbol{p}_u\frac{du}{dt}+\boldsymbol{p}_v\frac{dv}{dt}$$

の長さの平方は

$$|\dot{\boldsymbol{p}}(t)|^2=\left\langle \boldsymbol{p}_u\frac{du}{dt}+\boldsymbol{p}_v\frac{dv}{dt},\ \boldsymbol{p}_u\frac{du}{dt}+\boldsymbol{p}_v\frac{dv}{dt}\right\rangle$$

$$= E\left(\frac{du}{dt}\right)^2 + 2F\frac{du}{dt}\frac{dv}{dt} + G\left(\frac{dv}{dt}\right)^2 \tag{6.3}$$

で与えられる．したがって曲線の長さ s は(2.3)により

$$s = \int |\dot{\boldsymbol{p}}(t)|dt = \int \sqrt{Edu^2 + 2Fdudv + Gdv^2} \tag{6.4}$$

で求まる．(6.2)より

$$ds^2 = I = \langle d\boldsymbol{p}, d\boldsymbol{p}\rangle, \quad d\boldsymbol{p} = \boldsymbol{p}_u du + \boldsymbol{p}_v dv \tag{6.5}$$

も自然に得られる．

定義 6.3　ds を**線素**とよぶこともある．

6.2　第 2 基本形式

定義 6.4　$\boldsymbol{n} = \dfrac{\boldsymbol{p}_u \times \boldsymbol{p}_v}{|\boldsymbol{p}_u \times \boldsymbol{p}_v|}$ を曲面の**単位法ベクトル**という．

実際，$\langle \boldsymbol{n}, \boldsymbol{p}_u\rangle = \langle \boldsymbol{n}, \boldsymbol{p}_v\rangle = 0$ より，$\boldsymbol{n}$ は曲面に直交する．これをさらに微分して

$$\langle \boldsymbol{n}, \boldsymbol{p}_u\rangle_u = \langle \boldsymbol{n}_u, \boldsymbol{p}_u\rangle + \langle \boldsymbol{n}, \boldsymbol{p}_{uu}\rangle = 0,$$
$$\langle \boldsymbol{n}, \boldsymbol{p}_u\rangle_v = \langle \boldsymbol{n}_v, \boldsymbol{p}_u\rangle + \langle \boldsymbol{n}, \boldsymbol{p}_{uv}\rangle = 0$$

を得る．同様に $\langle \boldsymbol{n}, \boldsymbol{p}_v\rangle_u = 0 = \langle \boldsymbol{n}, \boldsymbol{p}_v\rangle_v$ を使うと，

$$\begin{aligned} L &= \langle \boldsymbol{n}, \boldsymbol{p}_{uu}\rangle = -\langle \boldsymbol{n}_u, \boldsymbol{p}_u\rangle, \\ M &= \langle \boldsymbol{n}, \boldsymbol{p}_{uv}\rangle = \langle \boldsymbol{n}, \boldsymbol{p}_{vu}\rangle = -\langle \boldsymbol{n}_u, \boldsymbol{p}_v\rangle = -\langle \boldsymbol{n}_v, \boldsymbol{p}_u\rangle, \\ N &= \langle \boldsymbol{n}, \boldsymbol{p}_{vv}\rangle = -\langle \boldsymbol{n}_v, \boldsymbol{p}_v\rangle \end{aligned} \tag{6.6}$$

とおくことができる．

定義 6.5　L, M, N を**第 2 基本量**とよび，

$$II = Ldu^2 + 2Mdudv + Ndv^2 \tag{6.7}$$

を**第 2 基本形式**という．

これは対称行列 $\begin{pmatrix} L & M \\ M & N \end{pmatrix}$ の 2 次形式にほかならない．(6.6) と，$d\boldsymbol{n} = \boldsymbol{n}_u du + \boldsymbol{n}_v dv$ より

$$II = -\langle d\boldsymbol{p}, d\boldsymbol{n} \rangle \tag{6.8}$$

とも書ける．

6.3　曲面の曲がり方の導入

平面曲線や空間曲線の曲がり方は 2 階微分の情報である曲率 κ で測った．前節で曲面についても 2 階微分までの情報を定義した．それでは曲面の曲がり方はどのように測るのか？ まず曲がり方を接平面との位置関係から考えてみよう．

定義 6.6　曲面 M の点 p から発する接ベクトルをすべて集めた空間を，p における**接平面**といい T_pM と表す．

曲面の曲がり方を表すガウス曲率 K を定義する前に，曲面の曲がり方とガウス曲率 K の関係を直感的に説明しておこう．

ラフにいうと，点 p のごく近くで曲面が接平面の片側にあるときは，$K \geqq 0$ となる．曲面が接平面の両側にまたがるときは $K \leqq 0$ となる．曲面が直線を含み，さらにその直線に沿って接平面が一定のときは $K = 0$ となる（第 7 章の問 7.3 参照）．

こんなふうに考えると，ユークリッド空間の曲面の曲がり方がなんとなくわかるであろう．球面や円柱面，馬の鞍を例にあげてみよう（図 6.2）．

球面はどの点でも接平面の片側にあり，$K>0$ で特に K は一定である．

定義 6.7　どの点でも曲面全体が接平面の片側にだけある曲面を**凸曲面**という．

一般の凸曲面では $K \geqq 0$ となる．例えば円柱面は接平面の片側にあるという意味では凸曲面であるが，母線である直線に沿って接平面が一定なので $K=0$ となる(第 7 章の問 7.3 参照)．

馬の鞍は方向によって曲がり方が下に向いたり上に向いたりする，つまり接平面の両側にくるので，$K \leqq 0$ となる．

どんな曲面のどんな部分も，このどれかに形状は似ているので，曲がり方と K の符号の関係がわかるであろう．このことは 7.1 節で詳しく説明する．

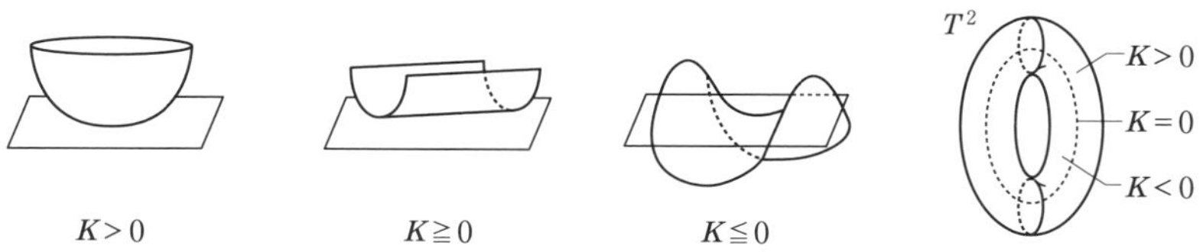

図 6.2　曲面の曲がり方と K の符号の関係

定義 6.8　$K(p)>0$ となる点 p を**楕円点**，$K(p)=0$ となる点を**放物点**または**平坦点**，$K(p)<0$ となる点を**双曲点**または**鞍点**(あんてん)という．

例 6.1　回転トーラス T^2 を見てみよう(図 6.2)．どこが $K>0$ で，どこが $K<0$ になっているか．上の考察を認めれば，トーラスを輪切りにしたときに現れる円の外側半分は $K>0$，内側半分は $K<0$ であることがわかる．そしてその境目は $K=0$ となっている．$K<0$ の部分は立てて考えると人がまたがる形，つまり鞍形になっている．□

6.4　オイラーの考えたガウス曲率

前節をヒントに，オイラーの考えたガウス曲率 K を定義しよう．

定義 6.9　M の点 $\boldsymbol{p}$ を通り，M に垂直な平面，すなわち $\boldsymbol{p}$ における法方向 $\boldsymbol{n}$ を含む平面で M をカットして得られる曲線を**直截線**(ちょくさいせん)という．

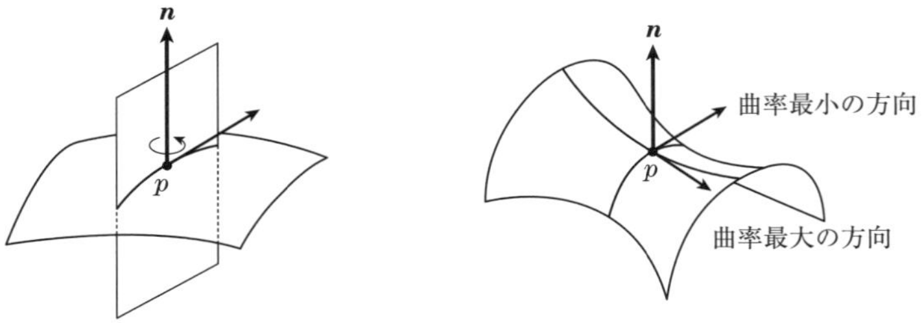

図 6.3　直截線の曲率

これは平面曲線であるから，その曲率 κ は符号をもっている．さてこの平面を $\boldsymbol{n}$ を軸として回転させ，直截線の曲率を比較する．すると，点 $\boldsymbol{p}$ におけるこの直截線の曲率が最大，最小となる方向が見つかる(図 6.3，6.5 節参照)．

定義 6.10　κ の最大値を κ_1，最小値を κ_2 とおいて，曲面 M の**主曲率**という．$K=\kappa_1\kappa_2$ を曲面の**ガウス曲率**という．$H=\dfrac{1}{2}(\kappa_1+\kappa_2)$ を曲面の**平均曲率**という．

場合により，球面のようにどの方向も同じ曲がり方をしていることもある．

定義 6.11　$\kappa_1=\kappa_2$ なる点を**臍点**(せいてん)という．

κ_1 と κ_2 は同じ符号のこともあれば，逆の符号や 0 のこともある．

◆**注意**　κ_1, κ_2 の求め方は 6.5 節で述べる．これらは接平面上の**ワインガルテン写像**(7.4 節参照)とよばれる対称変換の固有値である．A.2 節で固有値をミニマックス原理で意味づけるが，κ_1，κ_2 はその観点からも述べられる．

さて，$K>0$ というのは，κ_1 と κ_2 の符号が同じということだから，直截線の曲率 κ はすべて同じ符号，したがって直截線の加速度ベクトルはすべて法ベクトル $\boldsymbol{n}$ の側にあるか，もしくはすべて反対側にある．これは曲面が $\boldsymbol{p}$ の近傍においてその接平面の片側にしか現れないことを意味している．いずれにしても $K>0$ ならば，$\boldsymbol{p}$ のごく近くでは曲面が接平面の片側だけに存在することになり，前節で述べたことがうなずける(ここでは $\boldsymbol{p}$ のごく近くだけを問題にしていて，曲面全体が片側にある必要はない)．

$K<0$ のときはどこかで直截線の曲率 κ の符号が変わるから，曲面が接平面の両側にあることになる．このときは $\boldsymbol{p}$ の周りは鞍形になる．

6.5　測地的曲率と法曲率

曲面 M 上の曲線 $\boldsymbol{p}(s)$ を考える．M には E^3 のユークリッド距離から自然に決まる計量が入っているから，曲線 $\boldsymbol{p}(s)$ の弧長 s は，$\boldsymbol{p}(s)$ を空間曲線と考えたときの弧長にほかならない．

$\boldsymbol{e}_1=\boldsymbol{p}'(s)$ は曲面に接する単位ベクトルであるから，曲面に接するもう一つの単位ベクトル $\boldsymbol{e}_2$ がこれと直交するようにとれる．向きは $\boldsymbol{p}_u$ から $\boldsymbol{p}_v$ への向きと一致するように定める．すると曲面の単位法ベクトルは $\boldsymbol{n}=\boldsymbol{e}_1\times\boldsymbol{e}_2$ である．$|\boldsymbol{p}'(s)|=1$ であるから，$\boldsymbol{p}''(s)$ は $\boldsymbol{e}_1$ と直交し，$\boldsymbol{e}_2$ 成分 $\boldsymbol{k}_g$ と，$\boldsymbol{n}$ 成分 $\boldsymbol{k}_n$ に分解する：

$$\boldsymbol{p}''(s)=\boldsymbol{k}_g+\boldsymbol{k}_n. \tag{6.9}$$

定義 6.12　$\boldsymbol{k}_g$ を曲線の**測地的曲率ベクトル**，$\boldsymbol{k}_n$ を曲線の**法曲率ベクトル**という(図 6.4)．また $\boldsymbol{k}_g=\kappa_g\boldsymbol{e}_2$，$\boldsymbol{k}_n=\kappa_n\boldsymbol{n}$ とおいて，κ_g を曲線の**測地的曲率**，κ_n を曲線の**法曲率**という．

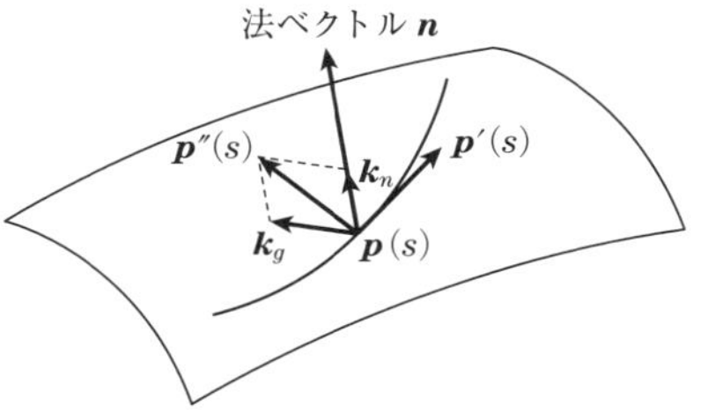

図 6.4　測地的曲率ベクトル $\boldsymbol{k}_g$ と法曲率ベクトル $\boldsymbol{k}_n$

定義 6.13　$\kappa_g=0$, つまり $\boldsymbol{k}_g=0$ となる曲面上の曲線を**測地線**という.

◆**注意**　$\boldsymbol{p}''(s)$ の接成分 $\boldsymbol{k}_g$ は, 質点 $\boldsymbol{p}(s)$ に対して曲面に沿った加速度を与えるから, 測地線は加速度 0 の曲線である. したがって測地線は**曲面上の曲がっていない曲線**ということができる. 測地線については 12.2 節, および 13.1 節でも詳しく述べる.

さて, オイラーの考えたガウス曲率を求める上で重要なのは法曲率である.

補題 6.1　法曲率 κ_n は曲線の接方向 $\boldsymbol{p}'(s)=u'\boldsymbol{p}_u+v'\boldsymbol{p}_v$ のみで決まる. ここに $u'=\dfrac{du}{ds}$, $v'=\dfrac{dv}{ds}$ である.

◆**注意**　この補題の意味は, 考えている点で互いに接する 2 本の曲線に対して法曲率は一致するということである.

[証明]

$$
\begin{aligned}
\kappa_n &= \langle \boldsymbol{k}_n, \boldsymbol{n} \rangle = \langle \boldsymbol{p}'' - \boldsymbol{k}_g, \boldsymbol{n} \rangle \\
&= \langle \boldsymbol{p}'', \boldsymbol{n} \rangle = -\langle \boldsymbol{p}', \boldsymbol{n}' \rangle \\
&= -\langle u'\boldsymbol{p}_u + v'\boldsymbol{p}_v,\ u'\boldsymbol{n}_u + v'\boldsymbol{n}_v \rangle \\
&= L(u')^2 + 2Mu'v' + N(v')^2 \qquad (6.10)
\end{aligned}
$$

であり, κ_n は u', v' のみに依存して決まる. ∎

◆**注意**　(6.10) より法曲率は $-\boldsymbol{p}'(s)$ に対しても同じ値をとる.

直截線 $\boldsymbol{p}(s)$ がのっている平面は $\boldsymbol{e}_1$ と $\boldsymbol{n}$ ではられるが, 平面の向きをこの順序で定めれば, $\boldsymbol{p}(s)$ の曲率は法曲率 $\kappa_n=\langle \boldsymbol{p}''(s), \boldsymbol{n} \rangle$ にほかならない. またこれは上の補題から $\boldsymbol{p}'(s)$ の方向のみで決まる. $\boldsymbol{p}'(s)$ を接平面 $T_{\boldsymbol{p}(s)}M$ の半径 1 の円周上で動かすと, κ_n は円周上の連続関数となる. よって最大値 κ_1 と最小値 κ_2 をとる.

6.6　主曲率，ガウス曲率と平均曲率の計算

定義 6.10 を思い出し，ガウス曲率 $K=\kappa_1\kappa_2$ と平均曲率 $H=\dfrac{1}{2}(\kappa_1+\kappa_2)$ を計算しよう．任意パラメーター表示された曲線の接ベクトルは $\dot{\boldsymbol{p}}=\dot{u}\boldsymbol{p}_u+\dot{v}\boldsymbol{p}_v$ と書けて $(\dot{u},\dot{v})\neq(0,0)$ である．(6.10) を

$$\kappa_n = L\left(\frac{du}{ds}\right)^2+2M\frac{du}{ds}\frac{dv}{ds}+N\left(\frac{dv}{ds}\right)^2$$

$$= \frac{L\dot{u}^2+2M\dot{u}\dot{v}+N\dot{v}^2}{(ds/dt)^2}$$

と書き，$(ds/dt)^2=E\dot{u}^2+2F\dot{u}\dot{v}+G\dot{v}^2$ を代入して κ_n を λ と書くと，

$$\lambda(\dot{u},\dot{v}) = \frac{L\dot{u}^2+2M\dot{u}\dot{v}+N\dot{v}^2}{E\dot{u}^2+2F\dot{u}\dot{v}+G\dot{v}^2}$$

を得る．この最大値，最小値が主曲率を与えるから，$\xi=\dot{u}$, $\eta=\dot{v}$ を変数とみて，

$$L\xi^2+2M\xi\eta+N\eta^2-\lambda(E\xi^2+2F\xi\eta+G\eta^2)=0$$

を ξ,η で偏微分し，極値条件 $\lambda_\xi=0$, $\lambda_\eta=0$ を代入すれば，

$$\begin{cases} 2L\xi+2M\eta-\lambda(2E\xi+2F\eta)=0 \\ 2M\xi+2N\eta-\lambda(2F\xi+2G\eta)=0 \end{cases}$$

を得る．ξ,η についてまとめて，

$$\begin{cases} (L-\lambda E)\xi+(M-\lambda F)\eta=0 \\ (M-\lambda F)\xi+(N-\lambda G)\eta=0 \end{cases}$$

が非自明解 (ξ,η) をもつのは

$$\begin{vmatrix} L-\lambda E & M-\lambda F \\ M-\lambda F & N-\lambda G \end{vmatrix} = (L-\lambda E)(N-\lambda G)-(M-\lambda F)^2=0,$$

すなわち

$$(EG-F^2)\lambda^2-(EN-2FM+GL)\lambda+LN-M^2=0$$

のときである．この 2 根が κ_1, κ_2 だから

$$K=\kappa_1\kappa_2=\frac{LN-M^2}{EG-F^2},\qquad H=\frac{1}{2}(\kappa_1+\kappa_2)=\frac{EN-2FM+GL}{2(EG-F^2)} \tag{6.11}$$

となる．

まとめ

1. 第 1 基本量：$E=|\boldsymbol{p}_u|^2$，$F=\langle\boldsymbol{p}_u,\boldsymbol{p}_v\rangle$，$G=|\boldsymbol{p}_v|^2$
   第 1 基本形式：$ds^2=I=\langle d\boldsymbol{p},d\boldsymbol{p}\rangle=Edu^2+2Fdudv+Gdv^2$
2. 単位法ベクトル：$\boldsymbol{n}=\dfrac{\boldsymbol{p}_u\times\boldsymbol{p}_v}{|\boldsymbol{p}_u\times\boldsymbol{p}_v|}$
3. 第 2 基本量：$L=\langle\boldsymbol{n},\boldsymbol{p}_{uu}\rangle$, $M=\langle\boldsymbol{n},\boldsymbol{p}_{uv}\rangle=\langle\boldsymbol{n},\boldsymbol{p}_{vu}\rangle$, $N=\langle\boldsymbol{n},\boldsymbol{p}_{vv}\rangle$
   第 2 基本形式：$II=-\langle d\boldsymbol{p},d\boldsymbol{n}\rangle=Ldu^2+2Mdudv+Ndv^2$
4. ガウス曲率：$K=\dfrac{LN-M^2}{EG-F^2}$，平均曲率：$H=\dfrac{EN-2FM+GL}{2(EG-F^2)}$
5. 主曲率 κ_1,κ_2 は $x^2-2Hx+K=0$ の 2 つの解で，$K=\kappa_1\kappa_2$, $H=\dfrac{1}{2}(\kappa_1+\kappa_2)$
6. 曲面の接ベクトルを集めた平面を接平面という．
7. 曲面 M 全体がどの点でも接平面の片側のみにあるとき，M を凸曲面という．
8. 曲面がある点 p の近傍で p における接平面の片側にある $\Longleftrightarrow$ $K(p)\geqq 0$
9. 曲面がある点 p の近傍で p における接平面の両側にある $\Longleftrightarrow$ $K(p)\leqq 0$
10. 曲面上の直線に沿って接平面が一定 $\Rightarrow$ その直線に沿って $K=0$（第 7 章の問 7.3 参照）
11. $K(p)>0$ $\Longleftrightarrow$ p は楕円点
12. $K(p)<0$ $\Longleftrightarrow$ p は双曲点（鞍点）
13. $K(p)=0$ $\Longleftrightarrow$ p は放物点（平坦点）
14. $\boldsymbol{p}(s)$：曲面 M 上の弧長パラメーターで表された曲線

$$\boldsymbol{p}''(s)=\boldsymbol{k}_g+\boldsymbol{k}_n$$

において，接成分 $\boldsymbol{k}_g$ を測地的曲率ベクトル，法成分 $\boldsymbol{k}_n$ を法曲率ベクトルという．$\boldsymbol{k}_g=0$ なる曲線を M の測地線という．

問 題

問 6.1　次の2次曲面(2次式で定義される曲面，図 6.5)を見て K の符号について考えよ．このうち凸曲面はどれか．また各点を直線が通る曲面はどれか．

(1) 楕円面：$\dfrac{x^2}{a^2}+\dfrac{y^2}{b^2}+\dfrac{z^2}{c^2}=1$　(2) 一葉双曲面：$\dfrac{x^2}{a^2}+\dfrac{y^2}{b^2}-\dfrac{z^2}{c^2}=1$

(3) 二葉双曲面：$\dfrac{x^2}{a^2}+\dfrac{y^2}{b^2}-\dfrac{z^2}{c^2}=-1$　(4) 楕円放物面：$z=\dfrac{x^2}{a^2}+\dfrac{y^2}{b^2}$

(5) 双曲放物面：$z=\dfrac{x^2}{a^2}-\dfrac{y^2}{b^2}$　(6) 楕円錐面：$\dfrac{x^2}{a^2}+\dfrac{y^2}{b^2}-\dfrac{z^2}{c^2}=0$

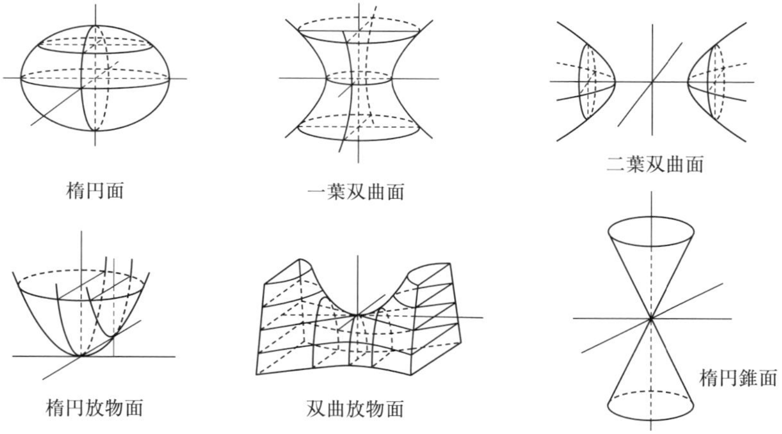

図 6.5　2次曲面

問 6.2　前問の(1)～(6)のパラメーター表示の例を与えよ．

問 6.3　半径1の2次元球面 S^2 と平面との切り口でできる小円 C の測地的曲率を求めよ．これにより，大円が球面の測地線であることを示せ．

問 6.4　常螺旋面 $\left\{\boldsymbol{p}(u,v)=\begin{pmatrix}u\cos v\\ u\sin v\\ av+b\end{pmatrix}\,\middle|\,(u,v)\in E^2\setminus\{0\},\,a,b\in\mathbb{R},\,a\neq 0\right\}$ の第1基本量，第2基本量，ガウス曲率 K，平均曲率 H を求めよ．

問 6.5　エンネパー(Enneper)曲面 $\left\{\boldsymbol{p}(u,v)=\begin{pmatrix}3u+3uv^2-u^3\\ v^3-3v-3u^2v\\ 3(u^2-v^2)\end{pmatrix}\,\middle|\,(u,v)\in\mathbb{R}^2\right\}$ の第1基本量，第2基本量，ガウス曲率 K，平均曲率 H を求めよ．

7 曲面の曲がり方

曲面の曲がり方は，法ベクトルの動きを通して見ることができる．これを表すのがガウス写像とワインガルテン写像である．

7.1 曲面の形状とガウス曲率の符号

第 1 基本量，第 2 基本量を用いて，2×2 実対称行列 I, II を

$$\mathrm{I} = \begin{pmatrix} E & F \\ F & G \end{pmatrix}, \quad \mathrm{II} = \begin{pmatrix} L & M \\ M & N \end{pmatrix} \tag{7.1}$$

で定義する．第 1 基本形式，第 2 基本形式と区別するため，これらの行列は立体で表している．(6.11) より $\det(\mathrm{I}^{-1}\mathrm{II}) = K$ である．

他方，

$$\begin{aligned}\mathrm{I}^{-1}\mathrm{II} &= \frac{1}{EG - F^2}\begin{pmatrix} G & -F \\ -F & E \end{pmatrix}\begin{pmatrix} L & M \\ M & N \end{pmatrix} \\ &= \frac{1}{EG - F^2}\begin{pmatrix} GL - FM & GM - FN \\ -FL + EM & -FM + EN \end{pmatrix}\end{aligned} \tag{7.2}$$

であるから，次を得る．

命題 7.1　ガウス曲率 K および平均曲率 H は次で与えられる：

$$
\begin{aligned}
K &= \det(\mathrm{I}^{-1}\mathrm{II}) = \frac{LN-M^2}{EG-F^2}, \\
H &= \frac{1}{2}\mathrm{tr}(\mathrm{I}^{-1}\mathrm{II}) = \frac{EN-2FM+GL}{2(EG-F^2)}.
\end{aligned}
\tag{7.3}
$$

$\mathrm{I}^{-1}\mathrm{II}$ は 7.4 節で述べるワインガルテン写像の行列表示にほかならない．また，行列 $\mathrm{I}^{-1}\mathrm{II}$ の固有値が主曲率 κ_1, κ_2 を与える(7.5 節参照)．

次の事実は 6.4 節でも説明したが，より厳密に示してみよう．

命題 7.2　$K>0$ となるのは II が定値(固有値が同符号)のときであり，この点は楕円点である．$K<0$ となるのは，II が不定値(固有値が異符号)のときであり，この点は鞍点である．

[証明]　実際 $K=\det(\mathrm{I}^{-1}\mathrm{II})=(\det \mathrm{I})^{-1}\det \mathrm{II}$ で，$\det \mathrm{I}=EG-F^2$ は正値であるから，K の符号は $\det \mathrm{II}$ の符号で決まる．考えている点を $\boldsymbol{p}_0$ としてそこでの単位法ベクトルを $\boldsymbol{a}$ とするとき，高さ関数 $h(\boldsymbol{p})=\langle \boldsymbol{p}, \boldsymbol{a}\rangle$ を考える．$\boldsymbol{p}_0$ における 1 階の微分係数は $h_u(\boldsymbol{p}_0)=h_v(\boldsymbol{p}_0)=0$ である．また，

$$
\begin{aligned}
h_{uu}(\boldsymbol{p}_0) &= \langle \boldsymbol{p}_{uu}, \boldsymbol{a}\rangle = L, \\
h_{uv}(\boldsymbol{p}_0) &= \langle \boldsymbol{p}_{uv}, \boldsymbol{a}\rangle = M, \\
h_{vv}(\boldsymbol{p}_0) &= \langle \boldsymbol{p}_{vv}, \boldsymbol{a}\rangle = N
\end{aligned}
$$

であるから，h を $\boldsymbol{p}_0$ でテイラー展開すると，$\boldsymbol{p}-\boldsymbol{p}_0$ の u 座標の差を Δu，v 座標の差を Δv とおくとき，その 2 次までの展開は

$$
h(\boldsymbol{p}) = h(\boldsymbol{p}_0) + \frac{1}{2}\{L(\Delta u)^2 + 2M\Delta u\Delta v + N(\Delta v)^2\} + [3\text{ 次以上}]
$$

で，右辺の第 2 項は II から決まる 2 次形式(A.2 節参照)となる．2 次形式の標準形と，符号に関する**シルベスター**(Sylvester)**の慣性法則**(A.2 節参照)を用いれば，この展開式から，$K>0$ のとき，$\boldsymbol{p}_0$ の近傍で曲面は接平面のどちらか片側のみにあり，この点は楕円点である．$K<0$ のとき，曲面は接平面の両側にあるので，この点は鞍点である．　∎

7.2 座標変換

前節までに述べた局所理論が，座標のとり方によらないことは重要である．まず，座標近傍における微積分が，座標の重なりでも意味をもつようにすることが基本である．

微分積分学から一つ，重要な概念である面積分の変数変換公式をあげよう．これは実際の計算でも使ったことがあると思う．

A を xy 平面上の領域，B を uv 平面上の領域として，$F: A \to B$ を微分可能な写像とする．$F(x,y) = (u(x,y), v(x,y))$ である．

$$J_F = \begin{pmatrix} \dfrac{\partial u}{\partial x} & \dfrac{\partial u}{\partial y} \\ \dfrac{\partial v}{\partial x} & \dfrac{\partial v}{\partial y} \end{pmatrix} \tag{7.4}$$

を F の**ヤコビ**(Jacobi)**行列**，その行列式

$$\det(J_F) = \frac{\partial(u,v)}{\partial(x,y)} \tag{7.5}$$

を**ヤコビ行列式**という．ヤコビ行列式が A 上で消えないとき，F には局所逆写像が存在することが知られていて(**逆写像の定理**，関連図書 [7] 参照)，特に大域逆写像が存在するとき A と B は互いに**微分同相**であるという．特にヤコビ行列式が正のとき，**向きを保つ微分同相**とよばれる．

逆写像を F^{-1} で表せば，$(x,y) = F^{-1}(u,v)$ であるから，uv 座標で表されていたものは，xy 座標でも表すことができる．例えば B 上の関数 $f(u,v)$ は A 上の関数

$$F^* f(x,y) = f(u(x,y), v(x,y))$$

と考えられる．$F^* f$ を関数 f の A への**引き戻し**という．

B の座標 (u,v) を A の座標 (x,y) で取り替えると，f の B 上での積分が

$$\int_B f(u,v)dudv = \int_A F^* f(x,y)\frac{\partial(u,v)}{\partial(x,y)}dxdy \tag{7.6}$$

をみたすことは微分積分学で学習しているであろう．これを**重積分の変数変換則**という．

ユークリッド平面では座標は一つ決めればよいが，平らでない曲面ではそうはいかない．そこで 5.2 節でいくつかの座標をはり合わせて曲面を考えたのだが，そのはり合わせの部分で，議論が食い違わないように，**座標変換で不変な概念**が非常に重要である．上の重積分では，ヤコビ行列式が消えなければ，これがなりたつことを意味している．

第 6 章に述べた曲面の微分幾何でも，座標変換のヤコビ行列式が消えないことで，ガウス曲率や平均曲率，主曲率が，座標変換で不変な概念であることが示せる．実際，(1.12)において，T を座標変換のヤコビ行列にとればこのことがわかるであろう(余談参照)．

座標変換は，さらに高次元の微分可能多様体を考える基本である．

7.3　面積要素と面積

E^3 の曲面 $\boldsymbol{p}(u,v)$ に対して，外積ベクトルの性質から $\boldsymbol{p}_u \times \boldsymbol{p}_v$ は $\boldsymbol{p}_u$ と $\boldsymbol{p}_v$ に垂直で，

$$|\boldsymbol{p}_u \times \boldsymbol{p}_v| = \sqrt{|\boldsymbol{p}_u|^2|\boldsymbol{p}_v|^2 - \langle \boldsymbol{p}_u, \boldsymbol{p}_v\rangle^2} = \sqrt{EG-F^2} > 0 \tag{7.7}$$

をみたすベクトルである(補題 1.2 参照)．

定義 7.1　$dA = \sqrt{EG-F^2}dudv$ を曲面の**面積要素**という．

実際，曲面の微小片を $\boldsymbol{p}(u+\Delta u, v) - \boldsymbol{p}(u,v)$ と $\boldsymbol{p}(u, v+\Delta v) - \boldsymbol{p}(u,v)$ ではられる平行四辺形で近似して面積を求め，$\Delta u, \Delta v \to 0$ とすると，

$$\begin{aligned}
&\lim_{\Delta u, \Delta v \to 0} \left|(\boldsymbol{p}(u+\Delta u, v) - \boldsymbol{p}(u,v)) \times (\boldsymbol{p}(u, v+\Delta v) - \boldsymbol{p}(u,v))\right| \\
&= \lim_{\Delta u, \Delta v \to 0} \left|\frac{\boldsymbol{p}(u+\Delta u, v) - \boldsymbol{p}(u,v)}{\Delta u} \times \frac{\boldsymbol{p}(u, v+\Delta v) - \boldsymbol{p}(u,v)}{\Delta v}\right|\Delta u \Delta v \\
&= |\boldsymbol{p}_u \times \boldsymbol{p}_v| dudv
\end{aligned}$$

となるから，曲面の面積は

$$\int_D dA = \int_D \sqrt{EG - F^2}\, dudv \tag{7.8}$$

で与えられる．

面積は座標のとり方によらないことが，重積分の変数変換則からわかる．

7.4 ガウス写像とワインガルテン写像

ここでガウス曲率と深い関係にあるガウス写像を紹介しよう．

定義 7.2 E^3 の曲面 M の各点の単位法ベクトル $\boldsymbol{n}$ を原点に平行移動して終点を対応させることにより，半径 1 の単位球面 S^2 の点に移す（図 7.1）．これを**ガウス写像**とよび，$\mathcal{G}: M \to S^2$ で表す．局所的には，$\mathcal{G}$ も曲面の座標 u, v で記述される．

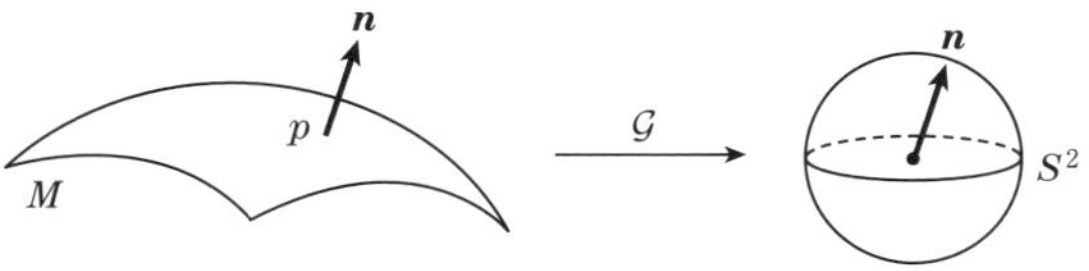

図 7.1 ガウス写像

補題 7.1

$$\begin{cases} \mathcal{G}_u = \boldsymbol{n}_u = \alpha \boldsymbol{p}_u + \beta \boldsymbol{p}_v \\ \mathcal{G}_v = \boldsymbol{n}_v = \gamma \boldsymbol{p}_u + \delta \boldsymbol{p}_v \end{cases}$$

とおくとき，

$$\begin{pmatrix} \alpha & \gamma \\ \beta & \delta \end{pmatrix} = -\mathrm{I}^{-1}\mathrm{II} \tag{7.9}$$

がなりたつ．

[証明]　(6.8)より

$$-\begin{pmatrix} L & M \\ M & N \end{pmatrix} = \begin{pmatrix} \langle \boldsymbol{p}_u, \boldsymbol{n}_u \rangle & \langle \boldsymbol{p}_u, \boldsymbol{n}_v \rangle \\ \langle \boldsymbol{p}_v, \boldsymbol{n}_u \rangle & \langle \boldsymbol{p}_v, \boldsymbol{n}_v \rangle \end{pmatrix} = \begin{pmatrix} \alpha E + \beta F & \gamma E + \delta F \\ \alpha F + \beta G & \gamma F + \delta G \end{pmatrix}$$

$$= \begin{pmatrix} E & F \\ F & G \end{pmatrix} \begin{pmatrix} \alpha & \gamma \\ \beta & \delta \end{pmatrix}$$

であるから

$$\begin{pmatrix} \alpha & \gamma \\ \beta & \delta \end{pmatrix} = -\begin{pmatrix} E & F \\ F & G \end{pmatrix}^{-1} \begin{pmatrix} L & M \\ M & N \end{pmatrix} = -\mathrm{I}^{-1}\mathrm{II} \tag{7.10}$$

∎

定義 7.3　(7.9), (7.10), (7.2)から得られる

$$\begin{cases} \boldsymbol{n}_u = \dfrac{FM - GL}{EG - F^2}\boldsymbol{p}_u + \dfrac{FL - EM}{EG - F^2}\boldsymbol{p}_v \\ \\ \boldsymbol{n}_v = \dfrac{FN - GM}{EG - F^2}\boldsymbol{p}_u + \dfrac{FM - EN}{EG - F^2}\boldsymbol{p}_v \end{cases} \tag{7.11}$$

を**ワインガルテン**(Weingarten)**の式**という.

定義 7.4　$S = \mathrm{I}^{-1}\mathrm{II}$ で決まる接平面上の写像を**ワインガルテン写像**という. S は7.5節の議論により接平面上の対称変換を引き起こし, **型作用素**ともよばれる.

S は部分多様体論では基本的な役割を果たす. 定義から

$$\begin{cases} S(\boldsymbol{p}_u) = -\boldsymbol{n}_u \\ S(\boldsymbol{p}_v) = -\boldsymbol{n}_v \end{cases} \tag{7.12}$$

で与えられる($\begin{pmatrix} \boldsymbol{p}_u & \boldsymbol{p}_v \end{pmatrix} S = -\begin{pmatrix} \boldsymbol{n}_u & \boldsymbol{n}_v \end{pmatrix}$).

補題 7.2 ガウス写像の像の面積要素 $dA^{\mathcal{G}}$ は，元の曲面の面積要素の $|K|$ 倍になる．

［証明］ 実際，

$$\begin{aligned}\boldsymbol{n}_u \times \boldsymbol{n}_v &= (\alpha\boldsymbol{p}_u + \beta\boldsymbol{p}_v) \times (\gamma\boldsymbol{p}_u + \delta\boldsymbol{p}_v) = (\alpha\delta - \beta\gamma)\boldsymbol{p}_u \times \boldsymbol{p}_v \\ &= \det(-\mathrm{I}^{-1}\mathrm{II})\boldsymbol{p}_u \times \boldsymbol{p}_v = (-1)^2 \det(\mathrm{I}^{-1}\mathrm{II})\boldsymbol{p}_u \times \boldsymbol{p}_v \\ &= K\boldsymbol{p}_u \times \boldsymbol{p}_v. \qquad (7.13)\end{aligned}$$ ▮

p からの距離が r 未満である M の点の集まりを $B_r(p)$ と書くと，$C_r(p) = \mathcal{G}(B_r(p))$ は S^2 の点 $\mathcal{G}(p)$ を含む領域になる．$\mathcal{A}$ で面積を表すと，

$$|K(p)| = \lim_{r\to 0} \frac{\mathcal{A}(C_r(p))}{\mathcal{A}(B_r(p))}. \qquad (7.14)$$

K に絶対値がついているのは，$B_r(p)$ の向きと像 $C_r(p)$ の向きの $\mathcal{G}$ による調整のためである．

◆**注意** このことから，ガウス曲率は，ガウス写像の像の符号付き面積の，元の曲面面積に対する比率を曲面の無限小片に対して表すものであることがわかった．

ガウス写像は曲面の重要な性質を反映する．中でも重要なのは，変分問題(第 19 章参照)に現れる石鹸膜やシャボン玉の場合である．特に E^3 の極小曲面(石鹸膜)のガウス写像は(向きをうまく選べば) S^2 への正則写像であり，平均曲率一定曲面(シャボン玉)のガウス写像は S^2 への調和写像であることが知られている．

7.5 計量ベクトル空間の対称変換

$\mathbb{R}^n$ にユークリッド内積 $\langle\,,\,\rangle$ を入れた空間 E^n の標準基底を用いて議論すると，対称行列 S は $\langle T_S X, Y\rangle = \langle X, T_S Y\rangle$ をみたす変換 $T_S : E^n \ni X \mapsto SX \in E^n$ に対応する．一般の計量ベクトル空間 V のときも，正規直交基底を選べば同じ議論となる(A. 2 節参照)．

他方，正規直交とは限らない基底に関しては，V の内積はある正値対称行列 A を用いて，

$$\langle X, Y\rangle = {}^t XAY$$

と表せる．このとき V の線形変換 $T: V \to V$ が対称変換であるとは，$\langle TX, Y\rangle = \langle X, TY\rangle$ がなりたつことであるから，T を表す行列を S とするとき，

$${}^t(SX)AY = {}^t XASY$$

を得る．つまり ${}^tA = A$ を用いると，

$${}^tX{}^tSAY = {}^tX{}^t(AS)Y = {}^tXASY$$

が任意の X, Y についてなりたち，AS は対称行列となる．

補題 7.3　内積 $\langle X, Y\rangle = {}^tXAY$ をもつ計量ベクトル空間の対称変換を表す行列を S とするとき，AS は対称行列であるが，S は対称行列とは限らない．

前節で述べたワインガルテン写像では，$A = \mathrm{I}$, $S = \mathrm{I}^{-1}\mathrm{II}$ となっている．$AS = \mathrm{II}$ は対称行列，$S = \mathrm{I}^{-1}\mathrm{II}$ は対称行列ではないが，S は上の議論のように接平面上の対称変換を表すので，正規直交基底を用いた議論に置き換えれば，通常の議論から実固有値(これが主曲率である)をもち，相異なる固有ベクトルは互いに直交することがわかる(A. 2 節参照)．

7.6　定曲率曲面

ガウス曲率一定の曲面を**定曲率曲面**という．ここでは定曲率曲面について知られていることを述べよう．証明は他書に譲る．最も簡単なのはガウス曲率が 0 の曲面で，**平坦な曲面**とよばれる．

例 7.1　(1) 柱面：平面曲線上を定方向を向いた直線が動いて得られる曲面．
(2) 錐面：平面曲線の各点と平面外の定点を結んで得られる曲面．

(3) 接線曲面：空間曲線の接線が動いて得られる曲面．一般に元の曲線のところで特異点をもつ． □

定義 7.5 (1), (2), (3), またはその一部からなる曲面を**可展面**という(図 7.2).

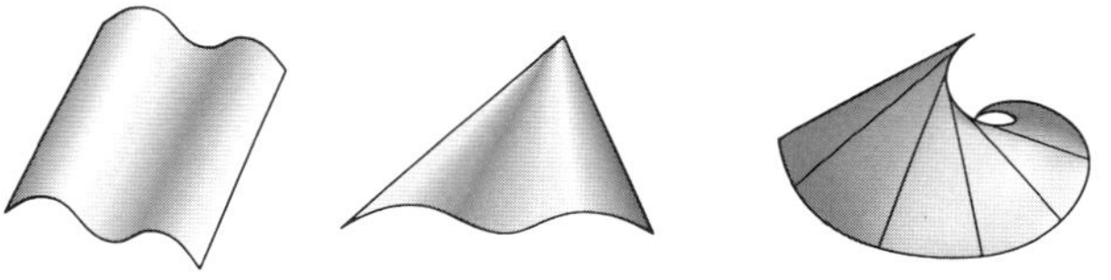

柱面　　錐面　　接線曲面

図 7.2 可展面

可展面は長さを変えることなく平面に展(の)べ広げることができる．これが名前の由来である．したがって可展面は平坦であり，局所的には平面と同一視できる．

より一般に，直線が動いてできる曲面を**線織面**とよぶ．線織面は必ずしも平坦ではない．例えば一葉双曲面は直線族を含み線織面であるが，平坦でない(章末の問 7.4 参照)．その違いはその直線に沿って接平面が一定であるかどうかである．接平面が動かなければ，ガウス曲率 $K=0$ となる(章末の問 7.3 参照).

◆**注意** E^3 の平坦な曲面は可展面である，と言い切ることは微妙である．実は可展面ではない平坦な曲面がハインツェ(E. Heinze)により構成されている(関連図書 [3] の p. 63 参照)．議論が細かくなるので，ここでは深入りしない．

E^3 内の回転球面は，どちらの方向にも同じ曲がり方をしているので，正の定曲率をもつことが直感的にもわかるであろう(章末の問 7.2 (1)参照).

閉曲面に関しては逆もなりたつ．

定理 7.1 (リープマン(Liebmann)の定理) ガウス曲率が正の一定値をとる E^3 の閉曲面は回転球面である．

それでは E^3 内に定曲率 -1 の曲面はあるのだろうか？ これはイエスでもあり，ノーでもある．つまり，完備でないものは存在するが，完備なものは存在しない．完備とは 12.3 節で定義するが，測地線がどこまでも伸ばせる曲面のことである．次はヒルベルトの定理としてよく知られている．

定理 7.2（**ヒルベルト**(Hilbert)**の定理**）　曲率が負の定数である完備な曲面は E^3 には存在しない．

他方，擬球面という曲率 -1 の回転面が次のようにして得られる(章末の問 7.2 (3)参照)．xz 平面の曲線

$$x = ae^{-u/a}, \quad z = \int \sqrt{1-e^{-2u/a}}du$$

を**トラクトリックス**という．これを z 軸の周りに回転してできる曲面が**擬球面**で(図 7.3)，負曲率 -1 をもつ．しかしこれは $z=0$ で特異点(尖点)をもち，完備にはならない．

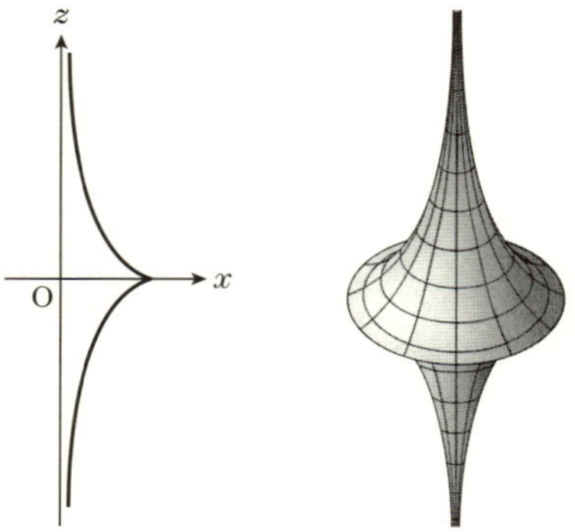

図 7.3　トラクトリックスと擬球面

実は次の定理がある．

定理 7.3（**ミンディング**(Minding)**の定理**）　定曲率をもつ曲面は局所的には球面か，平面か，擬球面に等長的である．

等長的とは，外のユークリッド空間の運動で移りあうという意味ではない(13.2 節参照)．

余談

7.2節の座標変換について補足する．$(x,y)\in A$, $(u,v)\in B$ を曲面の局所座標とするとき，曲面が $\boldsymbol{p}(x,y)=\boldsymbol{p}(u,v)$ と2通りに表されているとする．このとき

$$\boldsymbol{p}_x=\frac{\partial \boldsymbol{p}}{\partial x}=\boldsymbol{p}_u\frac{\partial u}{\partial x}+\boldsymbol{p}_v\frac{\partial v}{\partial x} \tag{7.15}$$

と $\boldsymbol{p}_y$ に関する同様な式により，

$$\begin{pmatrix}\boldsymbol{p}_x & \boldsymbol{p}_y\end{pmatrix}=\begin{pmatrix}\boldsymbol{p}_u & \boldsymbol{p}_v\end{pmatrix}\begin{pmatrix}\dfrac{\partial u}{\partial x} & \dfrac{\partial u}{\partial y}\\ \dfrac{\partial v}{\partial x} & \dfrac{\partial v}{\partial y}\end{pmatrix}. \tag{7.16}$$

すなわち，基底の変換 $\begin{pmatrix}\boldsymbol{p}_u & \boldsymbol{p}_v\end{pmatrix}\Rightarrow\begin{pmatrix}\boldsymbol{p}_x & \boldsymbol{p}_y\end{pmatrix}$ がヤコビ行列 J_F にほかならない．7.2節の最後に T と記したのはこれのことである(第1章の問1.4参照)．

まとめ

1. $\mathrm{I}=\begin{pmatrix}E & F\\ F & G\end{pmatrix}$, $\mathrm{II}=\begin{pmatrix}L & M\\ M & N\end{pmatrix}$ とおくとき，$S=\mathrm{I}^{-1}\mathrm{II}$ から決まる接平面上の対称変換をワインガルテン写像，または型作用素という．
2. ガウス曲率：$K=\det(\mathrm{I}^{-1}\mathrm{II})=\dfrac{LN-M^2}{EG-F^2}$,
   平均曲率：$H=\dfrac{1}{2}\mathrm{tr}(\mathrm{I}^{-1}\mathrm{II})=\dfrac{EN-2FM+GL}{2(EG-F^2)}$
3. 主曲率 κ_1,κ_2 はワインガルテン写像の固有値である．
4. 面積要素：$dA=\sqrt{EG-F^2}\,dudv$,
   曲面の面積：$\displaystyle\int_D dA$
5. ガウス写像の像の面積要素 $dA^{\mathcal{G}}=|K|dA$ (dA は曲面の面積要素)
6. ガウス曲率がいたるところ一定である曲面を定曲率曲面という．
7. ガウス曲率がいたるところ0である曲面を平坦な曲面という．
8. 可展面とは，柱面，錐面，ある曲線の接線曲面のことである．

問　題

問 7.1　(7.6)を示せ．また $u=r\cos\theta$, $v=r\sin\theta$ のとき $dudv$ を r,θ で表せ．

問 7.2　**回転面のガウス曲率，平均曲率．** xz 平面上に z 軸と交わらない曲線 $(x,z)=(f(s),g(s))$ が，弧長パラメーター s により与えられているとする．これを z 軸の周りに回転して得られる曲面 $x=f(s)\cos v$, $y=f(s)\sin v$, $z=g(s)$ の第 1 基本量，単位法ベクトル，第 2 基本量，ガウス曲率 K，平均曲率 H を f,g を用いて表せ．また，これを用いて(1)～(4)の各回転面のガウス曲率 K，平均曲率 H を求めよ．

(1) 半径 $a>0$ の球面

(2) トーラス：$(x,z)=(R+r\cos u, r\sin u)$ $(0<r<R)$

(3) 擬球面：$(x,z)=\left(ae^{-u/a}, \int\sqrt{1-e^{-2u/a}}du\right)$（トラクトリックス）

(4) 懸垂面：$(x,z)=\left(x, a\cosh^{-1}\dfrac{x}{a}\right)$（懸垂線）

問 7.3　曲面が直線を含み，この直線に沿って曲面の接平面が一定ならば，この直線に沿うガウス曲率は $K=0$ となることを示せ．これにより，可展面が平坦であることが示される(7.6 節参照)．

問 7.4　一葉双曲面 $x^2+y^2-z^2=1$ は線織面であることを示せ．またガウス曲率 K を求め，これが平坦ではないことを示せ(7.6 節参照)．

問 7.5　(1) 双曲放物面 $z=\dfrac{x^2}{a^2}-\dfrac{y^2}{b^2}$ の概形を描け．

(2) 各点における法曲率が 0 となる方向(**漸近方向**という)を求めよ．ただし $p=\left(x, y, \dfrac{x^2}{a^2}-\dfrac{y^2}{b^2}\right)$ なるパラメーター表示を用いることとする．

問 7.6　トーラス T^2 のガウスの球面表示 $\mathcal{G}:T^2\to S^2$ は球面 S^2 を何回覆うか，つまり S^2 の 1 点の逆像が何点あるか答えよ．

問 7.7　双曲線 $\dfrac{x^2}{a^2}-\dfrac{z^2}{b^2}=1$ を z 軸の周りに回転して得られる曲面 S について，ガウスの球面表示(ガウス写像)で覆われる球面の部分を正確に求めよ($z\to\pm\infty$ の極限まで考えよ)．

8 古典的手法†

本章で述べることは，座標を用いる古典的手法による，多様体論とも結びつく議論の紹介であるが，第 10 章で微分形式を用いて同じ内容を述べるので，初めて読む場合は省略しても第 I 部の後半には影響ない．
講義ではこの章をスキップしてもよいが，8. 3 節は読んでおくとよい．

8.1 クリストッフェル記号

曲面 $\boldsymbol{p}\colon D \to E^3$ に対して，$\boldsymbol{p}_{uu}, \boldsymbol{p}_{uv}, \boldsymbol{p}_{vv}$ の法成分は L, M, N により記述できたが，接成分はどのように記述されるか．

ここでは簡単のため $(u, v) = (u^1, u^2)$ と書いて*1，$\boldsymbol{p}_{uu} = \boldsymbol{p}_{11}$，$\boldsymbol{p}_{uv} = \boldsymbol{p}_{12} = \boldsymbol{p}_{21}$，$\boldsymbol{p}_{vv} = \boldsymbol{p}_{22}$ と表そう．このとき

$$\begin{aligned} \boldsymbol{p}_{11} &= \Gamma^1_{11}\boldsymbol{p}_1 + \Gamma^2_{11}\boldsymbol{p}_2 + L\boldsymbol{n}, \\ \boldsymbol{p}_{12} &= \Gamma^1_{12}\boldsymbol{p}_1 + \Gamma^2_{12}\boldsymbol{p}_2 + M\boldsymbol{n} = \boldsymbol{p}_{21} = \Gamma^1_{21}\boldsymbol{p}_1 + \Gamma^2_{21}\boldsymbol{p}_2 + M\boldsymbol{n}, \\ \boldsymbol{p}_{22} &= \Gamma^1_{22}\boldsymbol{p}_1 + \Gamma^2_{22}\boldsymbol{p}_2 + N\boldsymbol{n} \end{aligned} \tag{8.1}$$

と書いて，$\{\Gamma^k_{ij}\}$ を**クリストッフェル**(Christoffel)**記号**とよぶ．(8. 1)は**ガウスの式**とよばれることもある．$\boldsymbol{p}_{12} = \boldsymbol{p}_{21}$ より

*1 添え字を上につける理由は 8. 3 節を見よ．

$$\Gamma^k_{ij} = \Gamma^k_{ji} \tag{8.2}$$

に注意しよう．これは 9.4 節で現れる接続形式を座標で表すことと関係している．

接続とは，$\boldsymbol{p}_{ij}$ の接成分をとる操作に対応し，測地線の定義に現れた $\boldsymbol{p}''(s)$ の接成分である測地的曲率ベクトル $\boldsymbol{k}_g$ をとることも接続の概念である．例えば u^1-曲線の 2 階微分 $\boldsymbol{p}_{11}$ の接方向は $\Gamma^1_{11}\boldsymbol{p}_1+\Gamma^2_{11}\boldsymbol{p}_2$ であり，u^2-曲線の 2 階微分 $\boldsymbol{p}_{22}$ の接方向は $\Gamma^1_{22}\boldsymbol{p}_1+\Gamma^2_{22}\boldsymbol{p}_2$ である．

上の記法に基づいて，$E=g_{11}$，$F=g_{12}=g_{21}$，$G=g_{22}$ と記そう．また以下では**アインシュタイン**(Einstein)**の規約**：上下に同じ添え字があるときはそれらについて，$1 \leqq i, j, \ldots \leqq 2$ なる範囲で和をとる，を用いる．

命題 8.1　$\{\Gamma^k_{ij}\}$ は第 1 基本量のみから決まる．実際，∂_l で u^l に関する偏微分を表し，アインシュタインの規約を用いると，

$$\Gamma^k_{ij} = \frac{1}{2} g^{kl}\Big(\partial_i g_{lj} + \partial_j g_{il} - \partial_l g_{ij}\Big) \tag{8.3}$$

と表される．ここに g_{ij} の逆行列を g^{ij} で表している．

[証明]

$$\partial_i g_{lj} = \partial_i\langle \boldsymbol{p}_l, \boldsymbol{p}_j\rangle = \langle \boldsymbol{p}_{li}, \boldsymbol{p}_j\rangle + \langle \boldsymbol{p}_l, \boldsymbol{p}_{ji}\rangle = \Gamma^h_{li} g_{hj} + \Gamma^h_{ji} g_{lh},$$
$$\partial_j g_{il} = \partial_j\langle \boldsymbol{p}_i, \boldsymbol{p}_l\rangle = \langle \boldsymbol{p}_{ij}, \boldsymbol{p}_l\rangle + \langle \boldsymbol{p}_i, \boldsymbol{p}_{lj}\rangle = \Gamma^h_{ij} g_{hl} + \Gamma^h_{lj} g_{ih},$$
$$\partial_l g_{ij} = \partial_l\langle \boldsymbol{p}_i, \boldsymbol{p}_j\rangle = \langle \boldsymbol{p}_{il}, \boldsymbol{p}_j\rangle + \langle \boldsymbol{p}_i, \boldsymbol{p}_{jl}\rangle = \Gamma^h_{il} g_{hj} + \Gamma^h_{jl} g_{ih}$$

であるから，(8.2)に注意して，始めの 2 式を足して第 3 式を引くと

$$\partial_i g_{lj} + \partial_j g_{il} - \partial_l g_{ij} = 2\Gamma^h_{ij} g_{hl}$$

を得る．$g_{hl}g^{kl}=\delta^k_h$ に注意すると(8.3)を得る．　∎

この命題から何か気づくことがないだろうか．

曲面が E^3 に入っていることに基づいて得られた接成分 $\Gamma^k_{ij}\boldsymbol{p}_k$ であるが，Γ^k_{ij} は第 1 基本量 g_{ij} とその微分のみで記述されている．すなわち法方向や第

2 基本量 L, M, N は一切関わっていない.

したがって曲面上の計量さえ決まれば，曲面上の u^1-曲線または u^2-曲線の2 階微分から自然に $\Gamma_{ij}^k \boldsymbol{p}_k$ というベクトルが決まるのである．ただしこれは E^3 のベクトルというよりは曲面の接ベクトルという意味が強い．ここに現れる Γ_{ij}^k から決まる接続を**リーマン**(Riemann)**接続**，または**レビ-チビタ**(Levi-Civita)**接続**という．これにより，曲面上の接ベクトルをある方向に微分して得られる接ベクトルを，自然に定めることができるのである．これは 13.1 節で共変微分として改めて定義される.

8.2　曲面論の基本定理(1)

さて，曲線論では動枠を用いてフレネ-セレの公式を導き，与えられた曲率や捩率に対してこれを解くことにより，曲線が本質的に決まることを基本定理として学んだ.

曲面の動枠としては，とりあえず $\boldsymbol{p}_1, \boldsymbol{p}_2, \boldsymbol{n}$ が得られている．とりあえずというのは，正規直交化の操作をしていないことをいっている．正規直交基底での記述は 9.3 節にある.

$\begin{pmatrix} L & M \\ M & N \end{pmatrix}$ の成分を h_{ij}，(7.10)にある $\mathrm{I}^{-1}\mathrm{II}$ の成分を $h_j^k = g^{kl}h_{lj}$ と書くことにすると(アインシュタインの規約を用いている)，ワインガルテンの式(7.11)を用いて，

$$\begin{cases} \partial_j \boldsymbol{p}_i = \Gamma_{ij}^k \boldsymbol{p}_k + h_{ij}\boldsymbol{n} \\ \partial_j \boldsymbol{n} = -h_j^k \boldsymbol{p}_k \end{cases}, \quad 1 \leqq i, j, k \leqq 2 \tag{8.4}$$

が動枠 $\boldsymbol{p}_1, \boldsymbol{p}_2, \boldsymbol{n}$ のみたす偏微分方程式である．ここに $\partial_j = \dfrac{\partial}{\partial u^j}$ である．偏微分方程式を解くには**可積分条件**が必要となる．今の場合，その可積分条件は次で与えられる.

$$\partial_k \partial_j \boldsymbol{p}_i = \partial_j \partial_k \boldsymbol{p}_i, \quad \partial_k \partial_j \boldsymbol{n} = \partial_j \partial_k \boldsymbol{n}, \tag{8.5}$$

このときこの偏微分方程式が単連結領域上で解けることは，のちに微分形式を

用いて示すポアンカレの補題が本質的である(9.2 節参照).

命題 8.2　(8.4)の可積分条件(8.5)は,

$$R^k_{ijl} = \partial_l \Gamma^k_{ij} - \partial_j \Gamma^k_{il} + \Gamma^s_{ij}\Gamma^k_{sl} - \Gamma^s_{il}\Gamma^k_{sj} \tag{8.6}$$

とおくとき,

$$\begin{cases} R^k_{ijl} = h_{ij}h^k_l - h_{il}h^k_j \\ \partial_l h_{ij} - \partial_j h_{il} + \Gamma^k_{ij}h_{lk} - \Gamma^k_{il}h_{kj} = 0 \end{cases} \tag{8.7}$$

で表せる．ここに R^k_{ijl} は**曲率テンソル**とよばれる重要な量*2で，曲面の場合は本質的にガウス曲率を与えるものである(章末の問 8.3 参照).

定義 8.1　(8.7)の第 1 式を**ガウス方程式**，第 2 式を**マイナルディ-コダッチ**(Mainardi-Codazzi)**方程式**，または単に**コダッチ方程式**という.

証明は付録 A.5 節で与えるが，正規直交基底による議論ではより簡潔な記述と証明を与える(10.1, 10.3 節参照).

定理 8.1 (曲面論の基本定理)　2 次元単連結領域 D 上に正値対称 2 次行列 $g=(g_{ij})$ と，対称 2 次行列 $h=(h_{ij})$ が与えられたとき，これからクリストッフェル記号(8.3)と，さらに曲率テンソル(8.6)を定義する．このときこれらがガウス方程式とマイナルディ-コダッチ方程式をみたすならば，g を第 1 基本量，h を第 2 基本量としてもつ曲面 $\boldsymbol{p}: D \to E^3$ が運動を除き一意に存在する.

[証明]　上の議論から，動枠 $\boldsymbol{p}_1, \boldsymbol{p}_2, \boldsymbol{n}$ のみたす偏微分方程式(8.4)が，初期条件を与えれば解ける．次に $d\boldsymbol{p} = \boldsymbol{p}_1 du^1 + \boldsymbol{p}_2 du^2$ であるから，$(a,b) \in D$ に対して初期条件 $\boldsymbol{p}(a,b)$ を決めれば，D が単連結なので，これを線積分することにより，$\boldsymbol{p}: D \to E^3$ が求まる.　■

---

*2　関連図書 [18] では符号が逆なので注意.

特に(8.7)により，ガウス曲率と R^k_{ijl} の関係

$$K = g^{2i} R^1_{i21} \tag{8.8}$$

がわかり(章末の問 8.3 参照)，さらに(8.6)からガウス曲率は第 1 基本量のみから得られることがわかるので，次の定理を得る．

定理 8.2 (ガウスの驚愕定理) ガウス曲率は曲面の計量(第 1 基本量)のみで決まる(10.2 節参照)．

8.3 添え字の法則

本章では添え字が上下にある記号が現れた．これについて少し説明する．

ベクトル空間 V の基底を $\boldsymbol{e}_1, \boldsymbol{e}_2$ とするとき，双対ベクトル空間 V^* の双対基底 θ^1, θ^2 とは $\theta^i(\boldsymbol{e}_j) = \delta_{ij}$ (δ_{ij} はクロネッカーのデルタ，9.4 節参照)をみたすものである．

8.1 節で座標を (u^1, u^2) と上付き添え字で表した理由は，ベクトル $\dfrac{\partial}{\partial u^1}$, $\dfrac{\partial}{\partial u^2}$ (添え字を下付きとみなす)の双対ベクトル du^1, du^2 を，θ^1, θ^2 と同様に上付き添え字とみなすためである．

以下に記すことはテンソル代数を学べば明らかになるが，覚えておくとよい．基底変換の際のベクトルの変換則と，双対ベクトルの変換則は互いに他の逆行列となる(13.1 節参照)．そこで添え字を上下で分けておくと，どちらの変換則が適用されるかが一目でわかる．一般にテンソルは任意個の上付き，下付き添え字をもつので，添え字の上下で座標変換による変化が自動的にわかると計算上大変便利なのである．

いいたいことは，添え字の上下は非常に重要であるから，この先多様体論を学ぶ際には，ノートを取るときも十分気をつけ，おろそかにしてはいけないということである．

アインシュタインが行ったのはこうした添え字がたくさんあるテンソル計算とよばれる計算で，アインシュタインの規約はその過程で考案された．本書ではベクトルを列ベクトルで表しているが，これにもこうした背景がある．微分

幾何学は，座標を用いる議論，動枠法とよばれる正規直交系で行う議論，そして次章で述べる微分形式を用いる議論へと発展してきた．いずれの場合も添え字の上下の区別は重要，かつ便利である．

一つだけ付け加えると，前節に現れた曲率はテンソルであるが，クリストッフェル記号で表される量はテンソルではなく，基底の変換行列 T と T^{-1} だけではその変化が記せないことを注意しておく((13.3)と第13章の余談参照)．

まとめ

1. 曲面 $\boldsymbol{p}: D \ni (u^1, u^2) \mapsto \boldsymbol{p}(u^1, u^2) \in E^3$ に対して，$\begin{pmatrix} g_{ij} \end{pmatrix} = \begin{pmatrix} E & F \\ F & G \end{pmatrix}$，$\begin{pmatrix} h_{ij} \end{pmatrix} = \begin{pmatrix} L & M \\ M & N \end{pmatrix}$ と記し，クリストッフェル記号

$$\Gamma^k_{ij} = \frac{1}{2} g^{kl} \Big(\partial_i g_{lj} + \partial_j g_{il} - \partial_l g_{ij} \Big)$$

を用いると次のガウスの式を得る．

$$\boldsymbol{p}_{11} = \Gamma^1_{11} \boldsymbol{p}_1 + \Gamma^2_{11} \boldsymbol{p}_2 + h_{11} \boldsymbol{n},$$

$$\boldsymbol{p}_{12} = \Gamma^1_{12} \boldsymbol{p}_1 + \Gamma^2_{12} \boldsymbol{p}_2 + h_{12} \boldsymbol{n} = \boldsymbol{p}_{21} = \Gamma^1_{21} \boldsymbol{p}_1 + \Gamma^2_{21} \boldsymbol{p}_2 + h_{21} \boldsymbol{n},$$

$$\boldsymbol{p}_{22} = \Gamma^1_{22} \boldsymbol{p}_1 + \Gamma^2_{22} \boldsymbol{p}_2 + h_{22} \boldsymbol{n}.$$

2. 曲面の動枠 $\boldsymbol{p}_1, \boldsymbol{p}_2, \boldsymbol{n}$ のみたす偏微分方程式：

$$\begin{cases} \partial_j \boldsymbol{p}_i = \Gamma^k_{ij} \boldsymbol{p}_k + h_{ij} \boldsymbol{n} \\ \partial_j \boldsymbol{n} = -h^k_j \boldsymbol{p}_k, \ \ h^k_j = g^{kl} h_{lj} \end{cases}, \quad 1 \leqq i, j, k \leqq 2$$

の可積分条件は，

ガウス方程式：$R^k_{ijl} = h_{ij} h^k_l - h_{il} h^k_j$,

コダッチ方程式：$\partial_l h_{ij} - \partial_j h_{il} + \Gamma^k_{ij} h_{lk} - \Gamma^k_{il} h_{kj} = 0$.

ここに $R^k_{ijl} = \partial_l \Gamma^k_{ij} - \partial_j \Gamma^k_{il} + \Gamma^s_{ij} \Gamma^k_{sl} - \Gamma^s_{il} \Gamma^k_{sj}$.

問　題

問 8.1　$E = G = \lambda$, $F = 0$ のとき，クリストッフェル記号を λ で表せ．

問 8.2　前問の場合に $R^k_{ijl} = \partial_l \Gamma^k_{ij} - \partial_j \Gamma^k_{il} + \Gamma^s_{ij} \Gamma^k_{sl} - \Gamma^s_{il} \Gamma^k_{sj}$ を，$k = l = 1$，$i = j = 2$ の場合に計算せよ．

問 8.3　(8.7)の第1式からガウス曲率は $K=g^{2i}R^1_{i21}$ であることを示せ.

問 8.4　第6章の問6.5のエンネパー曲面は等温座標で表されていた. そこで計算したガウス曲率が上の計算と一致することを確かめよ. また, (8.7)の第2式がみたされることを示せ.

問 8.5　曲面 $\boldsymbol{p}(u,v)$ の第3基本形式を $III=\langle d\boldsymbol{n}, d\boldsymbol{n}\rangle$ で定めるとき, $KI-2HII+III=0$ がなりたつことを示せ.

9 微分形式を用いて

ここでは，多様体論で重要な微分形式を導入する．これにより，発散定理やストークスの定理が平易に記述できる．

9.1 微分形式，外微分

微分形式とはいったい何を表すのか，初めて聞くと，日本語では予測のつかない用語である．実際これは，differential form の直訳であり，では form とは何かということになるが，大雑把にいえば，いくつかのベクトルに対して値を与える形式である．ベクトルはここでは図形の接ベクトルのことであり，これは点ごとに変化するので，微分形式も点ごとに変化する．

まず座標 u, v をもつ平面領域 D 上の微分形式を導入する．簡単のため，すべて C^∞ 級で考える．積分をするときに末尾に現れた du, dv や $dudv$ が微分形式の起源であるが，ここで，du, dv はベクトル $\dfrac{\partial}{\partial u}, \dfrac{\partial}{\partial v}$ の双対ベクトル，すなわち

$$du\left(\frac{\partial}{\partial u}\right)=1,\ du\left(\frac{\partial}{\partial v}\right)=0,\ dv\left(\frac{\partial}{\partial u}\right)=0,\ dv\left(\frac{\partial}{\partial v}\right)=1 \quad (9.1)$$

と考える．これらは点ごとに変化する．ベクトル $\xi\dfrac{\partial}{\partial u}+\eta\dfrac{\partial}{\partial v}$ に対しては

$$du(X)=\xi, \quad dv(X)=\eta$$

となるから，X の各成分を与えるものが du, dv である．

定義 9.1　(1) D 上の C^∞ 級関数 f を **0 次微分形式**または **0 形式**とよぶ．

(2) f, g を D 上の C^∞ 級関数とするとき

$$f(u,v)du + g(u,v)dv \tag{9.2}$$

を **1 次微分形式**または **1 形式**とよぶ．

(3) h を D 上の C^∞ 級関数とするとき

$$h(u,v)du \wedge dv \tag{9.3}$$

を **2 次微分形式**または **2 形式**とよぶ．

ここに現れた $\wedge$ という記号は**ウェッジ積**とよばれる積で，2 つのベクトル X, Y に対して，

$$du \wedge dv(X,Y) = \det \begin{pmatrix} du(X) & du(Y) \\ dv(X) & dv(Y) \end{pmatrix}$$

で値を定める．これにより次の関係式がみたされる．

$$du \wedge du = 0 = dv \wedge dv, \quad du \wedge dv = -dv \wedge du \tag{9.4}$$

0 形式 f とのウェッジ積は通常の積なので，$\wedge$ を省いて書く．曲面は 2 次元なので 3 次以上の微分形式はすべて消える．一般に n 次元多様体では $n+1$ 次以上の微分形式は消える．

次に微分形式の**外微分** d を定義する．これは i 次微分形式を $i+1$ 次微分形式に移す．

定義 9.2　(1) M 上の C^∞ 級関数 f に対して，

$$df = f_u du + f_v dv, \quad f_u = \frac{\partial f}{\partial u},\ f_v = \frac{\partial f}{\partial v} \tag{9.5}$$

これは f の全微分にほかならない．

(2) 1 次微分形式 $\varphi = f du + g dv$ の外微分は

$$d\varphi = (g_u - f_v)du \wedge dv \tag{9.6}$$

で定義する．

(3) 2 次微分形式 $\psi = hdu \wedge dv$ に対しては $d\psi = 0$ と定める．

ベクトル $X = \xi \frac{\partial}{\partial u} + \eta \frac{\partial}{\partial v}$ に対して

$$df(X) = (f_u du + f_v dv)\left(\xi \frac{\partial}{\partial u} + \eta \frac{\partial}{\partial v}\right) = \xi f_u + \eta f_v$$

であり，$df(X)$ は f の X 方向の微分係数を与えるものである．

(9.6) より，$d(du) = 0$ および $d(dv) = 0$ がなりたつ．逆に $d(du) = 0$ および $d(dv) = 0$ を認めると，**ライプニッツ**(Leibniz)**の法則**[*1]にしたがって

$$\begin{aligned} d\varphi &= df \wedge du + dg \wedge dv \\ &= (f_u du + f_v dv) \wedge du + (g_u du + g_v dv) \wedge dv \\ &= f_v dv \wedge du + g_u du \wedge dv \\ &= (g_u - f_v)du \wedge dv \end{aligned}$$

より (9.6) を得る．よって d がライプニッツの法則[*2]をみたす微分であることを認めれば，(2) は本質的に $d(du) = 0$, $d(dv) = 0$ と同値である．より一般に次がなりたつ：

補題 9.1 任意の微分形式 θ に対して，$d(d\theta) = 0$ である．

[証明] 関数 f (C^2 級でよい) については

$$ddf = d(f_u du + f_v dv) = (f_{vu} - f_{uv})du \wedge dv = 0.$$

1 次，2 次微分形式は外微分を 2 回行うと 3 次以上の微分形式だから 0. ∎

定義 9.3 (1) $d\varphi = 0$ なる微分形式を**閉形式**という．

＊1 実際は (9.7) にあるように符号付き．

＊2 符号付き．

(2) ある微分形式 φ に対して $\psi = d\varphi$ となる ψ を**完全形式**という．

補題 9.1 より直ちに次を得る．

系 9.1　完全形式は閉形式である．

一般に i 次微分形式 θ と j 次微分形式 φ のウェッジ積の外微分は

$$d(\theta \wedge \varphi) = d\theta \wedge \varphi + (-1)^i \theta \wedge d\varphi \tag{9.7}$$

となる．特に 2 つの 1 次微分形式のウェッジ積の場合，

$$d(\theta \wedge \varphi) = d\theta \wedge \varphi - \theta \wedge d\varphi \tag{9.8}$$

となることに注意しよう．

9.2　ポアンカレの補題

系 9.1 の逆がなりたつかどうかが次の補題でわかる．

補題 9.2（**ポアンカレ**（Poincaré）**の補題**[*3]）　単連結領域 D 上の 1 次閉形式 ψ は完全形式である．

[証明]　まず $D = \{(u, v) \mid a \leqq u \leqq b,\ c \leqq v \leqq d\}$ なる長方形領域について考える．$\psi = f du + g dv$ とおくと，$\psi = dh = h_u du + h_v dv$ となるためには，

$$\begin{cases} h_u = f \\ h_v = g \end{cases} \tag{9.9}$$

が解けなければならない．ここで $d\psi = 0$ は，**可積分条件** $h_{uv} = h_{vu}$ にほかならない．第 1 式から

$$h(u, v) = \int_{(a,v)}^{(u,v)} f(u, v) du + k(v)$$

---

*3　この重要な補題はより一般に，可縮な d 次元の領域 D 上の $(d-1)$ 閉形式 ψ についてなりたつ．

となる．h を v で微分して，$d\psi=0$ より $f_v=g_u$ に注意すると，

$$g(u,v)=h_v(u,v)=\int_{(a,v)}^{(u,v)} f_v(u,v)du+k'(v)$$
$$=\int_{(a,v)}^{(u,v)} g_u(u,v)du+k'(v)$$
$$=g(u,v)-g(a,v)+k'(v)$$

であるから，$k'(v)=g(a,v)$ を解いて，

$$k(v)=\int_{(a,b)}^{(a,v)} g(a,v)dv$$

を得る．よって

$$h(u,v)=\int_{(a,v)}^{(u,v)} f(u,v)du+\int_{(a,b)}^{(a,v)} g(a,v)dv$$

となる．一般の単連結領域 D については，$p\in D$ から $q\in D$ への 2 つの経路 c_1, c_2 の囲む領域を A とするとき，ストークスの定理(11.5)を認めると，$0=\int_A d\psi=\int_{\partial A}\psi=\int_{c_1}\psi-\int_{c_2}\psi$ より，線積分(11.2) $\int_{c_1}\psi$ により $h(q)$ の値が一意に定まり，$\psi=dh$ となる． ∎

◆**注意** D が単連結でないと，2 つの経路による積分値が一致するとは限らないことに注意しよう．実際，$D=\mathbb{R}^2\setminus\{0\}$ 上の 1 形式

$$\psi=\frac{-vdu+udv}{u^2+v^2}$$

を考える．$u=r\cos\theta,\ v=r\sin\theta$ とおくと，分母は r^2, 分子は

$$-r\sin\theta(dr\cos\theta-r\sin\theta d\theta)+r\cos\theta(dr\sin\theta+r\cos\theta d\theta)=r^2d\theta$$

であるから

$$\psi=d\theta$$

となり，ψ が閉形式であることは明らかである．しかし，θ は D 上多価関数である(積分経路のとり方により $2n\pi$ の不定性がある)から，ψ は完全形式ではない．

9.3 正規直交動枠の導入

ここまでは曲面の局所座標 u, v を用いて，曲面 M の接平面 $T_{\boldsymbol{p}}M$ の基底として $\boldsymbol{p}_u$, $\boldsymbol{p}_v$ を用い，またその双対である du, dv を用いて微分形式を導入した．

他方，$T_{\boldsymbol{p}}M$ の基底として正規直交基底 $\boldsymbol{e}_1, \boldsymbol{e}_2$ を選び[*4]，その双対基底である θ^1, θ^2 を用いた議論ができる．ここで基底は $\boldsymbol{p} \in M$ ごとに決まるので，$\boldsymbol{e}_1, \boldsymbol{e}_2$ は**動枠**である．また，$\boldsymbol{e}_3 = \boldsymbol{e}_1 \times \boldsymbol{e}_2$ を導入すると，曲面に沿って動く E^3 の動枠が得られる．これは曲線論に現れたフレネ-セレ枠の拡張である．

曲面の接ベクトルはこうして $\boldsymbol{p}_u, \boldsymbol{p}_v$ の一次結合として表されると同時に，$\boldsymbol{e}_1, \boldsymbol{e}_2$ の一次結合として表され，1 次微分形式は du, dv の一次結合として表されると同時に，θ^1, θ^2 の一次結合としても表される．ただし，いずれの場合も結合の係数は点ごとに動くので，考えている近傍上の関数である．

9.4 接続と第 1 構造式

1 次微分形式 du, dv が接ベクトル $\dfrac{\partial}{\partial u}$, $\dfrac{\partial}{\partial v}$ の双対であることを前に述べた．曲面の接平面は $\boldsymbol{p}_u = \dfrac{\partial \boldsymbol{p}}{\partial u}, \boldsymbol{p}_v = \dfrac{\partial \boldsymbol{p}}{\partial v}$ ではられる．基底変換をして，接平面の正規直交基底 $\boldsymbol{e}_1, \boldsymbol{e}_2$ を選べば，その双対 1 形式 θ^1, θ^2 を考えることができる．すなわち

$$\theta^i(\boldsymbol{e}_j) = \delta_{ij}, \quad \delta_{ij} = \begin{cases} 1, & i = j \\ 0, & i \neq j \end{cases}$$

となる 1 形式である．ここに δ_{ij} を**クロネッカー**(Kronecker)**のデルタ**という．これにより

$$d\boldsymbol{p} = \boldsymbol{p}_u du + \boldsymbol{p}_v dv = \theta^1 \boldsymbol{e}_1 + \theta^2 \boldsymbol{e}_2 \tag{9.10}$$

と表せる．また，

＊4　グラム-シュミットの直交化を各点でする．

$$I = \langle d\boldsymbol{p}, d\boldsymbol{p} \rangle = \theta^1\theta^1 + \theta^2\theta^2 \tag{9.11}$$

である．

E^3 のベクトル $\boldsymbol{p}$ の 3 つの成分は関数であるから，補題 9.1 により，

$$0 = d(d\boldsymbol{p}) = d(\theta^1\boldsymbol{e}_1 + \theta^2\boldsymbol{e}_2) = d\theta^1\boldsymbol{e}_1 - \theta^1 \wedge d\boldsymbol{e}_1 + d\theta^2\boldsymbol{e}_2 - \theta^2 \wedge d\boldsymbol{e}_2 \tag{9.12}$$

がなりたつ．ここでベクトル $\boldsymbol{e}_\alpha$ の 3 つの成分も関数，すなわち 0 形式であることと，(9.7) を用いた．

以下ではアインシュタインの規約を用いよう．すなわち上下同じ添え字があるときはそれらについて，$1 \leqq i, j \leqq 2$, $1 \leqq \alpha, \beta \leqq 3$ なる範囲で和をとる．

今 $\boldsymbol{e}_1, \boldsymbol{e}_2, \boldsymbol{e}_3 = \boldsymbol{e}_1 \times \boldsymbol{e}_2$ を $\mathbb{R}^3$ の正規直交基底として，ω_α^β を

$$d\boldsymbol{e}_\alpha = \omega_\alpha^\beta \boldsymbol{e}_\beta \quad \left(= \sum_{\beta=1}^{3} \omega_\alpha^\beta \boldsymbol{e}_\beta \right) \tag{9.13}$$

で定める．ここに微分 $d\boldsymbol{e}_\alpha$ は方向 X を決めると定まるので $d\boldsymbol{e}_\alpha(X) = \omega_\alpha^\beta(X)\boldsymbol{e}_\beta$ と書ける．

今 $\langle \boldsymbol{e}_\alpha, \boldsymbol{e}_\beta \rangle = \delta_{\alpha\beta}$ から $d\langle \boldsymbol{e}_\alpha, \boldsymbol{e}_\beta \rangle = \langle d\boldsymbol{e}_\alpha, \boldsymbol{e}_\beta \rangle + \langle \boldsymbol{e}_\alpha, d\boldsymbol{e}_\beta \rangle = 0$ となり，

$$\omega_\alpha^\beta = -\omega_\beta^\alpha \tag{9.14}$$

を得る．特に $\omega_\alpha^\alpha = 0$ である．

(9.13) を (9.12) に代入して，$\boldsymbol{e}_\alpha$ で整理すると，

$$\begin{aligned} & d\theta^1\boldsymbol{e}_1 - \theta^1 \wedge \omega_1^\beta\boldsymbol{e}_\beta + d\theta^2\boldsymbol{e}_2 - \theta^2 \wedge \omega_2^\beta\boldsymbol{e}_\beta \\ & \quad = (d\theta^1 - \theta^2 \wedge \omega_2^1)\boldsymbol{e}_1 + (d\theta^2 - \theta^1 \wedge \omega_1^2)\boldsymbol{e}_2 - (\theta^1 \wedge \omega_1^3 + \theta^2 \wedge \omega_2^3)\boldsymbol{e}_3 \end{aligned} \tag{9.15}$$

を得る．したがって

$$d\theta^1 = \theta^2 \wedge \omega_2^1, \quad d\theta^2 = \theta^1 \wedge \omega_1^2, \quad \theta^1 \wedge \omega_1^3 + \theta^2 \wedge \omega_2^3 = 0 \tag{9.16}$$

である．

定義 9.4　(9.16)の始めの 2 式はまとめて

$$d\theta^i = \theta^j \wedge \omega_j^i, \quad i, j = 1, 2 \tag{9.17}$$

と書ける．これを曲面の**第 1 構造式**とよぶ．

定義 9.5　$\omega = \begin{pmatrix} 0 & \omega_2^1 \\ \omega_1^2 & 0 \end{pmatrix} = \begin{pmatrix} 0 & \omega_2^1 \\ -\omega_2^1 & 0 \end{pmatrix}$ を**接続形式**という．

さて ω_i^3 は，曲面のベクトルに対して値をとる 1 形式であるから

$$\omega_i^3 = b_{ij}\theta^j, \quad i = 1, 2 \tag{9.18}$$

と表せる．

補題 9.3　b_{ij} は対称，すなわち $b_{12} = b_{21}$ をみたす．

[証明]　(9.16)の 3 つ目の式に，(9.18)を代入して整理して，

$$0 = \theta^1 \wedge b_{1j}\theta^j + \theta^2 \wedge b_{2j}\theta^j = (b_{12} - b_{21})\theta^1 \wedge \theta^2$$

より得る．　■

次の章では $d(d\boldsymbol{e}_\alpha) = 0$ から曲面の第 2 構造式を求める．

まとめ

1. f, g, h を関数とするとき，0 形式 f，1 形式 $\varphi = f du + g dv$，2 形式 $\psi = h du \wedge dv$
2. 2 つのベクトル X, Y に対して，

$$du \wedge dv(X, Y) = \det \begin{pmatrix} du(X) & du(Y) \\ dv(X) & dv(Y) \end{pmatrix}$$

3. $du \wedge du = dv \wedge dv = 0$, $du \wedge dv = -dv \wedge du$
4. 1. の f, φ, ψ に対して，$df = f_u du + f_v dv$, $d\varphi = (g_u - f_v) du \wedge dv$, $d\psi = 0$

5. 任意の形式 θ に対して $d(d\theta)=0$
6. θ が閉形式 $\Longleftrightarrow$ $d\theta=0$，θ が完全形式 $\Longleftrightarrow$ ある形式 φ が存在して $\theta=d\varphi$
7. 完全形式は閉形式
8. ポアンカレの補題：単連結領域の閉形式は完全形式
9. $I=\theta^1\theta^1+\theta^2\theta^2$ に対して，第 1 構造式：$d\theta^i=\theta^j\wedge\omega^i_j$，$\omega^i_j$：接続形式

問　題

問 9.1　(1) xy 平面上の微分形式 $\varphi=xdy+ydx$ に対して，$d\varphi$ を求めよ．

(2) $\varphi=dh$ をみたす関数 h があれば求めよ．

問 9.2　$\psi=\dfrac{xdx+ydy}{x^2+y^2}$ は $(x,y)\neq(0,0)$ における閉形式であることを示せ．ψ は完全形式か？

問 9.3　(1) 曲面 $\boldsymbol{p}(u,v)$ の接平面の正規直交基底を $\boldsymbol{e}_1,\boldsymbol{e}_2$ とし，その双対 1 形式を θ^1,θ^2 とする．$\boldsymbol{e}_1,\boldsymbol{e}_2$ から $\boldsymbol{p}_u,\boldsymbol{p}_v$ への基底の変換行列を $T=(a^i_j)$ とするとき，$\begin{pmatrix}\theta^1\\ \theta^2\end{pmatrix}=T\begin{pmatrix}du\\ dv\end{pmatrix}$ を示せ．

(2) $\det T>0$ のとき面積要素は $dA=\theta^1\wedge\theta^2$ と表せることを示せ．(11.3)参照．

問 9.4　複素平面 $\mathbb{C}$ にフビニ-スタディ計量(16.2 節参照) $ds^2=\dfrac{4|dz|^2}{(1+|z|^2)^2}$ を入れたとき，$\mathbb{C}$ の面積を求めよ．

10 曲面論の基本定理

本章では $d(d\boldsymbol{e}_\alpha)=0,\ \alpha=1,2,3$ から得られる事実を述べる．

10.1 曲面の第2構造式

E^3 のベクトル $\boldsymbol{e}_\alpha$ の3つの成分も関数であるから，$d(d\boldsymbol{e}_\alpha)=0$ をみたす．これを計算しよう．まず(9.13)と(9.14)から

$$d\boldsymbol{e}_1=\omega_1^2\boldsymbol{e}_2+\omega_1^3\boldsymbol{e}_3,\quad d\boldsymbol{e}_2=\omega_2^1\boldsymbol{e}_1+\omega_2^3\boldsymbol{e}_3,\quad d\boldsymbol{e}_3=\omega_3^1\boldsymbol{e}_1+\omega_3^2\boldsymbol{e}_2 \tag{10.1}$$

である．第2式を外微分すると

$$0=d\omega_2^1\boldsymbol{e}_1-\omega_2^1\wedge d\boldsymbol{e}_1+d\omega_2^3\boldsymbol{e}_3-\omega_2^3\wedge d\boldsymbol{e}_3$$

となる．1，3番目の式を代入すると，$\omega_2^1\wedge\omega_1^2=0$，$\omega_2^3\wedge\omega_3^2=0$ だから，

$$0=d\omega_2^1\boldsymbol{e}_1-\omega_2^1\wedge\omega_1^3\boldsymbol{e}_3+d\omega_2^3\boldsymbol{e}_3-\omega_2^3\wedge\omega_3^1\boldsymbol{e}_1$$

を得る．$\boldsymbol{e}_1$ 成分を比較すると，

$$d\omega_2^1=\omega_2^3\wedge\omega_3^1$$

が得られる．ここで(9.18)により

$$\omega_2^3 = b_{2j}\theta^j, \quad \omega_3^1 = -\omega_1^3 = -b_{1j}\theta^j$$

であるから,

$$\begin{aligned} d\omega_2^1 &= \omega_2^3 \wedge \omega_3^1 \\ &= (b_{21}\theta^1 + b_{22}\theta^2) \wedge (-b_{11}\theta^1 - b_{12}\theta^2) \\ &= -b_{21}b_{12}\theta^1 \wedge \theta^2 - b_{22}b_{11}\theta^2 \wedge \theta^1 \\ &= (b_{11}b_{22} - b_{12}b_{21})\theta^1 \wedge \theta^2 \end{aligned}$$

が, $\theta^1 \wedge \theta^1 = 0 = \theta^2 \wedge \theta^2$, $\theta^1 \wedge \theta^2 = -\theta^2 \wedge \theta^1$ によりなりたつ.

今 $\langle d\boldsymbol{e}_i(\boldsymbol{e}_j), \boldsymbol{e}_3 \rangle = \omega_i^3(\boldsymbol{e}_j) = b_{ij}$, $i, j = 1, 2$ である. すなわち $\boldsymbol{e}_i$ の $\boldsymbol{e}_j$ 方向の微分の法成分が b_{ij} であるから, これは基底 $\boldsymbol{e}_1, \boldsymbol{e}_2$ と単位法ベクトル $\boldsymbol{e}_3$ についての第 2 基本量にほかならない. 行列式とトレースは基底変換で不変である(命題 1.1 参照)ことを思い出そう. (7.3)で見たように, 第 1 基本量から決まる行列 I, 第 2 基本量から決まる行列 II に対し, $K = \det(\mathrm{I}^{-1}\mathrm{II})$ で, 今, 正規直交基底に関して I は単位行列, $\mathrm{II} = (b_{ij})$ であるから, 補題 9.3 を用いると

$$d\omega_2^1 = K\theta^1 \wedge \theta^2, \quad K = b_{11}b_{22} - b_{12}^2 \tag{10.2}$$

を得る. これを曲面の**第 2 構造式**という. これは非常に重要な式で**ガウス方程式**ともよばれる.

念のために(10.2)の第 2 式を具体的計算でも示そう. 正規直交基底 $\boldsymbol{e}_1, \boldsymbol{e}_2$ から $\boldsymbol{p}_u, \boldsymbol{p}_v$ への基底変換の行列を T とする(T^{-1} は $\boldsymbol{p}_u, \boldsymbol{p}_v$ からグラム-シュミットの直交化で $\boldsymbol{e}_1, \boldsymbol{e}_2$ を得る行列である).

$$\begin{pmatrix} \boldsymbol{p}_u & \boldsymbol{p}_v \end{pmatrix} = \begin{pmatrix} \boldsymbol{e}_1 & \boldsymbol{e}_2 \end{pmatrix} T$$

より, θ^1, θ^2 を $\boldsymbol{e}_1, \boldsymbol{e}_2$ の, du, dv を $\boldsymbol{p}_u, \boldsymbol{p}_v$ の, それぞれ双対 1 形式とすると,

$$d\boldsymbol{p} = \begin{pmatrix} \boldsymbol{p}_u & \boldsymbol{p}_v \end{pmatrix} \begin{pmatrix} du \\ dv \end{pmatrix} = \begin{pmatrix} \boldsymbol{e}_1 & \boldsymbol{e}_2 \end{pmatrix} T \begin{pmatrix} du \\ dv \end{pmatrix} = \begin{pmatrix} \boldsymbol{e}_1 & \boldsymbol{e}_2 \end{pmatrix} \begin{pmatrix} \theta^1 \\ \theta^2 \end{pmatrix}$$

となり

$$\begin{pmatrix} \theta^1 \\ \theta^2 \end{pmatrix} = T \begin{pmatrix} du \\ dv \end{pmatrix} \tag{10.3}$$

を得る．また

$$I = d\boldsymbol{p} \cdot d\boldsymbol{p} = \begin{pmatrix} \theta^1 & \theta^2 \end{pmatrix} \begin{pmatrix} \theta^1 \\ \theta^2 \end{pmatrix} = \begin{pmatrix} du & dv \end{pmatrix} {}^tTT \begin{pmatrix} du \\ dv \end{pmatrix}$$

より

$${}^tTT = \begin{pmatrix} E & F \\ F & G \end{pmatrix}$$

を得る．次に $d\boldsymbol{e}_3 = \omega_3^i \boldsymbol{e}_i$，$\omega_i^3 = b_{ij}\theta^j$ より

$$\begin{aligned} II &= -\langle d\boldsymbol{p}, d\boldsymbol{e}_3 \rangle = -\langle \theta^1 \boldsymbol{e}_1 + \theta^2 \boldsymbol{e}_2, \omega_3^1 \boldsymbol{e}_1 + \omega_3^2 \boldsymbol{e}_2 \rangle \\ &= -\theta^1 \omega_3^1 - \theta^2 \omega_3^2 \\ &= \theta^1 (b_{11}\theta^1 + b_{12}\theta^2) + \theta^2 (b_{21}\theta^1 + b_{22}\theta^2) \\ &= \sum_{i,j} b_{ij}\theta^i\theta^j = {}^t\theta B\theta = \begin{pmatrix} du & dv \end{pmatrix} {}^tTBT \begin{pmatrix} du \\ dv \end{pmatrix}, \end{aligned}$$

ここに $B = (b_{ij})$ とおき，(10.3)を用いた．よって

$${}^tTBT = \begin{pmatrix} L & M \\ M & N \end{pmatrix}$$

を得る．したがってガウス曲率は

$$K = \det\left(({}^tTT)^{-1} ({}^tTBT) \right) = \det(T^{-1}BT) = \det B = b_{11}b_{22} - b_{12}^2$$

すなわち(10.2)が得られた．

10.2　ガウスの驚愕定理

(10.2)の第1式，ガウス方程式は，第1構造式に現れる θ^i, ω_2^1 から，つまり曲面の計量 $I=\theta^1\theta^1+\theta^2\theta^2$ の情報のみから得られる．

定理 10.1（ガウスの驚愕定理）　ガウス曲率は曲面の第1基本形式，つまり計量のみから決まる．

先にオイラーによるガウス曲率の定義を与えたが，そこでは第2基本形式が関わり，式(6.11)にも第2基本量が現れているが，実はガウス曲率は第1基本形式のみで決まるのである．

ガウス自身がこのことに驚いたということで，この定理は上のようによばれている．

曲面上の接ベクトルの長さが測れれば，曲面の曲がり方がわかる．

ここで重要なのが，θ^i の外微分から決まる ω_2^1，すなわち定義9.5で与えた接続形式であることがわかるであろう．

ガウス曲率は計量のみから決まるから，第1基本量 E, F, G により，ガウス曲率が記述できるはずである．実際，付録A.5節ではこれを座標とクリストッフェル記号を用いて記述し，(8.6)で与えた R^k_{ijl} が本質的にガウス曲率であることを示す．ここにクリストッフェル記号は g_{ij}，すなわち E, F, G から決まることを思い出そう(8.1節参照)．

一般座標による記述は複雑なので，ここでは等温座標とよばれる都合の良い座標で記述してみよう．

定義 10.1　(u, v) が**等温座標**であるとは，第1基本量が $E=G, F=0$ をみたす，つまり計量が

$$ds^2 = E(du^2+dv^2)$$

と表せる座標のことである．$z=u+iv$ とするとき，

$$ds^2 = E|dz|^2$$

とも表される.

等温座標の存在証明はここでは与えないが，C^2 級*1の曲面上，存在することが知られている．これを用いるとガウス曲率が簡単に求まる．これを示そう．

複素座標 z に関する微分を ∂, $\bar{z}$ に関する微分を $\bar{\partial}$ で表すと，

$$\partial = \frac{\partial}{\partial z} = \frac{1}{2}\Big(\frac{\partial}{\partial u} - i\frac{\partial}{\partial v}\Big), \quad \bar{\partial} = \frac{\partial}{\partial \bar{z}} = \frac{1}{2}\Big(\frac{\partial}{\partial u} + i\frac{\partial}{\partial v}\Big)$$

となる．i の前の符号に注意しよう．Δ を通常のラプラス作用素(A. 10)とする．

命題 10.1 等温座標を用いるとガウス曲率は次で与えられる．

$$K = -\frac{2\partial\bar{\partial}\log E}{E} = -\frac{\Delta \log E}{2E} \tag{10.4}$$

[証明] $\theta^1 = \sqrt{E}\,du$, $\theta^2 = \sqrt{E}\,dv$ であり，$\omega_2^1 = f du + g dv$ とおくと，$d\theta^1 = -(\sqrt{E})_v du \wedge dv$ である．他方，第 1 構造式から

$$d\theta^1 = \theta^2 \wedge \omega_2^1 = -f\sqrt{E}\,du \wedge dv$$

であるから

$$f = (\log\sqrt{E})_v$$

を得る．同様に $d\theta^2 = (\sqrt{E})_u du \wedge dv$ であり，第 1 構造式から

$$d\theta^2 = \theta^1 \wedge \omega_1^2 = -g\sqrt{E}\,du \wedge dv$$

であるから

*1 もう少し弱い条件でよい.

$$g = -(\log\sqrt{E})_u$$

を得る．したがって $\omega_2^1 = (\log\sqrt{E})_v du - (\log\sqrt{E})_u dv$ であるから

$$\begin{aligned} d\omega_2^1 &= \Bigl(-(\log\sqrt{E})_{uu} - (\log\sqrt{E})_{vv}\Bigr) du\wedge dv \\ &= -\Delta \log\sqrt{E}\, du\wedge dv \\ &= -\frac{\Delta \log E}{2E}\theta^1\wedge\theta^2 \end{aligned}$$

となる．∎

◆**注意**　ガウスの驚愕定理により，E^3 の中に実現できない曲面(ヒルベルトの定理(定理 7.2)参照)に対してもガウス曲率が定まることに注意しよう(章末の問 10.1 参照)．

10.3　マイナルディ-コダッチ方程式

まだ使っていないのが，$d(d\boldsymbol{e}_3)=0$ である．これを計算しよう．(10.1)の第 3 式を外微分して

$$\begin{aligned} 0 = d(d\boldsymbol{e}_3) &= d(\omega_3^i \boldsymbol{e}_i) \\ &= d\omega_3^i \boldsymbol{e}_i - \omega_3^i \wedge d\boldsymbol{e}_i \\ &= \sum_{i,j}\{-d(b_{ij}\theta^j)\boldsymbol{e}_i + b_{ij}\theta^j\wedge\omega_i^\alpha \boldsymbol{e}_\alpha\}, \end{aligned}$$

i, j について和をとっているので，3 行目の第 2 項の i を k とおき直し，α を i とおくと，$\boldsymbol{e}_i$ の係数

$$\begin{aligned} -d(b_{ij}\theta^j) + \sum_k b_{kj}\theta^j\wedge\omega_k^i &= -db_{ij}\wedge\theta^j - b_{ij}d\theta^j + \sum_k b_{kj}\theta^j\wedge\omega_k^i \\ &= -db_{ij}\wedge\theta^j + b_{ij}\omega_l^j\wedge\theta^l + b_{kj}\omega_i^k\wedge\theta^j \\ &= -(db_{ij} - b_{ik}\omega_j^k - b_{kj}\omega_i^k)\wedge\theta^j = 0 \qquad (10.5) \end{aligned}$$

を得る．1 行目から 2 行目では第 1 構造式(9.17)を用い，2 行目第 2 項では添え字 j は k に，l は j に変更して 3 行目を得る．かっこの中は 1 形式であるから

$$db_{ij} - b_{ik}\omega^k_j - b_{kj}\omega^k_i = b_{ij,k}\theta^k \tag{10.6}$$

とおける．すると(10.5)から

$$b_{ij,k}\theta^k \wedge \theta^j = 0$$

でなければならない．すなわち

$$b_{ij,k} - b_{ik,j} = 0 \tag{10.7}$$

を得る．$b_{ij} = b_{ji}$ と合わせると，$b_{ij,k}$ はどの添え字に関しても対称である．

定義 10.2　(10.7)を**マイナルディ-コダッチ方程式**という．

10.4 曲面論の基本定理(2)

曲線論の基本定理に対応する曲面論の基本定理を述べよう．

定理 10.2（**曲面論の基本定理**）　単連結領域 D 上，独立な 1 形式 θ^1, θ^2 と，対称 2 次形式 $II = b_{ij}\theta^i\theta^j$ が与えられたとする．$d\theta^i = \theta^j \wedge \omega^i_j$ をみたす ω^1_2 と $K = b_{11}b_{22} - b^2_{12}$ がガウス方程式(10.2)をみたし，(10.6)で決まる $b_{ij,k}$ がマイナルディ-コダッチ方程式(10.7)をみたすとする．このとき正値対称 2 次形式 $I = \theta^1\theta^1 + \theta^2\theta^2$ を第 1 基本形式，II を第 2 基本形式とする曲面 $\boldsymbol{p}: D \to E^3$ が運動を除いてただ一つ存在する．

[証明]　2 変数 (u, v) の関数 $f(u, v)$ に対する偏微分方程式

$$\begin{cases} f_u = F \\ f_v = G \end{cases} \tag{10.8}$$

が解けるためには，可積分条件 $f_{uv} = f_{vu}$，すなわち

$$F_v = G_u \tag{10.9}$$

が必要十分である．これは１形式 $\varphi = Fdu + Gdv$ が閉形式であることと同値であるから，D が単連結ならばポアンカレの補題(9.2 節参照)により，(10.8) の解 f が存在して $\varphi = df$ となる．

f がベクトル値関数 $\boldsymbol{f}$ であるとき(要するに３つの成分からなるとき)は，F, G もベクトル $\boldsymbol{F}, \boldsymbol{G}$ となる．したがって φ もベクトル値の１形式 $\boldsymbol{\varphi} = \boldsymbol{F}du + \boldsymbol{G}dv$ で，これが閉形式のとき，すなわち $d\boldsymbol{\varphi} = 0$ のとき，各成分に上の議論を施せば，ベクトル値関数 $\boldsymbol{f}$ が存在して，$\boldsymbol{\varphi} = d\boldsymbol{f}$ となる．

これをベクトル値関数 $\boldsymbol{e}_\alpha(u,v)$ に適用する．つまり $\boldsymbol{e}_\alpha(u,v)$ を上の $\boldsymbol{f}$ と思えば，$d\boldsymbol{e}_\alpha = \omega_\alpha^\beta \boldsymbol{e}_\beta$ より (10.8) が偏微分方程式 $\boldsymbol{\varphi} = d\boldsymbol{e}_\alpha = \omega_\alpha^\beta \boldsymbol{e}_\beta$ で，その可積分条件 $d\boldsymbol{\varphi} = 0$ が $d(d\boldsymbol{e}_\alpha(u,v)) = 0$ である．これはガウス方程式(10.2)と，マイナルディ-コダッチ方程式(10.7)にほかならない．

次に $\boldsymbol{p}(u,v)$ を上の $\boldsymbol{f}$ と思えば，偏微分方程式(10.8)は $d\boldsymbol{p}(u,v) = \theta^2 \boldsymbol{e}_1 + \theta^2 \boldsymbol{e}_2$ であるから可積分条件 $d\boldsymbol{\varphi} = 0$ に対応するのが $d(d\boldsymbol{p}(u,v)) = 0$ で，第１構造式(9.17)が現れるが，我々は既にこれをみたす ω_j^i を考えている．よって $d\boldsymbol{e}_\alpha = \omega_\alpha^\beta \boldsymbol{e}_\beta$ と $d\boldsymbol{p}(u,v) = \theta^2 \boldsymbol{e}_1 + \theta^2 \boldsymbol{e}_2$ は解ける．

この解は初期値，つまり位置ベクトルの初期値と，正規直交枠 $\boldsymbol{e}_\alpha$ の初期値で決まるが，この決め方には運動の自由度がある．∎

この定理により，曲面の存在条件がガウス方程式とマイナルディ-コダッチ方程式であることがわかった．これらを合わせて**ガウス-コダッチ方程式**ともいう．

余談

ここまでの議論で，曲面の解析に２通りの方法があることがわかったであろう．一つ目は局所座標 (u,v) を用いて，$\boldsymbol{p}_u, \boldsymbol{p}_v$ なる動枠を用いる方法であり，二つ目は座標とは独立に一般の動枠 $\boldsymbol{e}_1, \boldsymbol{e}_2$ を使う方法である．

２つの座標の重なりでは，7.2 節の座標変換のところで述べたヤコビ行列が基底の変換行列になる．他方，座標と独立な一般の動枠 $\boldsymbol{e}_1, \boldsymbol{e}_2$ を使う場合も基底の変換により線形変換の行列式やトレースが保たれることは線形代数学で保証される．したがってこれらは場合に応じてより使いやすい方を使ってよいが，気をつけなければならない点もある．

座標を用いる議論では，C^2 級の曲面を扱うのであれば，

$$\frac{\partial^2 \boldsymbol{p}}{\partial u \partial v} = \frac{\partial^2 \boldsymbol{p}}{\partial v \partial u}$$

がなりたつので，両辺の接ベクトル方向をとったものを

$$\nabla_{\boldsymbol{p}_v} \boldsymbol{p}_u = \nabla_{\boldsymbol{p}_u} \boldsymbol{p}_v \tag{10.10}$$

と表すことができる．ここに ∇ は 13.1 節で述べる共変微分で，$\nabla_{\boldsymbol{p}_v} \boldsymbol{p}_u$ は，$\boldsymbol{p}_u$ の $\boldsymbol{p}_v$ 方向の共変微分という意味である．

しかし一般の動枠 $\boldsymbol{e}_1, \boldsymbol{e}_2$ を使う場合，$\nabla_{\boldsymbol{e}_1} \boldsymbol{e}_2$ と $\nabla_{\boldsymbol{e}_2} \boldsymbol{e}_1$ は一致せず，この差は

$$[\boldsymbol{e}_1, \boldsymbol{e}_2] = \nabla_{\boldsymbol{e}_1} \boldsymbol{e}_2 - \nabla_{\boldsymbol{e}_2} \boldsymbol{e}_1 \tag{10.11}$$

なる**交換子積**として表される．座標から決まる動枠については(10.10)により

$$[\boldsymbol{p}_u, \boldsymbol{p}_v] = 0$$

がなりたつこととは，大きな違いである．

座標を用いる方が計算が楽になる場合と，他の動枠，例えば正規直交枠を用いる方がきれいにできる場合とがあり，一長一短である．

本節では曲面論の基本定理を正規直交枠を用いて証明したが，同じことを付録 A.5 節では座標を用いて証明している．比較してみるとよいであろう．

以下でも座標を用いたり，正規直交枠を用いたりの議論が登場するが，ここで述べた注意を覚えておこう．

まとめ

1. 曲面の第 1 基本形式 $I = \theta^1\theta^1 + \theta^2\theta^2$ は，第 2 構造式 $d\omega_2^1 = K\theta^1 \wedge \theta^2$ をみたす．これをガウス方程式ともいう．ここに $d\theta^1 = \theta^2 \wedge \omega_2^1$, K は曲面のガウス曲率である．
2. ガウスの驚愕定理：ガウス曲率 K は計量のみで決まる．

3. 曲面の第 2 基本形式 $II = b_{ij}\theta^i\theta^j$ はマイナルディ-コダッチ方程式 $b_{ij,k} = b_{ik,j}$ をみたす．ここに $b_{ij,k}\theta^k = db_{ij} - b_{ik}\omega_j^k - b_{kj}\omega_i^k$ である．
4. ガウス方程式とマイナルディ-コダッチ方程式を合わせて，ガウス-コダッチ方程式ともいう．
5. 曲面論の基本定理：単連結領域上与えられた正値対称 2 次形式 $I = \theta^1\theta^1 + \theta^2\theta^2$ と，対称 2 次形式 $II = b_{ij}\theta^i\theta^j$ がガウス-コダッチ方程式をみたすとき，E^3 内に，第 1 基本形式 I, 第 2 基本形式 II をもつ曲面が，運動を除きただ一つ存在する．

問　題

問 10.1　$H^2 = \{(x, y) \in \mathbb{R} \mid y > 0\}$ 上に与えられた計量 $g_{\mathrm{hyp}} = \dfrac{dx^2 + dy^2}{y^2}$ のガウス曲率が -1 であることを示せ．このような (H^2, g_{hyp}) を双曲平面という(13. 3 節参照)．

問 10.2　計量

$$ds^2 = \frac{du^2 - 4vdudv + 4udv^2}{4(u - v^2)} \quad (u > v^2)$$

から決まるガウス曲率を求めよ．

(ヒント：$ds^2 = \dfrac{(du - 2vdv)^2}{4(u - v^2)} + dv^2 = \theta^1\theta^1 + \theta^2\theta^2$ とみる．)

問 10.3　半径 a の球面 $\boldsymbol{p}(u, v) = a\begin{pmatrix} \cos u \cos v \\ \cos u \sin v \\ \sin u \end{pmatrix}$ の正規直交動枠 $\boldsymbol{e}_1, \boldsymbol{e}_2$ を導入し，ω_2^1 を計算せよ．さらに第 2 構造式からガウス曲率 K を求めよ．

問 10.4　前問の球面に対して，ω_i^3 および(9. 18)の b_{ij} を求めよ．

問 10.5　第 7 章の問 7. 2 の回転面 $\boldsymbol{p}(s, v) = \begin{pmatrix} f(s) \cos v \\ f(s) \sin v \\ g(s) \end{pmatrix}$ について，正規直交動枠 $\boldsymbol{e}_1, \boldsymbol{e}_2$ を導入し，ω_2^1 を計算せよ．ただし，s は母線の弧長とする．さらに第 2 構造式からガウス曲率 K を求めよ．また，ω_i^3 および(9. 18)の b_{ij} を求めよ．

11 ガウス–ボンネの定理

本章では曲面論の最重要定理であるガウス–ボンネの定理を証明する．

11.1 線積分と面積分

微分形式の積分を考えよう．積分においては積分領域とその境界の向き付けが重要である．平面領域では通常，反時計回りに向きを入れ，境界には領域を左側に見る向きを入れておく．

平面領域 D 上の関数 f (0 形式)の線積分を復習しよう．D 上の曲線 $c(t)$, $t \in [a, b]$ に沿う f の積分は

$$\int_a^b f(c(t))|\dot{c}(t)|dt \tag{11.1}$$

で与えられる．実際，積分の定義に戻れば，$a = t_0 < \cdots < t_k = b$ なる分割に応じて

$$\sum_{i=1}^{k} f(c(t_i))|c(t_i) - c(t_{i-1})| = \sum_{i=1}^{k} f(c(t_i))\left|\frac{c(t_i) - c(t_{i-1})}{t_i - t_{i-1}}\right|(t_i - t_{i-1})$$

で近似されるから，分割を無限小とすることにより，(11.1)を得る．

1 形式 $\theta = f du + g dv = \left(f\dfrac{du}{dt} + g\dfrac{dv}{dt}\right)dt$ より，θ の曲線 $c(t) = (u(t), v(t))$ に沿っての積分は

$$\int_{c(t)} \theta = \int_a^b (f\dot{u} + g\dot{v})dt \tag{11.2}$$

で定める．

2 形式 $\psi = h(u, v)du \wedge dv$ の $A \subset D$ 上の積分は，

$$\int_A \psi = \int_A h(u, v)dudv \tag{11.3}$$

で定める．ここでは向き付けが重要で，例えば，$\varphi = h(u, v)dv \wedge du$ ならば

$$\int_D \varphi = -\int_D h(u, v)dudv$$

となる．

11.2　ストークスの定理

さて，長方形 $R = \{(u, v) \mid a \leqq u \leqq b,\ c \leqq v \leqq d\}$ の上で，$d\theta = (g_u - f_v)du \wedge dv$ を積分すると，

$$\begin{aligned}\int_R d\theta &= \int_c^d \int_a^b (g_u - f_v)dudv \\ &= \int_c^d \Big(g(b, v) - g(a, v)\Big)dv - \int_a^b \Big(f(u, d) - f(u, c)\Big)du \\ &= \int_{\partial R} \theta \end{aligned} \tag{11.4}$$

を得る．ここに，長方形の境界 ∂R には反時計回りの向きが入っているので，$u = a$ では v についての積分は d から c，$v = d$ では u についての積分は b から a となる(図 11.1)．よって 2 行目の積分範囲をこのように書き換えれば，最

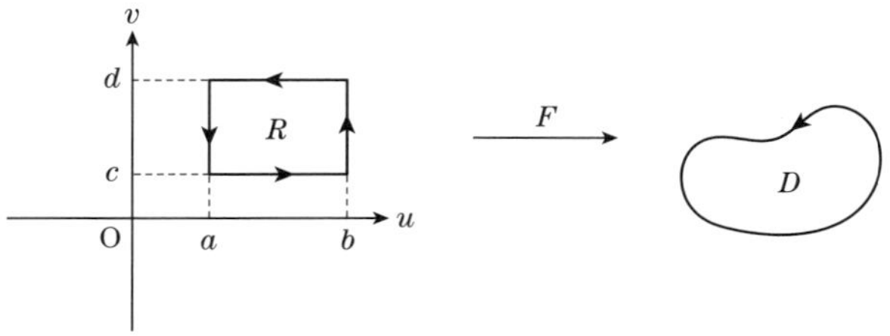

図 11.1　ストークスの定理

後の等号がなりたつことがわかる．

定理 11.1（**ストークス**(Stokes)**の定理**）　境界 ∂D をもつ 2 次元領域 D 上の 1 形式 φ について，次がなりたつ．

$$\int_D d\varphi = \int_{\partial D} \varphi \tag{11.5}$$

［証明］　長方形領域では上のように示されたから，次に D が長方形領域に同相な場合を考えよう．$F: R \to D$ を微分同相写像とする．D の座標を (x, y) とするとき，D 上の関数 $f(x, y)$ の R への引き戻しを

$$g(u, v) = (F^* f)(u, v) = f(F(x(u, v), y(u, v)))$$

で与える．D 上の 1 形式 $\varphi = f dx + g dy$ の引き戻しは，$x_u = \dfrac{\partial x}{\partial u}$ などと書くとき，

$$\begin{aligned} F^*\varphi &= (F^* f)(x_u du + x_v dv) + (F^* g)(y_u du + y_v dv) \\ &= \Big((F^* f)x_u + (F^* g)y_u\Big)du + \Big((F^* f)x_v + (F^* g)y_v\Big)dv \end{aligned}$$

である．du の係数を A, dv の係数を B とおくと，

$$d(F^*\varphi) = (B_u - A_v)du \wedge dv$$

であるが，B_u, A_v の計算において，x_u, x_v, y_u, y_v に対する微分はキャンセルすることがわかる（章末の問 11.1 参照）ので

$$B_u = (F^* f)_u x_v + (F^* g)_u y_v, \quad A_v = (F^* f)_v x_u + (F^* g)_v y_u \tag{11.6}$$

すなわち，

$$d(F^*\varphi) = \Big((F^* f)_u x_v + (F^* g)_u y_v - (F^* f)_v x_u - (F^* g)_v y_u\Big) du \wedge dv \tag{11.7}$$

を得る．

次に，$d\varphi = (g_x - f_y)dx \wedge dy$ の F による引き戻しを考えるが，

$$F^*(g_x - f_y) = (F^* g)_u u_x + (F^* g)_v v_x - (F^* f)_u u_y - (F^* f)_v v_y$$

および

$$dx \wedge dy = (x_u y_v - x_v y_u) du \wedge dv$$

において，

$$u_x(x_u y_v - x_v y_u) = y_v, \quad v_x(x_u y_v - x_v y_u) = -y_u,$$
$$u_y(x_u y_v - x_v y_u) = -x_v, \quad v_y(x_u y_v - x_v y_u) = x_u$$

であるから，

$$F^*(d\varphi) = \Big((F^*g)_u y_v - (F^*g)_v y_u + (F^*f)_u x_v - (F^*f)_v x_u\Big) du \wedge dv$$

となり，これは(11.7)と一致することがわかる．すなわち $F^*(d\varphi) = d(F^*\varphi)$ がいえた．このことから，長方形 R に対するストークスの定理を使うと，

$$\int_D d\varphi = \int_R F^*(d\varphi) = \int_R d(F^*\varphi) = \int_{\partial R} F^*\varphi = \int_{\partial D} \varphi$$

となって，D に対してもストークスの定理がなりたつ．

さらに一般の D に対しては，D を長方形領域と同相な部分に分割して，分割ごとにストークスの定理を適用すると，隣り合う辺上の積分は互いに打ち消しあうので，残るのは元の D の境界上の積分となり，ストークスの定理がなりたつことがわかる(図 11.2)．　■

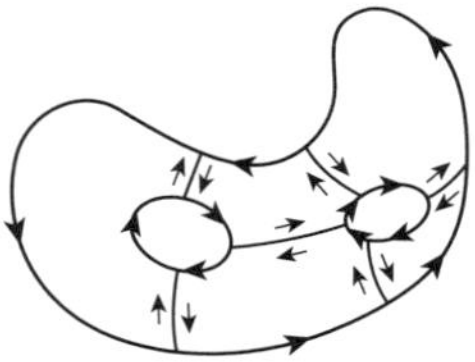

図 11.2　D が一般の領域の場合

11.3　ガウス-ボンネの定理(1)

定理 11.2 (領域のガウス-ボンネ(Gauss-Bonnet)の定理)　A を区分的に滑らかな境界 $\partial A = c_1 \cup \cdots \cup c_k$ をもつ曲面上の単連結領域とし，c_i と

c_{i+1} のつなぎ目の外角を ε_i, $i=1,\dots,k$ とする．ただし ε_k は c_k と c_1 のつなぎ目の外角である．c_i の滑らかな部分の測地的曲率を κ_g とするとき，

$$\int_A K\theta^1\wedge\theta^2+\int_{\partial A}\kappa_g ds=2\pi-\sum_{i=1}^{k}\varepsilon_i \tag{11.8}$$

がなりたつ．ここに ds は各 c_i の線素である．

［証明］ 第2構造式 $d\omega_2^1=K\theta^1\wedge\theta^2$ を領域 A で積分すると，ストークスの定理から

$$\int_A K\theta^1\wedge\theta^2=\int_{\partial A}\omega_2^1$$

を得るので，右辺の ω_2^1 の図形的意味を考える必要がある．

曲線 $\boldsymbol{c}=\partial A$ の滑らかな部分を弧長パラメーター表示しておくとき，$\boldsymbol{c}'(s)=\cos\varphi(s)\boldsymbol{e}_1(s)+\sin\varphi(s)\boldsymbol{e}_2(s)$ と書ける．ここに $\boldsymbol{e}_1(s)$, $\boldsymbol{e}_2(s)$ は第2章で与えたフレネ-セレ枠ではなくて，s について可微分な任意の正規直交動枠である．以下，$\varphi(s)$, $\boldsymbol{e}_i(s)$ の s を省略して書く．$\boldsymbol{c}(s)$ の加速度ベクトルは $\boldsymbol{c}''(s)ds=\varphi'ds(-\sin\varphi\boldsymbol{e}_1+\cos\varphi\boldsymbol{e}_2)+(\cos\varphi d\boldsymbol{e}_1+\sin\varphi d\boldsymbol{e}_2)$ をみたし，その曲面に接する成分は(9.13)より，

$$\begin{aligned}&\varphi'ds(-\sin\varphi\boldsymbol{e}_1+\cos\varphi\boldsymbol{e}_2)+\cos\varphi\omega_1^2\boldsymbol{e}_2+\sin\varphi\omega_2^1\boldsymbol{e}_1\\&\quad=\sin\varphi(-\varphi'ds+\omega_2^1)\boldsymbol{e}_1+\cos\varphi(\varphi'ds-\omega_2^1)\boldsymbol{e}_2\\&\quad=(\varphi'ds-\omega_2^1)(-\sin\varphi\boldsymbol{e}_1+\cos\varphi\boldsymbol{e}_2)\end{aligned}$$

となる．接ベクトル $\boldsymbol{c}'(s)=\cos\varphi\boldsymbol{e}_1+\sin\varphi\boldsymbol{e}_2$ を反時計回りに $\pi/2$ 回転した方向 $-\sin\varphi\boldsymbol{e}_1+\cos\varphi\boldsymbol{e}_2$ の $\boldsymbol{c}''(s)$ の係数が測地的曲率 κ_g であったから，$\kappa_g ds=\varphi'ds-\omega_2^1$ となり，

$$\int\omega_2^1=-\int\kappa_g ds+\int\varphi'ds$$

が得られる．右辺の第2項は A の周りの接ベクトル $\boldsymbol{c}'$ の角度の変化を表す．

我々は平面曲線ではなく，曲面の上の曲線を考えており，さらに，枠も動枠を考えているので，議論には注意が必要である．曲面上の閉曲線の回転数は定義していないが，平面曲線の場合の回転数の議論(3.1節参照)に倣って，接べ

クトルの変異を 2π で割ったものと思えば，離散値をとる連続関数の性質から，曲線の連続変形で回転数は変わらない．単連結領域の場合，閉曲線を1点に連続的に縮めていくことができて，この過程で回転数は変わらない．この縮められた小さな曲線上では正規直交動枠は，ほとんど動いていないと考えることができるから，接ベクトルの角変化が 2π であることが納得できるであろう．

また，角における外角のジャンプについては，この角の小さな近傍で考えることにより，平らなところでの議論とほとんど誤差はない．つまり，曲面の小さな近傍を平らな座標近傍とほとんど同一視すると，平らなところではジャンプする ε_i は積分で数えられない．実際，積分の意味を考えると，s_i $(i=1,\ldots,k)$ を角に対するパラメーター値とするとき，積分は $[s_i-\varepsilon, s_i+\varepsilon]$ の範囲で

$$\lim_{\varepsilon\to 0}\Big(\varphi(s_i+\varepsilon)-\varphi(s_i-\varepsilon)\Big)\times 2\varepsilon \sim \lim_{\varepsilon\to 0}\varepsilon_i\times 2\varepsilon \to 0$$

で外角 ε_i は無視されるのである．もしくは測度論を知っていれば，$s=s_i$ となる集合は測度0だからといってもよい．より厳密に述べることもできるが，ごく小さな座標近傍では平面上の議論に帰着できることを認めよう．以上のことから φ' の積分は $2\pi-\sum_{i=1}^{k}\varepsilon_i$ となる．∎

系 11.1（**測地三角形に関するガウス-ボンネの定理**）　T を曲面上の測地三角形とし，その内角を $\iota_1, \iota_2, \iota_3$ とするとき

$$\int_T K\theta^1\wedge\theta^2 = \sum_{i=1}^{3}\iota_i - \pi \tag{11.9}$$

がなりたつ．

［証明］　測地三角形なので，(11.8)の左辺の第2項は消える．$\iota_i=\pi-\varepsilon_i$, $i=1,2,3$ を(11.8)で $k=3$ としたものに代入すると，(11.9)が導かれる．∎

系 11.2　$K>0$ をみたす曲面上の測地三角形の内角の和は π より大きく，$K<0$ ならば π より小さくなる．

例えば球面上の測地三角形の内角の和は π 以上で，太った三角形である．双

曲平面上の測地三角形の内角の和は π 以下で，痩せた三角形である(14.2 節参照).

11.4 ガウス-ボンネの定理(2)

定理 11.3 (**閉曲面のガウス-ボンネの定理**) M を向き付けられた種数 g の閉曲面とするとき次がなりたつ.

$$\int_M K\theta^1\wedge\theta^2 = 2\pi\chi(M) = 4\pi(1-g) \tag{11.10}$$

[証明] M を $M=T_1\cup\cdots\cup T_f$ なる f 個の三角形に分割し，その頂点数を v, 辺の数を e としよう．T_j の内角を $\iota_{j_1},\iota_{j_2},\iota_{j_3}$ とすると，T_j では左辺は(11.8), 右辺は(11.9)としたものがなりたつから，

$$\int_{T_j} K\theta^1\wedge\theta^2 + \int_{\partial T_j}\kappa_g ds = \sum_{i=1}^{3}\iota_{j_i} - \pi.$$

これを $j=1$ から f まで足し合わせる．左辺第 2 項の ∂T_j 上の線積分は，隣り合う三角形どうしで逆向きになるのでキャンセルされる．各頂点で内角の和は 2π でこれは頂点の数 v だけあるから，右辺第 1 項の和は $2\pi v$ である．第 2 項は $-\pi f$ である．今各辺は 2 回ずつ数えられ，三角形一つには辺が 3 つあることから，$2e=3f$ がなりたっている．したがって右辺の和は

$$2\pi v-\pi f = \pi(2v-2e+2f) = 2\pi\chi(M) = 4\pi(1-g)$$

となる. ∎

系 11.3 $K>0$ なる計量をもつ閉曲面は $g=0$ のみ，つまり，位相は球面である．$K\equiv 0$ ならばトーラスである．種数 $g\geqq 2$ ならば，$K<0$ となる点が必ず存在する.

余談

曲面の曲がり方を表すガウス曲率を積分すると，曲面の位相不変量であるオイラー数が現れる．(11.10)の左辺は計量から決まり，右辺は位相から決まる．このように由来の異なる量が一致するという定理は，幾何学の随所に現れ，重要である．ガウス-ボンネの定理は，チャーン(S. S. Chern)により，高次元の閉多様体に拡張され，**ガウス-ボンネ-チャーンの定理**とよばれている．さらにこれは幾何解析に結びつき，**アティヤ-シンガー**(Atiyah-Singer)**の指数定理**に発展した．

まとめ

1. 領域 D 上の 0 形式 f の曲線 $c(t),\ t\in[a,b]$ に沿う線積分：$\int_a^b f(c(t))|\dot{c}(t)|dt$
2. 1 形式 $\theta=fdu+gdv$ の曲線 $c(t)=(u(t),v(t))$ に沿う積分：
$$\int_{c(t)}\theta=\int_a^b(f\dot{u}+g\dot{v})dt$$
3. 2 形式 $\psi=h(u,v)du\wedge dv$ の $A\subset D$ 上の積分：$\int_A\psi=\int_A h(u,v)dudv$
4. ストークスの定理：任意の(単連結とは限らない)領域 D 上の 1 形式 φ に対して次がなりたつ.
$$\int_D d\varphi=\int_{\partial D}\varphi$$
5. ガウス-ボンネの定理：区分的に滑らかな境界で囲まれた単連結領域 A の各角の外角を ε_i とするとき
$$\int_A K\theta^1\wedge\theta^2+\int_{\partial A}\kappa_g ds=2\pi-\sum_{i=1}^k\varepsilon_i$$
6. ガウス-ボンネの定理：T が内角 ι_i をもつ測地三角形のとき
$$\int_T K\theta^1\wedge\theta^2=\sum_{i=1}^3\iota_i-\pi$$
7. ガウス-ボンネの定理：M が向き付けられた種数 g の閉曲面のとき
$$\int_M K\theta^1\wedge\theta^2=2\pi\chi(M)=4\pi(1-g)$$

問　題

問 11.1　(11.6)を証明せよ.

問 11.2　(1) 種数 g が 2 以上の向き付けられた閉曲面 S 上の計量のガウス曲率 K について, $K(p)<0$ となる S の点 p が必ず存在することを示せ.

(2) 各頂点にちょうど 4 つずつ四辺形が集まっているように四辺形分割された向き付けられた閉曲面 S を考える. S 上の任意の計量 $\theta^1\theta^1+\theta^2\theta^2$ について, そのガウス曲率を K とすると, $\int_S K\theta^1\wedge\theta^2=0$ がなりたつことを示せ. また, この曲面は何か？

問 11.3　$D=\{w\in\mathbb{C}\mid |w|<1\}$ 上に計量を

$$ds^2=\frac{4|dw|^2}{(1-|w|^2)^2}=\frac{4}{(1-|w|^2)^2}(du^2+dv^2)$$

で定める. ただし, $w=u+iv$, $dw=du+idv$, $d\bar{w}=du-idv$ である.

(1) ガウス曲率 $K=-1$ を示せ.

(2) $0<t<1$ に対して, $D(t)=\{w\in D\mid |w|<t\}$ とするとき, 計量 ds^2 に関する $D(t)$ の面積を求めよ. ただし, 面積は, $ds^2=\theta^1\theta^1+\theta^2\theta^2$ なる 1 形式 θ^1,θ^2 を用いて

$$\int_{D(t)}\theta^1\wedge\theta^2$$

で与えられる.

(3) $D(t)$ の境界を $C_t(s)$ (s は弧長)とし, C の測地的曲率を κ_g とするとき, ガウス-ボンネの定理を $D(t)$ に適用して

$$\int_{C_t}\kappa_g ds$$

を求めよ.

12 曲面上の曲線

ここで再び曲線の話に戻るが，ここでは曲がった曲面上の曲線を考える．この章の話は直感的にわかることが多いが，概念としては重要なことを述べる．

12.1 最短線と測地線

6.5 節で定義した測地線の性質をもう少し調べよう．E^3 の曲面 M 上の弧長パラメーター表示された曲線 $\boldsymbol{p}(s)$ が**測地線**であるとは，2 階微分 $\boldsymbol{p}''(s)$ を $\boldsymbol{p}''(s)=\boldsymbol{k}_g+\boldsymbol{k}_n$ と曲面の接方向 $\boldsymbol{k}_g$ と法方向 $\boldsymbol{k}_n$ に分解したとき，$\boldsymbol{k}_g=0$ となる曲線のことであった．のちに共変微分という概念を用いても再定義される(13.1 節参照)．

さて，次の各々の曲面上に 2 点，p, q が与えられたとき，これらを結ぶ，曲面上の**最短線**，つまり曲面に沿う曲線だけを考えて，長さが一番短い曲線を見つけよう(図 12.1)．

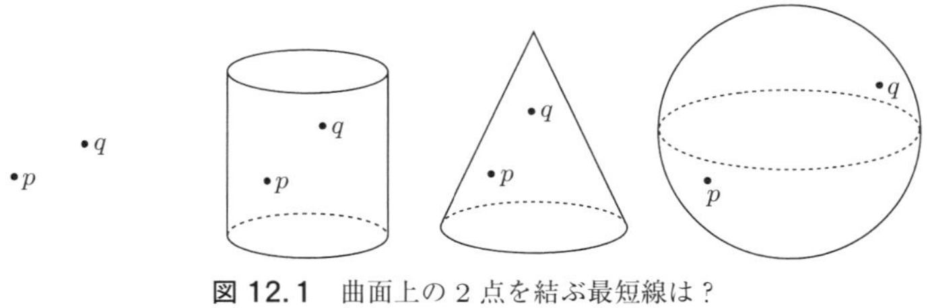

図 12.1 曲面上の 2 点を結ぶ最短線は？

1. p, q が平面上にあれば，2 点を結ぶ線分が最短である．2 点に鋲を打ってゴムひもをピンと張れば最短線が見つかる．

2. 直円柱面に 2 点を与えるときもゴムひもを円柱に這わせて引っ張る方法で見つかるが，円柱面を縦に切り開いて長方形にすると長さを変えないで平らになるので，1. と同じように線分が答になることがわかる．円柱上ではこの曲線は**常螺旋**(じょうらせん)とよばれる曲線である(例 12.1 参照)．

3. 円錐上の 2 点を結ぶ最短線も母線(頂点と底円の点を結ぶ線分)で切り開けば平面上の扇形(図 12.2)になるから，結局 1. や 2. と同様に考えられる．

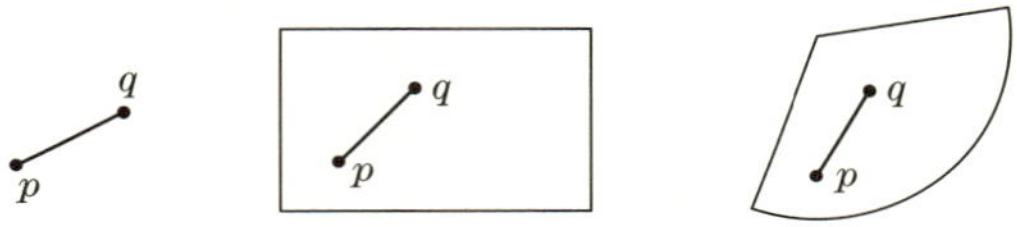

図 12.2　可展面の最短線

4. 地球上の 2 点 p, q を結ぶ最短線もゴムひもの方法で見つかるが，メルカトル図法で学んだように，地球は円柱や円錐のように切り開いて平らにすることはできない．

この最短線を与える答は，p, q と地球の中心を通る平面で地球を切った切り口(これを**大円**とよぶ)の，p, q を結ぶ短い方の円弧である(図 12.3 左，命題 12.1 参照)．地球の中心を通らない平面で切ると「小円」，つまり，もっと小さい円ができるが，p, q を通るどんな小円弧よりも，大円で切った大円弧の方が長さは短くなる．

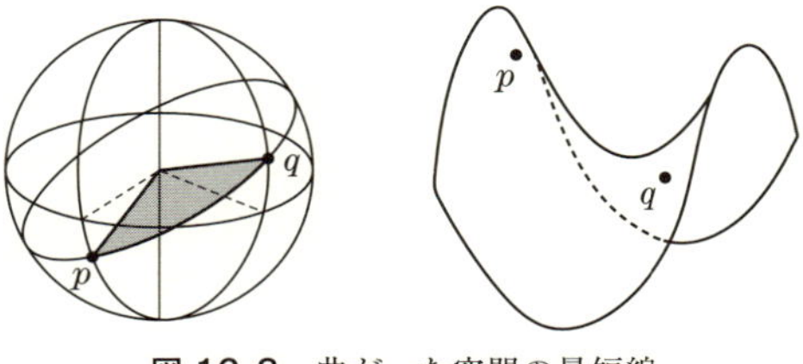

図 12.3　曲がった空間の最短線

5. 馬の鞍のようにへこんだ曲面(図 12.3 右)の上の 2 点 p, q を結ぶ最短線はどのようになるか．ゴムひもが浮いてしまったりして，曲面の凸凹がひどいと最短線はゴムひもの方法では見つからない．

地球や馬の鞍のようにどう切り開いても平らにできない曲面を**曲がった空間**とよぶのは自然である．他方，切り開いて平らにできる円柱や円錐も，やはり曲がった空間とよびたいが，これらは7.6節で述べたように，平坦な可展面となっている．

では，平らにできない曲がった空間上の最短線はどのようにして見つければよいのか．

実は最短線は冒頭で述べた測地線の中から得られる．なぜか？ また測地線はどのようにすれば見つかるのか．

12.2 最短線は測地線

E^3 内の曲面 M 上の曲線 $\boldsymbol{p}(s)$ を考える．質量が1のとき，加速度=力であるが，曲面上を運動する質点に働く力は，曲面に接する測地的曲率ベクトル $\boldsymbol{k}_g$ のみで，曲面に直交する法曲率ベクトル $\boldsymbol{k}_n$ は影響しないことは理解できるであろう(図12.4)．

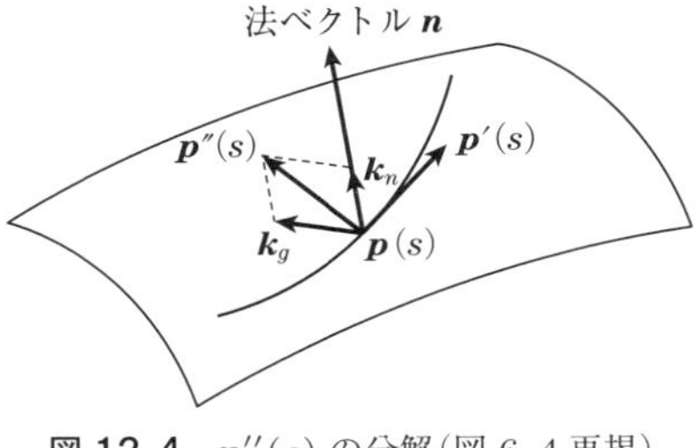

図12.4 $\boldsymbol{p}''(s)$ の分解(図6.4再掲)

地球は2次元の球面(sphere)であるから，その半径を1と思って，$S^2(1)$ と表す．その大円とは，地球の中心を通る平面で切ったときに地球の表面に現れる曲線のことであった．これはもちろん半径が1の円である．

さて，平面曲線としての半径が1の円の曲率は，第2章の章末の問2.1で見たように $1/a=1$ であったのに対し，球面 $S^2(1)$ の世界で見ると「まったく曲がっていない」，つまり $\kappa_g=0$ であることが次のようにしてわかる．

地球は3次元ユークリッド空間に入っているから，その座標を用いると，

$$S^2(1) = \{(x, y, z) \in E^3 \mid x^2 + y^2 + z^2 = 1\}$$

と表せる．このとき赤道を表す大円は z 座標が 0 であるから，$x^2+y^2=1$ となり，

$$\boldsymbol{p}(s) = (\cos s, \sin s, 0) \in S^2 \subset E^3$$

と表すことができる．s で微分することにより，

$$\boldsymbol{p}'(s) = (-\sin s, \cos s, 0), \quad \boldsymbol{p}''(s) = (-\cos s, -\sin s, 0) = -\boldsymbol{p}(s) \quad (12.1)$$

を得る．ここで s は $|\boldsymbol{p}'(s)|=1$ をみたすから弧長である．$\boldsymbol{p}''(s)$ は，ちょうど位置ベクトルにマイナスをつけたものであるから，球面に直交してしまい，接成分 $\boldsymbol{k}_g=0$ である．よって大円が球面の測地線であることがわかる．すると後に述べる常微分方程式(13.4)の解の一意性から次がわかる．

命題 12.1　球面の測地線は大円である．

今 $S^2(1)$ の世界で考えれば，大円の加速度ベクトルは 0 であるから大円は $S^2(1)$ の中では**全く曲がっていない**．実際，赤道の上に立って赤道を見ると，赤道がまっすぐ伸びた直線に見えるが，小円は曲がって見える(図 12.5)．飛行機の航路は燃料と時間の節約のため，この大円を軌道に選んでいて，**大圏航路**とよばれている．

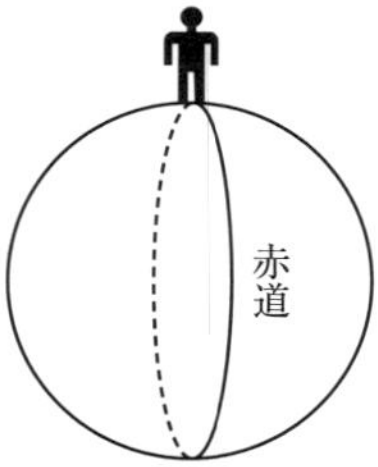

図 12.5　球面の測地線

標語的には

測地線とは，曲がった空間の上で曲がっていない曲線のことである．

これは力学の観点からいうと，出発点と初速度だけ与えた質点が，外力なしで動いていく軌跡のことである．

ある地点から他の地点に行くのに，無駄に曲がれば道のりは増えるであろう．こう考えると，最短線が測地線であることが直感的にうなずける．

最短線は測地線である．

この直感的事実はのちに変分法を用いて証明される(第19章参照)．ただし，逆は必ずしもなりたたず，後で述べるように測地線だからといって最短線になるとは限らない．

例 12.1　常螺旋 $(a\cos t, a\sin t, bt)$, $a>0$, $b>0$ は半径 a の直円柱の測地線である．ここに b は任意である．b は常螺旋の傾きを表しているが，これが任意であるということは，測地線は無数に存在するということである．　□

証明は章末の問 12.4 に譲る．朝顔などの植物のつるは，竿(円柱)の上を常螺旋に沿って伸びていく．太陽に向かって短い道を選んでいるのは自然の理である．

山登りも測地線に沿って登れば短い距離で登れ，疲れが少ない．山肌を刻む登山路は頂上に向かってジグザグ進む部分ごとには，自然と測地線になっている．この場合は冒頭に述べた円錐の測地線である．巻貝の貝殻はこの線に沿って巻いている．

平面曲線の場合，加速度ベクトルは平面からとび出さないから，$\boldsymbol{p}''(s)=\boldsymbol{k}_g$ である．よって測地線の方程式は

$$\boldsymbol{p}''(s)=0 \tag{12.2}$$

で，速度ベクトルは $\boldsymbol{p}'(s)=\boldsymbol{a}$ という定ベクトル，つまり平面の測地線は

$$\boldsymbol{p}(s)=\boldsymbol{a}s+\boldsymbol{c} \tag{12.3}$$

と，まさに曲がっていない直線になる($\boldsymbol{c}$ も定ベクトル)．

12.3　測地線は一つとは限らない

ここで始めの話題に戻ろう．我々は，曲がった空間，特に3次元ユークリッド空間 E^3 の曲面 M（円柱面とか，地球とか）を考えて，その上の2点を結ぶ最短線を探していた．

◆**注意**　一般には2点間の最短線が存在するかどうかはわからない．平面上の2点でも，2点を結ぶ線分上に穴があいていたら，最短線は見つからない．こうした場合を排除するには**完備**という概念が必要になる．逆説的だが，考えている空間が完備であるとは，2点間の最短線が存在することである．以下では2点間の最短線が存在することを前提として議論を進める．

上で述べたように，最短線は測地線である．特に M が平面のときは測地線の方程式が(12.2)という簡単なものになった．一般の曲面では，もっと複雑な項が現れて，具体的に解けるとは限らない(章末の問12.5，(13.4)参照)．ただし，測地線の方程式(13.7)は2階の常微分方程式(1変数の微分方程式)になるので，初期値，つまり，出発点と初期速度ベクトルを与えれば，測地線はただ一つ求まる(常微分方程式の基本定理による)．このとき，M の状況によって，

1. 任意の初期値に対して測地線がどこまでも伸ばせる．
2. 測地線が周期的になる(地球の大円のようにぐるぐる回る)．
3. 測地線がどこかで消滅する(M に穴があいていたらそこから先へは伸ばせない)．

などが起こる．ここでは3.が起こる空間は考えない．実は1.をみたすと，任意の2点間の最短線が存在することが知られている(**ホップ-リノー**(Hopf-Rinow)**の定理**)．つまり M は完備である．

今，仮に，測地線のことを**近道**とよぼう．近道については次の事象にも注意しよう．

円柱面の2点を結ぶ最短線は展開図(図12.6)を描いて p, q を結んだものであるが，第2の近道は後ろ側を回る線分になる．実際，第3，第4の近道もあ

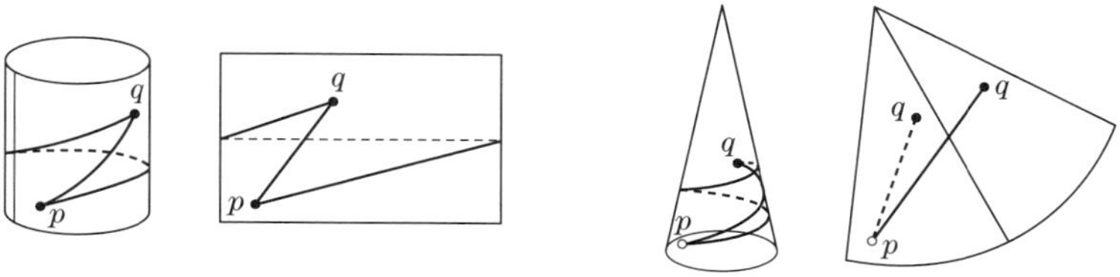

図 12.6 2点を結ぶ測地線

る．これは直円柱面を2周，3周してpからqに行く道である．展開図の上ではpとqをダイレクトに結ぶ線分よりも傾きの小さい線分の和になる．傾きは例12.1のbで決まる．円錐の場合も同様であるが，これは山道を登るときに，急な道を選ぶか，なだらかな道を選ぶかの違いである．このように単に測地線というと，最短線とは限らず，第2，第3，…の近道も含まれることに注意しよう．

2点を結ぶ測地線は一つとは限らない．

もう一つ重要なことを付け加えると，測地線$\boldsymbol{p}(s)$上の点$\boldsymbol{p}$と，それに**十分近い**$\boldsymbol{p}(s)$上の点$\boldsymbol{q}$が与えられると，$\boldsymbol{p}$と$\boldsymbol{q}$を結ぶ唯一の最短線は$\boldsymbol{p}(s)$の弧になる．これはどんな測地線に対してもいえるが，どのくらい近いことが「十分近い」ことなのかは考える空間により違ってくるので，ここでは深入りしない．

測地線はその上の2点の最短線になるとは限らないが，
「十分近い」2点ならば唯一の最短線になる．

球面S^2(地球)の測地線は大円である．もちろんS^2の2点p, qを通る大円のうち，短い方の円弧が最短線になるが，長い方も測地線であることに変わりはない．この場合，「十分近い」とは，開半球の内部に入っている2点ということになる．

qがpの対点，つまりS^2の中心に対して対称の位置にあるときは最短線が無数にあることになる．このように，2点を結ぶ最短線も一つと限らずたくさん存在することがあるので注意しよう．

2点を結ぶ最短線は一つとは限らない．

とはいいながら，2 点を結ぶ測地線が一つしかない空間も存在する．ユークリッド空間はその例である．

◆**注意**　**モース**(Morse)**理論**という，空間上の関数を用いて空間の形を知る理論がある．本章では，モース理論が，無限次元空間である 2 点間を結ぶ曲線全体の空間や，閉曲線全体の空間に適用されて成功を収めたことを意識して述べている．興味があれば，関連図書 [8] の第 11 章を参照してほしい．

まとめ

曲面上の弧長パラメーター表示された曲線 $\boldsymbol{p}(s)$ を考える．

1. $\boldsymbol{p}''(s)=\boldsymbol{k}_g+\boldsymbol{k}_n$ の接成分 $\boldsymbol{k}_g$ を測地的曲率ベクトル，法成分 $\boldsymbol{k}_n$ を法曲率ベクトルという．
2. $\boldsymbol{k}_g=0$ のとき，$\boldsymbol{p}(s)$ を測地線という．
3. 2 点間の最短線は測地線である．逆は必ずしもなりたたない．
4. 測地線は始点と，初期速度ベクトルを与えると，一意に定まる．
5. 球面の測地線は大円．直円柱面の測地線は常螺旋(特別な場合として母線と水平円も含む)．
6. 2 点を結ぶ測地線も最短線も，一般にはただ一つとは限らない．
7. 測地線上の 2 点が十分近い $\Rightarrow$ 測地線はその 2 点を結ぶ最短線
8. 空間が完備 $\Longleftrightarrow$ 任意の測地線がどこまでも伸ばせる．

問　題

† のついた問いは第 8 章を学んでいたら解くこと．

問 12. 1　第 7 章の問 7. 2 の回転面において，その母線は測地線であることを示せ．

問 12. 2　同じ回転面について，$z=$ 定数で決まる円が測地線になるための条件を示せ．

問 12. 3　回転トーラスの母線と直交する測地線を求めよ．

問 12. 4　常螺旋 $(a\cos t, a\sin t, bt)$, $a>0, b>0$ は半径 a の直円柱の測地線であることを示せ．

問 12. 5†　弧長 s で与えられた曲面上の曲線 $\boldsymbol{p}(s)$ の測地的曲率ベクトル $\boldsymbol{k}_g$ を，クリストッフェル記号を用いて表せ．

問 12. 6†　前問から測地線の方程式を表せ(13. 1 節参照)．

13 計量の幾何と双曲平面

ここではガウスの驚愕定理のように，曲面の第1基本量，すなわち計量だけから決まる性質を扱う．このような性質を曲面の**内在的性質**という．

13.1 共変微分と測地線

曲面の測地線を定義するとき，我々は，曲面上の曲線 $\boldsymbol{p}(s)$ の2階微分 $\boldsymbol{p}''(s)$ を，接方向 $\boldsymbol{k}_g$ と法方向 $\boldsymbol{k}_n$ に分解した．つまりベクトルを，曲面の接成分と法成分に分解した．

定義 13.1 一般に曲面 M の各点に接ベクトル X が与えられ，これが可微分なとき X を**ベクトル場**という．ただし可微分であるとは，$X=\xi\boldsymbol{p}_u+\eta\boldsymbol{p}_v$ と表すとき，ξ,η が可微分関数であることである．

点 $\boldsymbol{p}$ を通る曲線 $\boldsymbol{p}(t)$ 上にベクトル場 X を制限したものを $X(t)$ と表す．このとき $X(t)$ の t による微分を，曲面の接成分 $\nabla_t X$ と法成分 $A(X)$ に分解する：

$$\frac{dX(t)}{dt}=\nabla_t X+A(X). \tag{13.1}$$

定義 13.2 $\nabla_t X$ をベクトル場 X の曲線に沿う**共変微分**という．

曲線の接ベクトル $\dot{\boldsymbol{p}}(t)$ を $\dfrac{d}{dt}$ と同一視して，$\nabla_t X = \nabla_{\dot{\boldsymbol{p}}} X = \nabla_{\frac{d}{dt}} X$ のように書くこともある．

命題 13.1　共変微分は第 1 基本量のみから決まる．

［証明］　$\boldsymbol{e}_1, \boldsymbol{e}_2$ を曲面の正規直交基底(動枠)とする．以下ではパラメーター t を略す．$X = \xi^1 \boldsymbol{e}_1 + \xi^2 \boldsymbol{e}_2$ と表すとき，(9.13)を用いて

$$\frac{d\boldsymbol{e}_i}{dt} = \omega_i^\alpha\left(\frac{d}{dt}\right)\boldsymbol{e}_\alpha$$

と書く．つまり ω_i^α に接ベクトル $\dfrac{d}{dt}$ を入れて値をとる．さて，

$$\begin{aligned}\frac{dX(t)}{dt} &= \frac{d\xi^1}{dt}\boldsymbol{e}_1 + \xi^1\frac{d\boldsymbol{e}_1}{dt} + \frac{d\xi^2}{dt}\boldsymbol{e}_2 + \xi^2\frac{d\boldsymbol{e}_2}{dt} \\ &= \frac{d\xi^1}{dt}\boldsymbol{e}_1 + \xi^1\omega_1^2\left(\frac{d}{dt}\right)\boldsymbol{e}_2 + \frac{d\xi^2}{dt}\boldsymbol{e}_2 + \xi^2\omega_2^1\left(\frac{d}{dt}\right)\boldsymbol{e}_1 \\ &\quad + \left(\xi^1\omega_1^3\left(\frac{d}{dt}\right) + \xi^2\omega_2^3\left(\frac{d}{dt}\right)\right)\boldsymbol{e}_3\end{aligned}$$

より

$$\nabla_t X = \left(\frac{d\xi^1}{dt} + \omega_2^1\left(\frac{d}{dt}\right)\xi^2\right)\boldsymbol{e}_1 + \left(\frac{d\xi^2}{dt} + \omega_1^2\left(\frac{d}{dt}\right)\xi^1\right)\boldsymbol{e}_2 \tag{13.2}$$

であり，ω_2^1 は第 1 構造式から決まるから，共変微分は第 1 基本形式だけから得られる．

次にこれが基底のとり方によらず決まることをいう．別の正規直交基底 $\bar{\boldsymbol{e}}_1, \bar{\boldsymbol{e}}_2$ に対する双対 1 形式を $\bar{\theta}^1, \bar{\theta}^2$ として，その接続形式を $\bar{\omega} = \begin{pmatrix} 0 & \bar{\omega}_2^1 \\ \bar{\omega}_1^2 & 0 \end{pmatrix}$ とする．$\theta = \begin{pmatrix} \theta^1 \\ \theta^2 \end{pmatrix}$，$\bar{\theta} = \begin{pmatrix} \bar{\theta}^1 \\ \bar{\theta}^2 \end{pmatrix}$ とおく．このとき $\bar{\theta} = T\theta$ なる 2×2 行列 T がある．つまり T は

$$\begin{pmatrix} \bar{\theta}^1 \\ \bar{\theta}^2 \end{pmatrix} = T\begin{pmatrix} \theta^1 \\ \theta^2 \end{pmatrix}$$

をみたし，同時に $\begin{pmatrix} \boldsymbol{e}_1 & \boldsymbol{e}_2 \end{pmatrix} = \begin{pmatrix} \bar{\boldsymbol{e}}_1 & \bar{\boldsymbol{e}}_2 \end{pmatrix} T$ をみたす．特に T は直交行列である．

次の重要な関係式を示そう．

$$\bar{\omega} = -dT\cdot T^{-1} + T\omega T^{-1}. \tag{13.3}$$

第1構造式を

$$d\theta = -\omega\wedge\theta = -\begin{pmatrix} 0 & \omega_2^1 \\ \omega_1^2 & 0 \end{pmatrix}\wedge\begin{pmatrix}\theta^1 \\ \theta^2\end{pmatrix}$$

と表す．ここに行列のウェッジ積 $\wedge$ は行列の積と同じ法則で計算する．$\bar{\theta} = T\theta$ を外微分して，

$$\begin{aligned} d\bar{\theta} &= d(T\theta) = dT\wedge\theta + Td\theta \\ &= dT\wedge\theta - T(\omega\wedge\theta) \\ &= dT\cdot T^{-1}\wedge T\theta - T\omega T^{-1}\wedge T\theta \\ &= -(-dT\cdot T^{-1} + T\omega T^{-1})\wedge\bar{\theta} \end{aligned}$$

なので，(13.3)を得る．

さて，$X = \begin{pmatrix}\boldsymbol{e}_1 & \boldsymbol{e}_2\end{pmatrix}\begin{pmatrix}\xi^1 \\ \xi^2\end{pmatrix} = \begin{pmatrix}\bar{\boldsymbol{e}}_1 & \bar{\boldsymbol{e}}_2\end{pmatrix}\begin{pmatrix}\bar{\xi}^1 \\ \bar{\xi}^2\end{pmatrix}$ において，$e = \begin{pmatrix}\boldsymbol{e}_1 & \boldsymbol{e}_2\end{pmatrix}$，$\bar{e} = \begin{pmatrix}\bar{\boldsymbol{e}}_1 & \bar{\boldsymbol{e}}_2\end{pmatrix}$，$\xi = \begin{pmatrix}\xi^1 \\ \xi^2\end{pmatrix}$，$\bar{\xi} = \begin{pmatrix}\bar{\xi}^1 \\ \bar{\xi}^2\end{pmatrix}$ とおけば，

$$\bar{\xi} = T\xi, \quad \bar{e} = eT^{-1}$$

と書ける．よって新しい基底では，(13.2)を行列表現で書いたものと(13.3)を使うと，

$$\begin{aligned} \bar{e}\Big(\frac{d\bar{\xi}}{dt} + \bar{\omega}\Big(\frac{d}{dt}\Big)\bar{\xi}\Big) &= eT^{-1}\Big(\frac{dT}{dt}\xi + T\frac{d\xi}{dt} - \frac{dT}{dt}\xi + T\omega\Big(\frac{d}{dt}\Big)\xi\Big) \\ &= e\Big(\frac{d\xi}{dt} + \omega\Big(\frac{d}{dt}\Big)\xi\Big) = \nabla_s X \end{aligned}$$

となり，共変微分は基底のとり方によらず決まることがわかる．これで命題13.1が証明された．　■

定義 13.3　$\nabla_t X \equiv 0$ をみたすベクトル場 X は，曲線に沿って**平行である**という．

◆**注意**　ここで「曲線に沿って」というところが重要である．一般に曲線を取り替えるとベクトル場の平行移動の結果は前のものと一致しない（章末の問 13.1 参照）．

命題 13.2　曲線に沿って平行な 2 つのベクトル場 X, Y の内積は，曲線に沿って一定である．したがって各ベクトルの長さと，なす角度は一定である．

［証明］

$$\begin{aligned}\frac{d}{dt}\langle X, Y\rangle &= \left\langle \frac{dX}{dt}, Y \right\rangle + \left\langle X, \frac{dY}{dt} \right\rangle \\ &= \langle \nabla_t X, Y\rangle + \langle X, \nabla_t Y\rangle \\ &= 0.\end{aligned}$$

▌

領域 D 上に計量 g が定まれば共変微分が決まることがわかったので，(D, g) 上の曲線に対して測地線を考えることができる．

命題 13.3　一般のパラメーター t で与えられた D 上の曲線 $\gamma(t)$ が測地線であるのは，$X(t) = \dot\gamma(t)$ とおくとき，ある関数 $h(t)$ に対して $\nabla_t X(t) = h(t)X(t)$ がなりたつときである．

定義 13.4　このとき接ベクトルは γ に沿って**自平行である**という．

［命題 13.3 の証明］　弧長を s として，$f(t) = \dfrac{dt}{ds}\ (\neq 0)$ とおくとき，$\nabla_s = f(t)\nabla_t$ であるから，$\nabla_s \gamma'(s) = 0$ は，$0 = \nabla_t \gamma'(s) = \nabla_t\Big(f(t)\dot\gamma(t)\Big) = \dot f(t)X(t) + f(t)\nabla_t X(t)$ と同値であり，$h(t) = -\dot f(t)/f(t)$ とおけば命題を得る．▌

系 13.1　(D, g) 上の曲線 γ が**測地線**となるのは，その接ベクトルが γ

に沿って自平行なときである.

定義 13.5 $|\dot{\gamma}(t)|$ が一定となるパラメーターを**弧長比例パラメーター**という.

命題 13.4 $\nabla_t\dot{\gamma}(t)=0$ をみたす曲線 $\gamma(t)$ は. 弧長比例パラメーターをもつ測地線である. また弧長比例パラメーターをもつ曲線 $\gamma(t)$ が測地線であるのは, $\nabla_t\dot{\gamma}(t)=0$ をみたすときである.

[証明] $X=\dot{\gamma}(t)$ とおくと, $\nabla_t X=0$ のとき, 命題 13.2 より, $|X|=a\neq 0$ (a は定数)となる. よって弧長は $s=at$ であるから, $\nabla_s\gamma'(s)=\dfrac{1}{a^2}\nabla_t\dot{\gamma}(t)=0$ で γ は測地線である. また, 弧長比例パラメーターをもつ曲線においては命題 13.3 の証明で f が一定, すなわち $\dot{f}=0$ であるから, 測地線の方程式は $\nabla_t\dot{\gamma}(t)=0$ となる. ▮

この命題から, 弧長比例パラメーターをもつ曲線 $\gamma(t)$ について**測地線の方程式**は, $\dot{\gamma}(t)=\xi^1\boldsymbol{e}_1+\xi^2\boldsymbol{e}_2$ とおくとき

$$\frac{d\xi^i}{dt}+\omega^i_j\Big(\frac{d}{dt}\Big)\xi^j=0, \quad i=1,2 \tag{13.4}$$

となる. これを解いて, 測地線の接ベクトル $X(t)=\dot{\gamma}(t)$ を求め, さらに $X(t)$ を積分して測地線 $\gamma(t)$ を得る. 13.4 節で具体的な計算例を示す.

ここで第 8 章で導入したクリストッフェル記号と接続の関係を述べておこう(未習ならばスキップしてよい). 座標 (u^1,u^2) についてベクトル場 X が

$$X=\xi^1\frac{\partial}{\partial u^1}+\xi^2\frac{\partial}{\partial u^2}$$

で与えられているとき, 曲線 $\gamma(t)=(u^1(t),u^2(t))$ に沿う共変微分は, (8.1) を $X=\xi^1\boldsymbol{p}_1+\xi^2\boldsymbol{p}_2$ に適用して,

$$\nabla_t X=\Big(\frac{d\xi^i}{dt}+\Gamma^i_{jk}\dot{u}^k\xi^j\Big)\frac{\partial}{\partial u^i} \tag{13.5}$$

で得られるから，この座標に関する接続形式は

$$\omega^i_j = \Gamma^i_{jk} du^k \tag{13.6}$$

である．この ω^i_j は歪対称ではないことに注意する．

これを用いると，弧長比例パラメーターをもつ曲線 $\gamma(t)=(u^1(t), u^2(t))$ に対する**測地線の方程式**は

$$\frac{d^2u^i}{dt^2} + \Gamma^i_{jk}\frac{du^j}{dt}\frac{du^k}{dt} = 0 \tag{13.7}$$

となる．

13.2 内在的性質，外来的性質

定義 13.6　領域 D 上の計量 g のみから決まる性質を**内在的性質**という．これに対して，曲面が入っている空間の情報が関係する性質を**外来的性質**という．

共変微分，平行，測地線の概念は内在的性質である．第 2 基本量や，平均曲率は外来的性質である．

定義 13.7　距離空間 M の距離(14.3 節参照)を保つ変換 $f: M \to M$ を**等長変換**という．

等長変換が内在的性質を保つことは定義から明らかであろう．したがって，

命題 13.5　等長変換により，ガウス曲率，共変微分，測地線は保たれる．

等長変換の合成はまた等長変換になり，等長変換の逆変換も等長変換であるから，この演算で等長変換は群となる．

定義 13.8　これを**等長変換群**という．

ユークリッド空間の等長変換はよく知られているように回転と折り返し(これ

が直交群 $O(3)$）と平行移動からなり，等長変換群は $O(3)$ に平行移動を追加した**アフィン直交変換群**となる．一方，単位球面 S^2 は，E^3 の等長変換の中で S^2 を保つもの，つまり $O(3)$ を等長変換群にもつ．

ある性質を保つ変換群は幾何学において重要な役割を果たす．

13.3 双曲平面

平坦でない曲面の典型例としては球面 S^2 がある．球面の測地線は命題 12.1 で大円であることを示した．もう一つの典型例である双曲平面 H^2 を紹介しよう．

曲面 M の上の曲線 $\boldsymbol{p}(t)$ の長さは，接ベクトル $\dot{\boldsymbol{p}}(t)$ の長さ $|\dot{\boldsymbol{p}}(t)|$ の積分(4.1)で与えられた．$|\dot{\boldsymbol{p}}(t)|$ が決まればよいので，M の各 $\boldsymbol{p}(t)$ における接平面に内積があれば，曲線の長さが求まることとなる．

曲面 M として，上半平面 $H^2=\{(x,y)\in R^2 \mid y>0\}$ を考える．ここで，H^2 の点 $p=(x,y)$ から発する 2 つのベクトル X, Y の内積を，ユークリッド内積 $\langle\ ,\ \rangle$ を用いて，

$$g_{\mathrm{hyp}}(X,Y)=\langle X,Y\rangle_{(x,y)}=\frac{\langle X,Y\rangle}{y^2} \tag{13.8}$$

で定める．つまり，ベクトルの始点 (x,y) の位置により，内積は変わる．これが内積の条件*1をみたしていることは簡単にチェックできる．x 軸$(y=0)$ に近づくほど内積は大きくなる．g_{hyp} を**双曲計量**という．

このように，各接空間に与えられた内積のことを**リーマン計量**という（正確には可微分性を要求する）．内積，計量という言葉が混乱を招いているかもしれないが，曲面に計量 g を与えるということは，曲面の各接空間に内積を与えることである．第 1 基本量 I がこれにほかならないが，これは座標のとり方によらず決まるものであるから g や ds^2 とも表す．

さて H^2 に双曲計量を定めると，H^2 の曲線 c の長さは

*1　対称性，線形性，正値性，14.4 節参照．

$$L(c) = \int_a^b \sqrt{\left\langle \frac{dc}{dt}, \frac{dc}{dt} \right\rangle_{c(t)}} dt = \int_a^b \left| \frac{dc}{dt} \right|_{c(t)} dt \tag{13.9}$$

で与えられる．長さの定義(4.1)で出てきた通常の内積 $\langle\ ,\ \rangle$ を $\langle\ ,\ \rangle_{c(t)=(x,y)}$ に換えて，ノルム $\left|\dfrac{dc}{dt}\right|$ を $\left|\dfrac{dc}{dt}\right|_{c(t)}$ に換えただけである．x 軸に近づくほど内積は大きくなっていくので，x 軸に向かって伸びていく曲線の長さは無限大になることが想像できる．

◆**注意**　ここでは $\dfrac{dc}{dt}$ は接ベクトルであるが，c は E^3 内ではなく H 上の点なので太字(ベクトル)では表さない．

定義 13.9　この空間 (H^2, g_{hyp}) を**双曲平面**とよぶ．

舞台は上半平面であるが，与えられた内積がユークリッド内積ではないので，これは曲がった空間である．

13.4　双曲平面の測地線

さて，この長さに関する測地線の方程式を解こう．

定理 13.1　双曲平面の測地線は，x 軸に直交する半円弧または半直線になる．

[証明]　双曲計量(13.8)は座標を用いると $ds^2 = \dfrac{dx^2+dy^2}{y^2}$ と書けるから，正規直交基底は

$$\boldsymbol{e}_1 = y\frac{\partial}{\partial x}, \quad \boldsymbol{e}_2 = y\frac{\partial}{\partial y}$$

であり，その双対基底 $\theta^1 = \dfrac{dx}{y}, \theta^2 = \dfrac{dy}{y}$ を用いると，$ds^2 = \theta^1\theta^1 + \theta^2\theta^2$ と書ける．$\omega_2^1 = f\theta^1 + g\theta^2$ とおくと，

$$d\theta^1 = \frac{dx \wedge dy}{y^2} = \theta^1 \wedge \theta^2, \quad d\theta^1 = \theta^2 \wedge \omega_2^1 = -f\theta^1 \wedge \theta^2$$

(2つ目は第1構造式)より $f = -1$，また $d\theta^2 = 0 = \theta^1 \wedge \omega_1^2 = g$ より $g = 0$ なので

$$\omega_2^1 = -\theta^1 = -\frac{dx}{y} \tag{13.10}$$

を得る．s を弧長パラメーターとして，$\boldsymbol{p}(s) = \begin{pmatrix} x(s) & y(s) \end{pmatrix}$ の接ベクトル $X = \boldsymbol{p}'$ は

$$X = x' \frac{\partial}{\partial x} + y' \frac{\partial}{\partial y} = \frac{x'}{y}\boldsymbol{e}_1 + \frac{y'}{y}\boldsymbol{e}_2 \tag{13.11}$$

となる．したがって測地線の方程式(13.4)は，(13.10)より $\omega_2^1\left(\frac{d}{ds}\right) = -\frac{1}{y}\frac{dx}{ds} = -\frac{x'}{y}$ に注意して，

$$\begin{cases} \dfrac{d}{ds}\left(\dfrac{x'}{y}\right) - \dfrac{x'}{y}\dfrac{y'}{y} = 0 \\ \dfrac{d}{ds}\left(\dfrac{y'}{y}\right) + \dfrac{x'}{y}\dfrac{x'}{y} = 0 \end{cases} \tag{13.12}$$

となる．まず $x' \equiv 0$ のとき，x は一定，$y = e^{cs}$ はこの方程式をみたすから，x 軸に直交する半直線は測地線である．

次に $x' \not\equiv 0$ としよう．$|X| = 1$ より $\left(\frac{x'}{y}\right)^2 + \left(\frac{y'}{y}\right)^2 = 1$ であるから，$\frac{x'}{y} = \sin\tau(s)$，$\frac{y'}{y} = \cos\tau(s)$ とおくことができる．また(13.12)から $\tau'\cos\tau - \sin\tau\cos\tau = 0$ を得るので，$\tau' = \sin\tau$，すなわち $d\tau = \sin\tau ds$ である．よって

$$\int \frac{y'}{y} ds = \int \cos\tau \frac{d\tau}{\sin\tau} = \int \cot\tau d\tau = \log|\sin\tau| + c_1$$

となる．$y > 0$ なので

$$y = c\sin\tau, \quad c = e^{c_1}, \quad 0 < \tau < \pi \tag{13.13}$$

である．よって $x' = y\sin\tau = c\sin^2\tau$ を積分して

$$x = c\int \sin^2\tau ds = c\int \sin\tau d\tau = -c\cos\tau + d$$

を得る．(13.13)とあわせて

$$(x-d)^2 + y^2 = c^2, \quad y > 0$$

つまり x 軸と直交する半円の方程式を得る(図 13.1)．　■

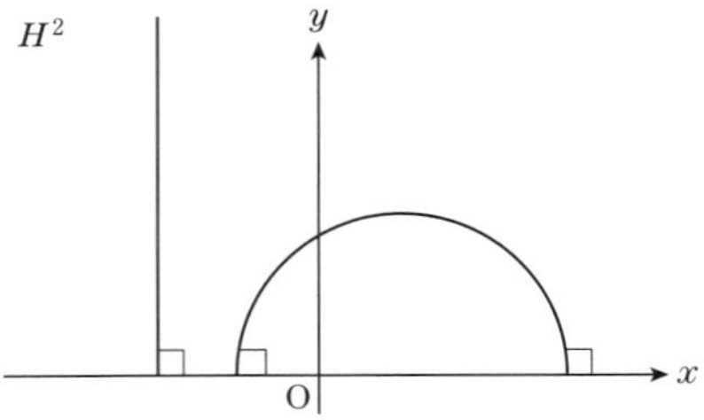

図 13.1　双曲平面の測地線

第 17 章では双曲平面を別の 2 つの方法(ポアンカレ円板と回転双曲面)で表示する．対応する測地線もそこでそれぞれ表示される．

余談

接続の基底変換による変化を表す(13.3)は非常に重要な意味をもっている．ベクトルやその双対ベクトルを別の基底で表すときには，基底の変換行列 T または T^{-1} をかけることが基本にある．この性質を拡張したものを**テンソル**とよび，微分幾何学や数理物理学ではとても重要な道具である(8.3 節参照)．他方(13.3)は，変換行列 T の微分が入っていて，接続がテンソルではないことを物語っている．進んだ勉強をするときには注意が必要なことである．

ま と め

曲面上の曲線 $\boldsymbol{p}(t)$ と，正規直交動枠 $\boldsymbol{e}_1, \boldsymbol{e}_2$ を考える．

1. $X = \xi^i \boldsymbol{e}_i$ の曲線 $\boldsymbol{p}(t)$ に沿う共変微分：$\nabla_t X = \left(\dfrac{d\xi^i}{dt} + \omega^i_j\left(\dfrac{d}{dt}\right)\xi^j\right)\boldsymbol{e}_i$
2. 共変微分は計量のみから決まる．
3. X が曲線 $\boldsymbol{p}(t)$ に沿って平行 $\Longleftrightarrow \nabla_t X \equiv 0$
4. 曲線に沿う平行なベクトル場の長さと内積は保たれる．
5. 一般のパラメーター t をもつ D 上の曲線 $\gamma(t)$ が測地線 $\Longleftrightarrow$ ある関数 $h(t)$ に対して $\nabla_t \dot\gamma(t) = h(t)\dot\gamma(t) \Longleftrightarrow \dot\gamma(t)$ は自平行
6. 弧長比例パラメーターをもつ測地線 $\gamma(t)$ の方程式は，$\nabla_t \dot\gamma(t) = 0$，すなわち接ベクトル $\dot\gamma = \xi^i \boldsymbol{e}_i$ に対して $\dfrac{d\xi^i}{dt} + \omega^i_j\left(\dfrac{d}{dt}\right)\xi^j = 0,\ i = 1, 2$
7. 双曲平面：$H^2 = \{(x, y) \in R^2 \mid y > 0\}$ 上に計量 $\dfrac{dx^2 + dy^2}{y^2}$ を与えた空間
8. 双曲平面の測地線は x 軸に直交する半円または半直線

$9^\dagger$. クリストッフェル記号を用いると，弧長比例パラメーターをもつ曲線 $\gamma(t)=(u^1(t),u^2(t))$ に対する測地線の方程式は

$$\frac{d^2u^i}{dt^2}+\Gamma^i_{jk}\frac{du^j}{dt}\frac{du^k}{dt}=0$$

問　題

† のついた問いは第 8 章を学んでいたら解くこと．

問 13.1　単位球面 $\boldsymbol{p}=\begin{pmatrix}\cos u\cos v\\ \cos u\sin v\\ \sin u\end{pmatrix}$ の正規直交動枠を $\boldsymbol{e}_1=\begin{pmatrix}-\sin u\cos v\\ -\sin u\sin v\\ \cos u\end{pmatrix}$, $\boldsymbol{e}_2=\begin{pmatrix}\sin v\\ \cos u\\ 0\end{pmatrix}$ とする．ただし，$u\in\left(-\dfrac{\pi}{2},\dfrac{\pi}{2}\right)$ とする．小円 $z=c$ に沿う平行移動で，接ベクトル $\xi^1\boldsymbol{e}_1+\xi^2\boldsymbol{e}_2$ はどのように動くか考えよ．大円に沿ってはどうか．また経路を変えると，平行移動で得られるベクトルが異なる例を与えよ．

問 13.2　曲面上の曲線 $\boldsymbol{p}(s)$ を $\boldsymbol{p}(a)$ での接平面に正射影した曲線を $\boldsymbol{q}(s)$ と書く．このとき曲線 $\boldsymbol{q}$ の点 $\boldsymbol{p}(a)$ での曲率の大きさは $\boldsymbol{p}(s)$ の測地的曲率ベクトルの長さであることを示せ．

問 13.3　前問を用いて，球面の大円が測地線であることを示せ．特に各点での接平面への正射影が直線である曲線は測地線である．

問 13.4　同じく回転面の母線が測地線であることを示せ．

問 13.5†　双曲平面 H^2 の (x,y) は等温座標である．第 8 章の問 8.1 で得たクリストッフェル記号を用いて，(13.7)が(13.12)と一致することを示せ．

14
様々な幾何

球面の測地線と，双曲平面の測地線を用いて，これらが非ユークリッド幾何学の典型的なモデルであることを見ていこう．

14.1 非ユークリッド幾何学

ここでユークリッド(Euclid)の公理を思い出そう．

第 1 公理：任意の 1 点から他の 1 点に対して直線が引ける．
第 2 公理：有限の直線を連続的にまっすぐ延長できる．
第 3 公理：任意の中心と半径で円が描ける．
第 4 公理：すべての直角は互いに等しい．
第 5 公理：直線 l が与えられたとき，l 上にない点 p を通り，l と交わらない直線がただ一つ引ける．

古くからの論争に，第 5 公理が第 1〜4 公理から導出できるか，という問題があった．

測地線は「曲がっていない曲線」であったから，上の「直線」を「測地線」に置き換えて，球面 S^2 や双曲平面 H^2 ではどうなるか考えてみよう．まず，第 1〜4 公理については，これらのどの空間でもなりたつ．

では球面の場合に第 5 公理はどうなるであろうか？ S^2 の測地線は大円であ

る．2つの大円が必ず交わってしまうことは大円で S^2 が2つの開半球に分けられてしまい，開半球の中には大円はおさまりきらないことからわかる．したがって，上の公理はなりたたず，いえることは

<u>S^2 の測地線 γ が与えられたとき，γ 上にない点 p を通り，</u>
<u>γ と交わらない測地線は存在しない</u>

となる．

では双曲平面 H^2 ではどうなるであろうか？ 双曲平面の測地線は x 軸と直交する半円弧，または半直線である．すると，例えば半円弧 γ の上にない点 p を通り，γ と交わらない半円弧(半直線を含む)が無数引けることがわかる(図14.1)．したがって

<u>H^2 の測地線 γ が与えられたとき，γ 上にない点 p を通り，</u>
<u>γ と交わらない測地線は無数に存在する．</u>

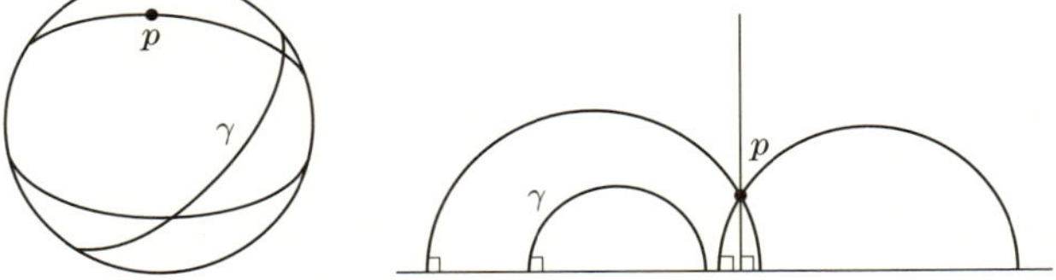

図 14.1　別のタイプの第5公理

これらのことから，ユークリッドの第5公理が他の公理から導出できない，つまり他の公理とは独立なことが証明されたのである．第5公理をみたさない幾何を**非ユークリッド幾何**という．

双曲平面は，ロシアのロバチェフスキー(N. I. Lobachevsky)とハンガリーのボヤイ(J. Bolyai)によってほぼ同じ頃(1830年頃)独立に発見された．H^2 のタイプの非ユークリッド幾何を**双曲型非ユークリッド幾何**とよぶ．S^2 のタイプの非ユークリッド幾何は**楕円型非ユークリッド幾何**という．

ここでは2次元の世界しか扱わないが，例えば

$$S^n = \{\boldsymbol{x} \in E^{n+1} \mid |\boldsymbol{x}| = 1\} \tag{14.1}$$

として，ユークリッド内積を各接空間に入れたものを，n 次元の球面という．

また

$$H^n = \{(\boldsymbol{x}, y) \in \mathbb{R}^{n-1} \times \mathbb{R} \mid y > 0\}$$

として内積を，$(\boldsymbol{x}, y)$ における接ベクトル $X, Y \in \mathbb{R}^n$ に対して

$$\langle X, Y \rangle_{(\boldsymbol{x}, y)} = \frac{\langle X, Y \rangle}{y^2}$$

で決めれば n 次元の双曲空間を考えることができる．

測地線は 2 次元のときと同様で，これらはそれぞれ，楕円型，双曲型非ユークリッド空間の n 次元モデルである．

14.2 三角形の内角の和

ユークリッド幾何で習う「三角形の内角の和が π」という証明はどのようにしたか思い出してみよう．

2 本の平行な直線に他の直線が交わるときにできる錯角は互いに等しい．三角形 ABC の内角の和は，C を通り底辺 AB と平行な直線を描いてこの事実を使えば，図 14.2 からすぐに π であることがわかる．

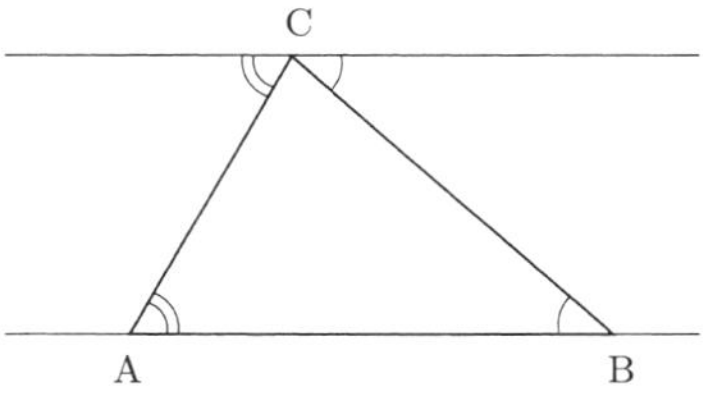

図 14.2 ユークリッド幾何の場合

しかし，そもそも平行線がなかったりたくさんあったりするので，非ユークリッド幾何ではこの証明は使えない．ということは，三角形(が何かも問題であるが)の内角の和は π かどうかもわからない．実際，太った人($K > 0$)のお腹に描いた三角形の内角の和は π より大きそうだし，痩せた人($K < 0$)のお腹に描いた三角形の内角の和は π より小さそうである(系 11.2 参照)．

14.3　リーマン幾何学

H^2 では，接平面に内積 $g_{\mathrm{hyp}} = \langle\ ,\ \rangle_{(x,y)}$ を与えて曲線の長さを測った．この内積をもっと自由に与えるというのは自然な発想である．そのように発展させたのはドイツの幾何学者リーマン(G. F. B. Riemann)である．リーマンは解析学や数論の世界でも著名であるが，現在微分幾何学とよばれる分野の幾何学はこのリーマンに負うところが大きく，その計量を基本にした幾何学は**リーマン幾何学**とよばれている．

E^3 の曲面を考えるときは，E^3 から誘導される計量を考えるが，平面領域 D には自由に計量を与えることができる．例えば，長方形の上下，左右を同一視すればトーラスが得られる(E^3 の中で丸めるのではない，抽象的に考えよ)．このトーラスに平面の計量をそのまま入れれば，平坦トーラスとなり，E^3 の回転トーラスとは異なる計量をもつトーラスとなる．

第 13 章で述べた，接空間に内積を入れると空間に距離が定まる，という事実を振り返ろう．曲がった空間の各点の接空間に内積を入れると，各点で曲線の接ベクトルの長さが計算できる．これを積分することによって曲線の長さが(A. 4)により計算できる．すると，

2 点間の距離を，その 2 点を結ぶあらゆる曲線の長さの下限と定める

ことにより，空間は距離空間となる．一般的にまとめると，

1. 空間 M にリーマン計量を入れる．
2. M 上の曲線 c の長さをこのリーマン計量で測る．
3. 2 点を結ぶ曲線の長さの下限として，2 点間の距離を定義する．

この操作を経て，多様体は**リーマン多様体**とよばれる距離空間になる．**距離空間**というのは，2 点間の距離が定まるユークリッド空間の一般化である．するとこの曲がった空間の上で，最短線や測地線を見つけたり，面積や体積を測ったり，平らな空間ですることと同様なことができる．

この計量は座標のとり方によらないように，つまり，別の座標で測っても同じになるように与える．また，点の動きに伴い，計量の動きは滑らかであるこ

とが必要である．

果たしてそのような内積や計量は存在するのか？ ある程度の条件は必要であるが，よほど病的な空間でなければその存在を証明することができる．多様体論に現れる「1 の分解」という道具を用いると，このような計量が無数に存在することがわかるのである．それらの中から，どのような計量を選ぶとその空間がよくわかるか，ということがのちに問題になってくる．

他方，リーマン多様体の大域理論としては，次の定理が知られている．

定理 14.1（ナッシュ(Nash)の埋め込み定理） どんなリーマン多様体も(高次元の)ユークリッド空間に等長的に埋め込める．

つまり，計量の与えられた抽象的多様体は，高次元ユークリッド空間に実現できるということである．したがって，ヒルベルトの定理では E^3 に埋め込めなかった負曲率 -1 の完備な曲面も，高次元のユークリッド空間には埋め込めるのである．

14.4 ミンコフスキー空間

実ベクトル空間の内積とは通常

[N1] $\langle \boldsymbol{u}, \boldsymbol{v}\rangle = \langle \boldsymbol{v}, \boldsymbol{u}\rangle$

[N2] $\langle \lambda\boldsymbol{u}_1 + \mu\boldsymbol{u}_2, \boldsymbol{v}\rangle = \lambda\langle \boldsymbol{u}_1, \boldsymbol{v}\rangle + \mu\langle \boldsymbol{u}_2, \boldsymbol{v}\rangle$

[N3] $\langle \boldsymbol{u}, \boldsymbol{u}\rangle \geqq 0$，等号は $\boldsymbol{u} = 0$ に限る．

をみたすものである．条件 [N3] ではベクトルの長さを正としているが，負の長さを考える場合がある．

相対性理論は前世紀にアインシュタインが打ち立てた宇宙を理解するための数理物理の体系であるが，ここでは時空とよばれる時間と空間を合わせた 4 次元の線形空間が現れる．

つまり，E^3 に時間パラメーターを足して，$\mathbb{R}^4_1$ という線形空間

$$\mathbb{R}^4_1 = \{(x, y, z, t) \mid x, y, z, t \in \mathbb{R}\}$$

を考え，ベクトル $U=(x_1,y_1,z_1,t_1)$, $V=(x_2,y_2,z_2,t_2)$ に対して擬内積

$$\langle U,V\rangle_1 = x_1x_2+y_1y_2+z_1z_2-t_1t_2$$

を入れる．擬内積というのは，内積の条件 [N1], [N2] はみたすが，3 番目の条件 [N3] に代わって $\langle\ ,\ \rangle$ が非退化の条件をみたすものである(下記の注意参照)．t_1t_2 の符号がマイナスなので，例えば $T=(0,0,0,1)$ に対して，擬ノルムは

$$\langle T,T\rangle_1 = -1$$

となり，T はマイナスの長さをもつ．このように「長さ」が負のベクトルを**時間的ベクトル**という．これに対して「長さ」が正のベクトルを**空間的ベクトル**という．

またユークリッドノルム $|\boldsymbol{u}|=1$ をもつベクトル $\boldsymbol{u}\in E^3$ に対して $U=(\boldsymbol{u},0)$ とおくと，$U+T=(\boldsymbol{u},1)$ は

$$\langle U+T,U+T\rangle_1 = |\boldsymbol{u}|^2-1=0$$

をみたす．このように「長さ」が 0 のベクトルを**光的ベクトル**という．

光的ベクトル全体は光錐とよばれ，

$$L=\{(x_1,x_2,x_3,t)\mid x_1^2+x_2^2+x_3^2=t^2\}$$

と表される円錐面である．この内側($x_1^2+x_2^2+x_3^2<t^2$)は時間的ベクトルからなり，外側($x_1^2+x_2^2+x_3^2>t^2$)が空間的ベクトルからなることは図 14.3 からもわかる．

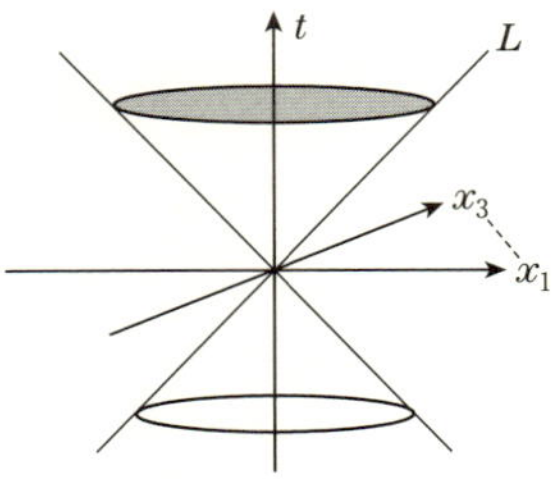

図 14.3　時空と光錐

1905年，アインシュタインが特殊相対性理論を論じた空間は，1907年，ベクトルの長さが正とは限らないこの**ミンコフスキー**(Minkowski)**空間**の導入により理解しやすくなった．元をたどれば，リーマン計量の概念がこうした宇宙数理を紐解く舞台を与えたのである．

◆**注意** $\langle X, Y\rangle = {}^tXAY$ と表すとき，ミンコフスキー内積では

$$A = \begin{pmatrix} 1 & & & \\ & 1 & & \\ & & 1 & \\ & & & -1 \end{pmatrix}$$

となる．このように正値とは限らない非退化対称行列 A で定義される2次形式を**擬内積**とよぶ．

n 次元ミンコフスキー空間 $\mathbb{R}^n_1$ は，時間軸のみマイナス符号の擬内積 $\langle\ ,\ \rangle_1$ を入れたベクトル空間として定義できる．17.2節で述べる回転双曲面の定義にも現れるので覚えておこう．

まとめ

1. 球面と双曲平面はユークリッドの第5公理をみたさない非ユークリッド幾何の典型例である．
2. 球面の測地三角形の内角和は π より大，双曲平面の測地三角形の内角和は π より小．
3. リーマン幾何：計量を自由に与えた幾何
4. ミンコフスキー空間：$\mathbb{R}^4_1 = \{(\boldsymbol{x}, t) \in \mathbb{R}^3 \times \mathbb{R}\}$ 上，ベクトル $U = (\boldsymbol{x}_1, t_1)$，$V = (\boldsymbol{x}_2, t_2)$ に擬内積 $\langle U, V\rangle_1 = \langle \boldsymbol{x}_1, \boldsymbol{x}_2\rangle - t_1t_2$ を与えた空間
5. $\mathbb{R}^4_1$ のベクトルは $\langle X, X\rangle_1 > 0$ のとき空間的ベクトル，$\langle X, X\rangle_1 = 0$ のとき光的ベクトル，$\langle X, X\rangle_1 < 0$ のとき時間的ベクトルとよばれる．

問　題

問 14.1　E^3 の内積を変えない線形変換は直交変換

$$O(3) = \{A \mid {}^tAA = E\}$$

で与えられる．実際，この行列から得られる変換 $T_A : E^3 \ni \boldsymbol{x} \mapsto A\boldsymbol{x} \in E^3$ が内積を保つことを示せ．

問 14.2　ミンコフスキー空間 $\mathbb{R}^4_1$ の擬内積を変えない変換は

$$O(3,1) = \left\{ B \mid {}^tBFB = F, F = \begin{pmatrix} 1 & 0 & 0 & 0 \\ 0 & 1 & 0 & 0 \\ 0 & 0 & 1 & 0 \\ 0 & 0 & 0 & -1 \end{pmatrix} \right\}$$

で与えられる．実際，この行列から得られる変換 $T_B : \mathbb{R}^4_1 \ni U \mapsto BU \in \mathbb{R}^4_1$ が擬内積を保つことを示せ．したがってこの変換で，空間的ベクトルは空間的ベクトルへ，時間的ベクトルは時間的ベクトルへ，光的ベクトルは光的ベクトルに移される．

15 発　展†

本章ではメビウスの帯のようなうらおもてのない曲面について調べる.

15.1 向き付け不可能な曲面

向き付け可能性は，正確には座標変換の言葉で次のように述べられる.

多様体 M（一般次元でよい）は座標をはり合わせてできる空間である．座標変換のヤコビ行列式は正か負である．ある座標近傍から出発して，互いの座標変換のヤコビ行列式が正であるような座標近傍のみで M 全体が覆われるとき，M は**向き付け可能**であるといい，そうでないとき**向き付け不可能**であるという.

向き付け可能のときは座標近傍族は2つのクラス $\mathcal{C}_1$ と $\mathcal{C}_2$ に分類される．つまり $\mathcal{C}_i$ $(i=1,2)$ に属する座標どうしの変換のヤコビ行列式は正であるが，$\mathcal{C}_1$ に属する座標と $\mathcal{C}_2$ に属する座標の変換のヤコビ行列式は負となるような2つのクラスである（章末の問 15.2 参照）．これは向き付け可能の場合は，2つの向き付けができることを意味する．例えば平面の場合，時計回り，反時計回りの2つ，3次元空間の場合，右手系，左手系の2つである.

曲面の場合は直感的にうらおもてのあるなし，つまり2色で塗り分けられるかどうかで理解しておけば十分である.

定義 15.1　うらおもてのない曲面を**向き付け不可能**な曲面という．

例 15.1　身近な例は**メビウス**(Möbius)**の帯**とよばれる細長い紙を一回ひねってはり合わせてできる帯である(図 15.1)．これを 2 色に塗り分けることはできない．□

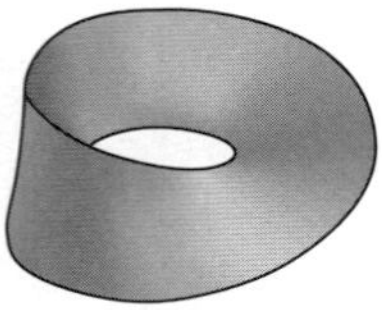

図 15.1　メビウスの帯

実は，向き付け不可能な曲面 M は 2 重被覆(18.2 節参照)をとって向き付け可能な曲面にすることができる．これを直感的に説明しよう．

M にうらおもてがないとき，ある点 p から M に色を塗っていくと，その点の裏側の点 q も同じ色で塗られてしまう．そこで，曲面を薄く 2 枚に剝がし，剝がされた内側を新たな曲面の裏面であると考えれば，そこを別の色で塗ることができる．つまり薄く剝がされた曲面 $\widetilde{M}$ は向き付け可能となる．このとき薄く剝がしても 2 枚バラバラにはならず 1 枚の曲面のままとなる．実際，p と q は，もともと同じ色でつながっていたから，薄く剝がしてもバラバラになることはない．メビウスの帯で実験してみると納得できる．

元の M では p, q は区別できないが，$\widetilde{M}$ の点としては区別できる．M の各点でこのことがいえるから，$\widetilde{M}$ は M を 2 重にカバーしていることになり，$\widetilde{M}$ を M の **2 重被覆**という．

別の観点からメビウスの帯の場合の 2 重被覆を模式図で説明しよう．長方形の左右を反対向きに同一視したものがメビウスの帯なので，これを 2 枚用意して，横につなぎ合わせれば，図 15.2 のように円柱面と同じになる．つまりメビウスの帯は，向き付け可能な円柱面で 2 重に被覆される．

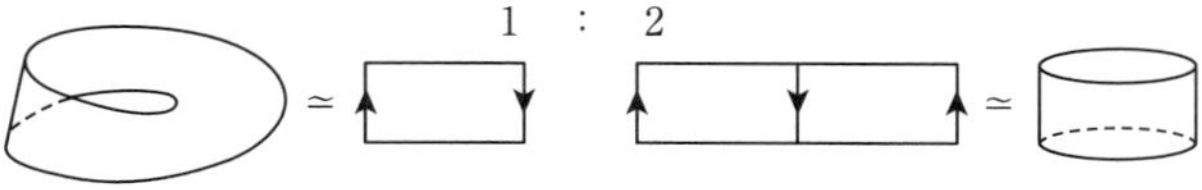

図 15.2　メビウスの帯の 2 重被覆は円柱面

いずれにせよ，向き付け不可能な曲面の親玉として向き付け可能な曲面がある．また，境界がある曲面は，自分自身と同じものを2枚用意して境界に沿ってはり合わせれば，境界のない閉曲面にできる．

結局曲面の分類においては，向き付け可能な境界のない閉曲面が親玉になるので，これを分類することが基本になり，5.5節の結論は重要である．

15.2 向き付け不可能な閉曲面の分類

ここでは向き付け不可能な閉曲面の分類を述べる．

定義 15.2 2次元球面の対点を同一視して得られる曲面を**射影平面**といい，$\mathbb{R}P^2$ で表す．

模式的には図15.3のような同一視で得られる．逆にいえば，射影平面の2重被覆は球面である．

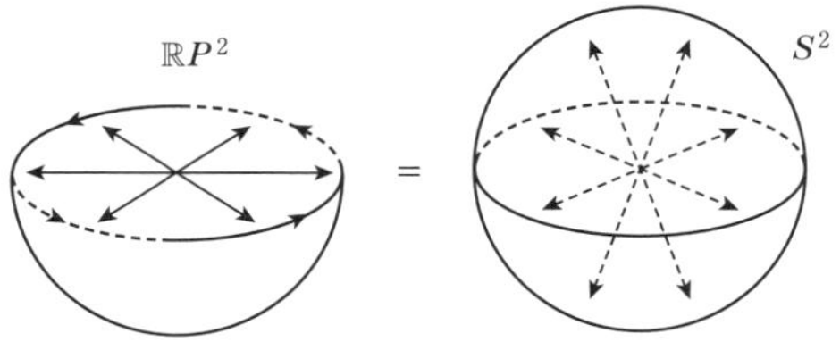

図 15.3 射影平面の2重被覆は球面

また，射影平面は，円板の縁に沿ってメビウスの帯をはり合わせたものになっている．メビウスの帯も境界は円周 S^1 であるから，自己交叉を許せばこれが可能である．これは円板にクロスキャップをかぶせる，とも表現される．

定義 15.3 メビウスの帯2枚を境界に沿ってはり合わせて得られる曲面を**クライン**(Klein)**の壺**といい，K^2 で表す(図15.4)．

射影平面から円板を取り去るとメビウスの帯であるから，K^2 は射影平面2つの連結和 $K^2 = \mathbb{R}P^2 \sharp \mathbb{R}P^2$ である．

向き付け不可能な曲面でも**種数**が定義できて，射影平面は種数1，クラインの壺は種数2，つまり射影平面を連結する個数が種数となる．

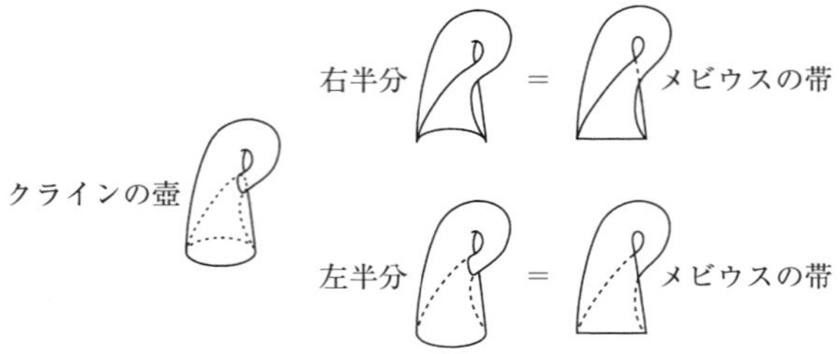

図 15.4　クラインの壺とメビウスの帯

定理 15.1　向き付け不可能な閉曲面は

$$\Xi_g = \mathbb{R}P^2 \sharp \mathbb{R}P^2 \sharp \cdots \sharp \mathbb{R}P^2 \quad (g \text{ 個の連結和})$$

で与えられる．さらにこれは g が偶数，奇数に応じて

$$\begin{cases} \Xi_{2k} = K^2 \sharp K^2 \sharp \cdots \sharp K^2 & (\text{クラインの壺の } k \text{ 個の連結和}) \\ \Xi_{2k+1} = \mathbb{R}P^2 \sharp K^2 \sharp K^2 \sharp \cdots \sharp K^2 & (\text{クラインの壺は } k \text{ 個}) \end{cases}$$

と表せる．

以上が向き付け不可能な閉曲面の分類のすべてである．$\mathbb{R}P^2$ との連結和をとるたびに種数が 1 増え，また $K^2 = \mathbb{R}P^2 \sharp \mathbb{R}P^2$ との連結和をとると種数は 2 増えるから，2 番目の書き方になる．

実は M が向き付け不可能のとき，

$$M \sharp T^2 = M \sharp K^2$$

がなりたつ．これを説明しよう．トーラスとの連結和をとることは，M にハンドル H をつけることと同じである(5.6 節参照)．H は円柱面で向きがついているから，その境界 $\partial H = B_1 \cup B_2$ にも自然な向きが入っている．M から 2 つの円板 D_1, D_2 を取り除いてハンドル H をつける．このとき M にはうらおもてがないので，B_1 と同一視される ∂D_1 を M に沿って動かしていって ∂D_2 と重ねるとき，境界 ∂D_2 と同一視された B_2 の向きが，元の円柱面の B_2 の向きと逆向きになるようにできる．これはクラインの壺が 1 つくっついていることと同じと思える(図 15.5 を見て考えよ)．

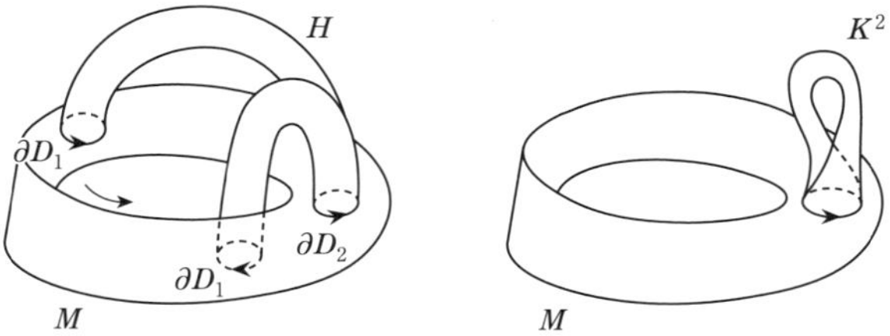

図 15.5　$M \sharp T^2 = M \sharp K^2$

15.3 オイラー数と種数(2)

最後にもう一度向き付け不可能のときも含めて，オイラー数と曲面の種数 g との関係を述べておこう．

命題 15.1　M_g, Ξ_g をそれぞれ種数 g の向き付け可能な閉曲面，向き付け不可能な閉曲面とするとき，次がなりたつ．

$$\begin{cases} \chi(M_g) = 2(1-g) \\ \chi(\Xi_g) = 2-g \end{cases} \tag{15.1}$$

[証明]　向き付け不可能な場合の証明を述べる．種数 $g+1$ の向き付け不可能な閉曲面 Ξ_{g+1} の 2 重被覆の種数が g であることを示そう．$\mathbb{R}P^2 = \Xi_1$ の 2 重被覆は S^2 で，$\chi(\mathbb{R}P^2)=1$, $\chi(S^2)=0$ だからこの場合は正しい．Ξ_g の 2 重被覆の種数が $g-1$ であることを仮定する．Ξ_{g+1} は Ξ_g と $\mathbb{R}P^2$ との連結和で得られる．Ξ_g の 2 重被覆を N とする．$\mathbb{R}P^2$ の 2 重被覆は S^2 である．Ξ_g と $\mathbb{R}P^2$ 各々から円板を 1 つ取り除くと，N, S^2 上では円板が 2 つずつ取り除かれる．Ξ_g と $\mathbb{R}P^2$ の連結和をとることは，N と S^2 を 2 つの円柱面でつなぐことに対応する．これは N にハンドルを 1 つつけることと同じである．したがって Ξ_{g+1} の 2 重被覆 $\widetilde{N}$ では N にハンドルが 1 つつくから，種数は 1 増える．よって Ξ_g の種数の増え方と，2 重被覆の種数の増え方が連動するから帰納的に(15.1)がいえた．　∎

系 15.1　Ξ_g の 2 重被覆は M_{g-1} である.

例 15.2　クラインの壺($g=2$)の 2 重被覆は T^2 ($g=1$)なので, 上の式が確認できる(18.2 節の図 18.2 参照). □

境界のある閉曲面は, 境界のない閉曲面からその一部を除いて得られるので, これで閉曲面は位相的にすべて分類されたことになる.

2 次元の世界は, ここに現れたオイラー数または種数だけで分類が述べられた. 3 次元になると, 話は格段に複雑になり, 分類が可能になったのは 2003 年とまだ比較的新しい話である.

15.4　多様体とポアンカレ予想

5.2 節で曲面を定義したときの開円板を一般次元にすると, 多様体とよばれる曲がった空間が定義できる.

定義 15.4　***n* 次元多様体** M とは, ハウスドルフ空間で, U_p を n 次元のボールの中身

$$B^n = \{\boldsymbol{u} \in \mathbb{R}^n \mid |\boldsymbol{u}| < r\}$$

と同相なものとして, 曲面の定義 5.6 の(1), (2)をみたすものである.

ここで, 1 次元ボール($n=1$)とは開区間, 2 次元ボール($n=2$)とは開円板, 3 次元ボール($n=3$)とは, 中身の詰まったボールの内部である. 要するに, $\mathbb{R}^n$ の座標を B^n に制限してはり合わせたものが n 次元多様体である.

定義 15.5　p, q を多様体の 2 点とするとき, U_p の座標を U_q との交わりの上で U_q の座標に移すことを**座標変換**という. 座標変換が微分可能なとき, 多様体は**可微分多様体**とよばれる.

1 次元多様体は曲線, 2 次元多様体は曲面である. 多様体のもつ性質とは, 座標変換で変わらない性質のことである.

さて，曲面の位相的分類は上で述べたようにわかりやすいが，3次元多様体 M の位相的な分類が完成したのは最近のことである．有名な**ポアンカレ(Poincaré)予想**が解かれたことは記憶に新しいが，その背景には3次元閉多様体の分類という難題があり，サーストン(W. P. Thurston)の**幾何化予想**として，多くのトポロジストがチャレンジしていた．2次元では種数という穴の数で曲面の位相が分類されたが，3次元になると，穴が一つもない3次元球面を特徴づけることすらままならなかった．これは単連結な3次元閉多様体は球面に限るというポアンカレ予想そのもので，ペレルマン(G. Y. Perelman)により2003年に肯定的に解決された．

ここで使われた手法では，M 上の計量(14.3節参照)を用いる．計量が与えられると，**リッチ(Ricci)曲率**というものが決まる．ハミルトン(R. Hamilton)は**リッチ流**という計量の変形により，計量がどこまで簡単なものにできるかがこの問題を解く鍵であることを主張した．リッチ曲率が一定の(詳しくは計量に比例する)とき，この計量はリッチ流(正確には規格化したリッチ流)で変形しても変わらない．つまりこれ以上簡単なものにはならないのだが，リッチ流で果たしてそこまで到達できるかどうかが困難な幾何解析の問題であった．

ペレルマンはときにエントロピーなどの概念を導入し，リッチ流の特異点で「手術」を行うことにより，この変形を継続し，最終的にサーストンの幾何化予想の8つの状態が現れることを示して，この予想を解き，ポアンカレ予想を解決した．

ペレルマンの発表論文は比較的短いもの3編からなり，潔癖主義のペレルマンにとっては，完璧なものであったが，読んですぐ理解できるような簡単なものではなかった．外野では「自分が証明を完全にした」という論文を書くものまで現れ，ペレルマンは嫌気がさして，数学のノーベル賞といわれるフィールズ賞を辞退して隠遁してしまった(関連図書 [1] 参照)．

まとめ

1. 向き付け不可能な閉曲面は次のもののみ：

$$\Xi_g = \mathbb{R}P^2 \sharp \cdots \sharp \mathbb{R}P^2, \quad g \text{ 個の射影平面 } \mathbb{R}P^2 \text{ の連結和.}$$

ここに $g=$ 種数. $\Xi_1 = \mathbb{R}P^2$, $\Xi_2 = K^2$ (クラインの壺),

$$\begin{cases} \Xi_{2k} = K^2 \sharp K^2 \sharp \cdots \sharp K^2 & (\text{クラインの壺の } k \text{ 個の連結和}) \\ \Xi_{2k+1} = \mathbb{R}P^2 \sharp K^2 \sharp K^2 \sharp \cdots \sharp K^2 & (\text{クラインの壺は } k \text{ 個}) \end{cases}$$

2. $\chi(\Xi_g) = 2-g$
3. 向き付け不可能な閉曲面 Ξ_g は，向き付け可能な閉曲面 M_{g-1} を 2 重被覆としてもつ.

問 題

問 15.1　$\boldsymbol{p}(u,v) = \left\{ \begin{pmatrix} \cos u \\ \sin u \\ 0 \end{pmatrix} + v \begin{pmatrix} \cos \dfrac{u}{2} \cos u \\ \cos \dfrac{u}{2} \sin u \\ \sin \dfrac{u}{2} \end{pmatrix} \middle| \, 0 \leqq u \leqq 2\pi, |v| < \dfrac{1}{2} \right\}$ で与えられる E^3 の曲面はメビウスの帯であることを示し，そのガウス曲率を求めよ.

問 15.2　第 7 章で座標変換 $F:(u,v) \to (x,y)$ において，ヤコビ行列式(7.5) $J_F = \dfrac{\partial(u,v)}{\partial(x,y)}$ を定義した．ヤコビ行列式の正負で座標変換の組を 2 つに分けることを，球面 S^2 について考えてみよ.

第 II 部

16 フビニ-スタディ計量

代表的な非ユークリッド空間である球面と双曲平面について，もう少し詳しく見てみよう．本章と次章で球面上のフビニ-スタディ計量と，双曲平面上の双曲計量に対応するポアンカレ計量を，座標を与えて具体的に記述する．本章と次章では点を(ベクトルではなく)座標表示する．

16.1 球面の立体射影

地球の北極に立って，目と地球の点を結んでその点をそのまま真っ直ぐに赤道面(赤道を含む平面)に移す[*1]．このとき，北半球は地球の外側に，南半球は地球の内側に，つまり北極以外の点はすべて赤道面に移る(図 16.1)．赤道は動かない．

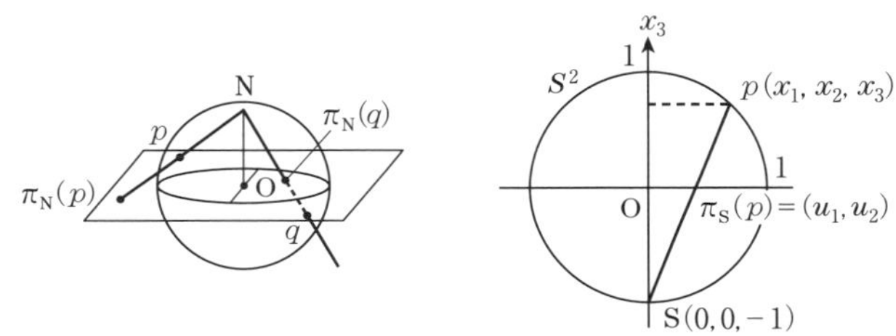

図 16.1 北極から(左)と，南極から(右)の立体射影

＊1　南極の接平面に移す場合もあるがここでは触れない．

この射影を**北極からの立体射影**という．同じように，南極に立って地球を赤道面に移すと，南極以外の南半球は地球の外側に，北半球は内側に移る．この射影を**南極からの立体射影**という．

球面について，南極からの立体射影を式で書いてみよう．2 次元球面を

$$S^2 = \{(x_1, x_2, x_3) \in \mathbb{R}^3 \mid x_1^2 + x_2^2 + x_3^2 = 1\} \subset \mathbb{R}^3$$

と表すとき，南極は $\mathrm{S} = (0, 0, -1)$ なので，南極と球面の点 $p = (x_1, x_2, x_3)$ を結ぶ直線が赤道面 $x_3 = 0$ とぶつかる点 $(u_1, u_2, 0)$ は，

$$\frac{u_1}{x_1} = \frac{u_2}{x_2} = \frac{1}{x_3 + 1}$$

をみたす．したがって南極からの立体射影 $\pi_{\mathrm{S}} : S^2 \setminus \{\mathrm{S}\} \to \mathbb{R}^2$ は

$$\pi_{\mathrm{S}}(p) = (u_1, u_2) = \left(\frac{x_1}{1 + x_3}, \frac{x_2}{1 + x_3} \right) \tag{16.1}$$

で得られる．また，$x_1^2 + x_2^2 + x_3^2 = 1$ から

$$u_1^2 + u_2^2 = \frac{1 - x_3^2}{(1 + x_3)^2} = \frac{1 - x_3}{1 + x_3} \tag{16.2}$$

がなりたつので，この左辺を $|u|^2$ と書くと，

$$1 + |u|^2 = \frac{2}{1 + x_3}$$

となり，点 p は $\pi_{\mathrm{S}}(p)$ から逆に

$$(x_1, x_2, x_3) = \left(\frac{2u_1}{1 + |u|^2}, \frac{2u_2}{1 + |u|^2}, \frac{1 - |u|^2}{1 + |u|^2} \right) \tag{16.3}$$

として求まる．

同様にして北極 $\mathrm{N} = (0, 0, 1)$ からの立体射影 π_{N} は，$|v|^2 = v_1^2 + v_2^2$ として

$$\pi_{\mathrm{N}}(p) = (v_1, v_2) = \left(\frac{x_1}{1 - x_3}, \frac{x_2}{1 - x_3} \right) \tag{16.4}$$

$$(x_1, x_2, x_3) = \left(\frac{2v_1}{1 + |v|^2}, \frac{2v_2}{1 + |v|^2}, -\frac{1 - |v|^2}{1 + |v|^2} \right) \tag{16.5}$$

で与えられる．

◆**注意**　ここで重要なことをいっておこう．虚数単位を $i=\sqrt{-1}$ として(16.1)で $u=u_1+iu_2$，(16.4)で $v=v_1+iv_2$ とおくと，

$$v=\frac{1}{\bar{u}},\quad \bar{u}=u_1-iu_2 \tag{16.6}$$

がなりたつ．実際，(16.2)を用いると，

$$\begin{aligned}\frac{1}{\bar{u}}&=\frac{u}{|u|^2}=\frac{1+x_3}{1-x_3}\left(\frac{x_1}{1+x_3}+i\frac{x_2}{1+x_3}\right)\\&=\frac{x_1}{1-x_3}+i\frac{x_2}{1-x_3}=v\end{aligned}$$

である．関数論的にいうと，v は $\bar{u}$ の関数なので，互いに他の**反正則関数**になっている．反正則関数は複素平面の向きを変えることに注意しておこう(第 15 章の問 15.2 の略解参照)．

赤道面にユークリッド距離を入れたものを E^2 と表せば，立体射影 $\pi_*:S^2\to E^2$ ($*$ は S または N)は角度を保ち(これを**共形写像**という)，円を円または直線に移す．極を対点に取り替えると，上で述べたように向きが変わる．赤道面に次節のフビニ-スタディ計量(16.7)を入れると，立体射影は**等長写像**となる(命題 16.1)．これを示そう．

16.2　球面上の距離：フビニ-スタディ計量

円周率 π が無限に続く小数 3.1415... であることはよく知られている．これは半径 1 の半円の長さである．

他方，π は 180 度という角度と対応している．$\pi=180$ 度の関係式で比例配分すると，任意の角度が π を基準に測れる．$\pi/2=90$ 度，$\pi/3=60$ 度である．

π を基準に測った角度を θ と表すと，半径 1 の円の，中心角が θ である円弧の長さが θ である．半径 r なら，その円弧の長さは $r\theta$ で与えられる(図 16.2)．このように円弧の長さを角度で測ることを**弧度法**という．

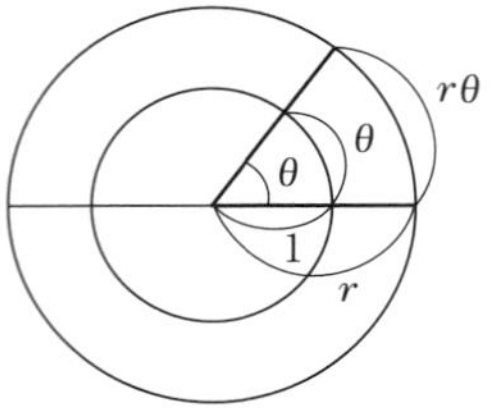

図 16.2　弧度法

球面上の標準計量とは，球面の 2 点を結ぶ大円弧の長さを弧度法で測る計量にほかならない．これはユークリッド空間 E^3 からの誘導計量である．

命題 16.1　南極からの立体射影 π_S の像 $\mathbb{R}^2 \cong \mathbb{C}$ の複素座標 $u = u_1 + iu_2$ を用いると，S^2 の標準計量は

$$ds^2 = \frac{4|du|^2}{(1+|u|^2)^2} \tag{16.7}$$

と表され，$\pi_S : S^2 \setminus \{S\} \to \mathbb{C}$ は等長写像となる．

定義 16.1　(16.7)の計量を**フビニ-スタディ**(Fubini-Study)**計量**という．

定義 16.2　2 つの計量 g, h は正関数 σ により $g = \sigma h$ の関係にあるとき，共形的であるという．共形写像とは対応する計量が共形的な写像のことである．

この形から π_S は $\mathbb{C}$ の平坦計量に対しては共形写像であることがわかる．

［命題 16.1 の証明］　球面 S^2 の点を $P(\theta, \varphi) = (\cos\theta\cos\varphi, \cos\theta\sin\varphi, \sin\theta)$, $\theta \in (-\pi/2, \pi/2)$, $\varphi \in [0, 2\pi)$ と表す(北極と南極を除く)．$P_\theta = (-\sin\theta\cos\varphi, -\sin\theta\sin\varphi, \cos\theta)$, $P_\varphi = \cos\theta(-\sin\varphi, \cos\varphi, 0)$ より S^2 の標準計量は

$$ds^2 = d\theta^2 + \cos^2\theta d\varphi^2 \tag{16.8}$$

である．

$\bar{P} = \pi_S(P)$ とおくと(16.1)により

$$\bar{P}(\theta, \varphi) = \frac{\cos\theta}{1+\sin\theta}(\cos\varphi, \sin\varphi) \tag{16.9}$$

であるから $\bar{P}$ は $u = \dfrac{\cos\theta}{1+\sin\theta}e^{i\varphi}$ と複素数表示される((16.11)参照)．よって

$$du = \frac{\partial}{\partial\theta}\Big(\frac{\cos\theta}{1+\sin\theta}\Big)e^{i\varphi}d\theta + iud\varphi = \frac{1}{1+\sin\theta}e^{i\varphi}(-d\theta + i\cos\theta d\varphi)$$

となり，

$$|du|^2 = \frac{1}{(1+\sin\theta)^2}(d\theta^2 + \cos^2\theta d\varphi^2)$$

であるから，平坦計量 $|du|^2$ は S^2 の計量(16.8)と共形的である．

他方

$$1 + |u|^2 = 1 + \frac{\cos^2\theta}{(1+\sin\theta)^2} = \frac{2}{1+\sin\theta}$$

となり，

$$\frac{4|du|^2}{(1+|u|^2)^2} = (1+\sin\theta)^2\frac{1}{(1+\sin\theta)^2}(d\theta^2 + \cos^2\theta d\varphi^2) = ds^2 \tag{16.10}$$

により，命題 16.1 を得る．　∎

球面 S^2 のガウス曲率は定数 1 である．実際，(u_1, u_2) は等温座標であるから，ガウス曲率は，命題 10.1 の公式で計算できる．フビニ-スタディ計量では $E = \dfrac{4}{(1+|u|^2)^2}$ であるから，$E_u = -\dfrac{8\bar{u}}{(1+|u|^2)^3}$ より

$$\partial\log E = -\frac{2\bar{u}}{1+|u|^2}$$

となり，

$$\partial\bar{\partial}\log E = -\frac{2}{(1+|u|^2)^2},$$

したがって $K = 1$ を得る．

16.3　三角関数と双曲線関数

定義 16.3　複素数 z の絶対値を $r=|z|$，偏角を θ とするとき，

$$z = r(\cos\theta + i\sin\theta)$$

を**複素数の極表示**という(図 16.3)．

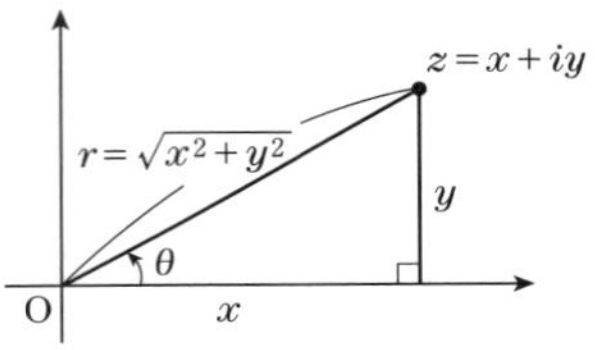

図 16.3　複素数の極表示

定義 16.4　絶対値が 1 の複素数の極表示を**オイラー表示**

$$e^{i\theta} = \cos\theta + i\sin\theta \tag{16.11}$$

という．

これは両辺のテイラー展開(1.13)，(1.19)を比べることにより示される．(16.11)を用いると，

$$\cos\theta = \frac{1}{2}(e^{i\theta} + e^{-i\theta}), \quad \sin\theta = \frac{1}{2i}(e^{i\theta} - e^{-i\theta}) \tag{16.12}$$

がわかる．これをまねて，実数 τ に対して

$$\cosh\tau = \frac{1}{2}(e^{\tau} + e^{-\tau}), \quad \sinh\tau = \frac{1}{2}(e^{\tau} - e^{-\tau})$$

で定義される関数を**双曲コサイン**，**双曲サイン**とよび，合わせて**双曲線関数**という(図 16.4)．双曲は英語で hyperbolic というので，その "h" がついている．

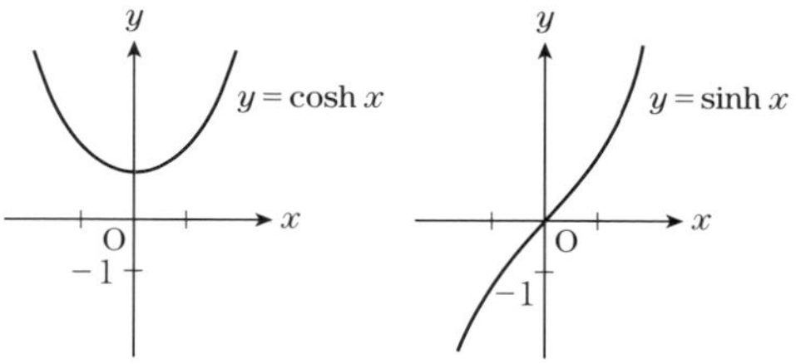

図 16.4　双曲線関数

$$\cos^2\theta + \sin^2\theta = 1$$

に対応して，

$$\cosh^2\tau - \sinh^2\tau = 1$$

がなりたつことがすぐにわかる．これは図形的にはそれぞれ，円の方程式

$$x^2 + y^2 = 1$$

と，双曲線の方程式

$$x^2 - y^2 = 1$$

にあたる．つまり図形 $(\cos\theta, \sin\theta)$ は円を表し，$(\cosh\tau, \sinh\tau)$ は双曲線を表す(図 16.5)．双曲線関数の命名の由来である．

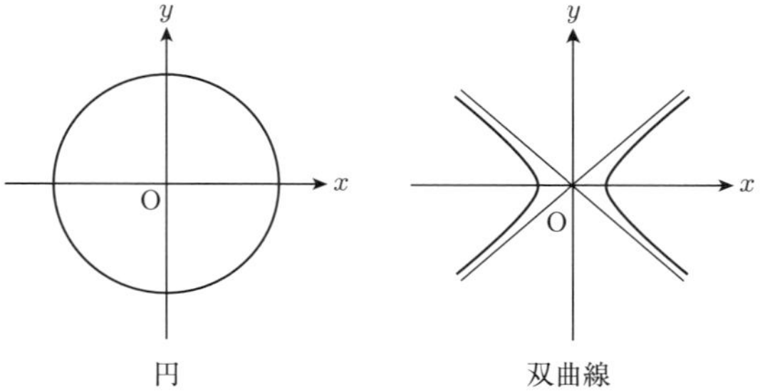

図 16.5　円と双曲線

これを踏まえて，次章で双曲平面について考察を行ったのち，第 16 章，第 17 章をまとめる．

17
ポアンカレ計量

双曲平面は上半平面 H^2 であるから，既に平面座標をもっているが，実は双曲型非ユークリッド空間のモデルはいろいろある．

17.1 ポアンカレ円板とケーリー変換

まずポアンカレ円板を紹介する．

補題 17.1 $H^2=\{w=x+iy\in\mathbb{C}\,|\,y>0\}$ を

$$H^2 \ni w \mapsto z=\frac{i-w}{i+w}\in\mathbb{C} \tag{17.1}$$

なる写像で移すと，H^2 は単位開円板 $\mathbb{D}=\{z\in\mathbb{C}\,|\,|z|<1\}$ に移る．

定義 17.1 (17.1)を**ケーリー**(Cayley)**変換**という．

[補題 17.1 の証明]　まず x 軸が円周に移ることを示す．複素数 α,β の間の距離は $|\alpha-\beta|$ で与えられる．$|z|=\left|\dfrac{i-x}{i+x}\right|$ の分子，分母はそれぞれ i から実数 x, $-x$ への距離であるから等しく，$|z|=1$ がいえる．さらに i は 0 に移るから，写像の連続性から H^2 は $\mathbb{D}$ に移される(図 17.1)．実際，i と結べる H^2 の点は，D 内で 0 と結べるからである．∎

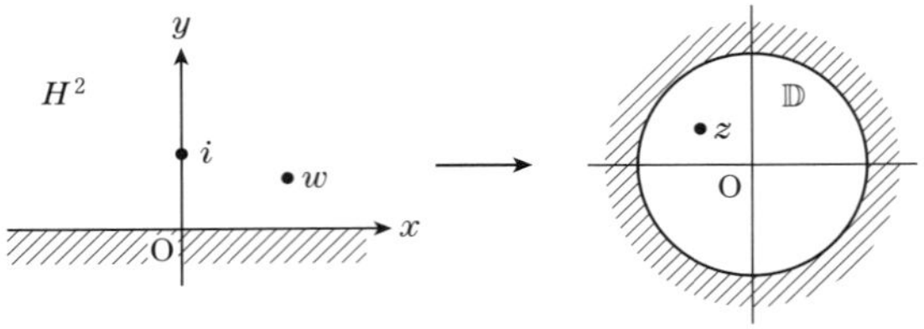

図 17.1　ケーリー変換

補題 17.2　H^2 上の計量 $\dfrac{|dw|^2}{y^2}$ は，$\mathbb{D}$ 上の計量

$$\frac{4|dz|^2}{(1-|z|^2)^2} \tag{17.2}$$

と対応する．

定義 17.2　$\mathbb{D}$ 上の計量(17.2)を**ポアンカレ計量**といい，この計量を入れた円板 $\mathbb{D}$ を**ポアンカレ円板**という．

[補題 17.2 の証明]　(17.1)から，$w-\bar{w}=2iy$ に注意すると，

$$1-|z|^2=1-\left|\frac{i-w}{i+w}\right|^2=\frac{|i+w|^2-|i-w|^2}{|i+w|^2}=\frac{4y}{|i+w|^2}$$

が得られる．また，

$$dz=\frac{-(i+w)-(i-w)}{(i+w)^2}dw=\frac{-2i}{(i+w)^2}dw$$

から

$$|dz|^2=\frac{4|dw|^2}{|i+w|^4}$$

となり，したがって

$$\frac{4|dz|^2}{(1-|z|^2)^2}=\frac{|i+w|^4}{16y^2}\frac{16}{|i+w|^4}|dw|^2=\frac{|dw|^2}{y^2} \tag{17.3}$$

を得る．　∎

補題 17.2 より，ケーリー変換 $H^2\to\mathbb{D}$ は等長写像であるから，H^2 の測地線は $\mathbb{D}$ の測地線と対応する．したがって定理 13.1 より，

命題 17.1　ポアンカレ円板 $\mathbb{D}$ の測地線は境界と直交する円弧である(図 17.2).

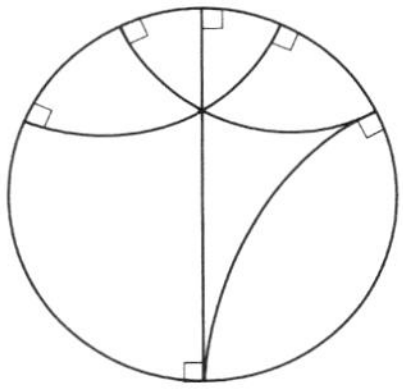

図 17.2　ポアンカレ円板の測地線

17.2　回転双曲面と立体射影

次に球面と同様に 2 次式で表される回転面モデルをあげよう.

定義 17.3　3 次元ミンコフスキー空間 $\mathbb{R}^3_1$ 内の回転面

$$Q^2 = \{(x_1, x_2, t) \in \mathbb{R}^3_1 \mid x_1^2 + x_2^2 - t^2 = -1,\ t > 0\}$$

を**回転双曲面**とよぶ.

回転双曲面 Q^2 は，双曲線

$$x_1^2 - t^2 = -1$$

を t 軸の周りに回転した曲面である(図 17.3).

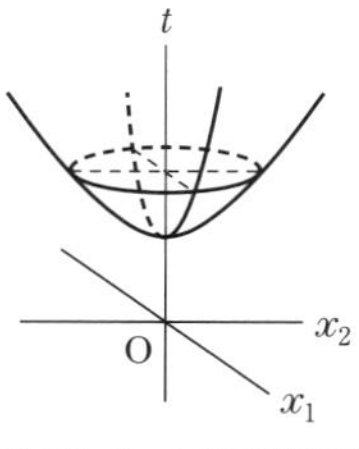

図 17.3　回転双曲面

補題 17.3　Q^2 を $\mathrm{S}=(0,0,-1)$ から x_1x_2 平面 $\mathbb{C}$ に立体射影すると，その像は開円板 $\mathbb{D}=\{z\in\mathbb{C}\,|\,|z|<1\}$ となる．

[証明]　点 S と Q^2 の点 $p=(x_1,x_2,t)$ を線分で結び，x_1x_2 平面との交点を $\pi(p)=(u_1,u_2)$ と定める．(16.1)を導き出す計算と同様にすると，x_3 を t で置き換えた式

$$\pi(p)=(u_1,u_2)=\left(\frac{x_1}{t+1},\frac{x_2}{t+1}\right) \tag{17.4}$$

を得る．今，$x_1^2+x_2^2-t^2=-1$ より

$$u_1^2+u_2^2=\frac{t^2-1}{(t+1)^2}=\frac{t-1}{t+1} \tag{17.5}$$

であるから，$1-|u|^2=\dfrac{2}{t+1}$ を用いると，逆に

$$(x_1,x_2,t)=\left(\frac{2u_1}{1-|u|^2},\frac{2u_2}{1-|u|^2},\frac{1+|u|^2}{1-|u|^2}\right) \tag{17.6}$$

が得られる．$t>0$ より $1-|u|^2>0$，つまり像は，$z=u_1+iu_2\in\mathbb{C}$ とおけば，単位開円板 $\mathbb{D}$ になる．∎

さて，回転双曲面 Q^2 にミンコフスキー空間 $\mathbb{R}^3_1$ の擬内積から計量を定めることができる．つまり，Q^2 の各接平面に擬内積 $\langle\ ,\ \rangle_1$ を制限すると，これは [N1], [N2], [N3] をみたす内積になる．[N1], [N2] は問題ないが，[N3] についてはどうか．Q^2 を図示して接線を描いてみると(図 17.4 左)，接ベクトルが空間的ベクトル(14.4 節参照)方向を向いていることがわかり，長さは正，つまり [N3] がなりたつ．これで Q^2 に計量が決まる．

この計量が立体射影で $\mathbb{D}$ のポアンカレ計量に対応することを次節で示す．

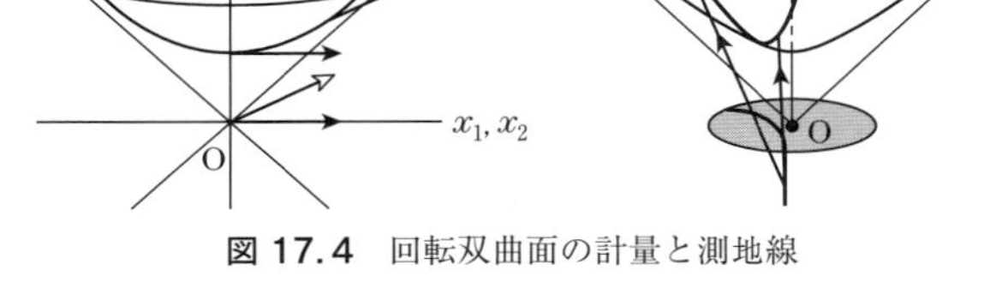

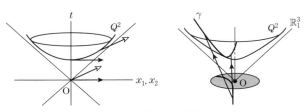

図 17.4　回転双曲面の計量と測地線

この計量に関する回転双曲面 Q^2 の測地線は，$\mathbb{R}^3_1$ の原点を通る平面と Q^2 との切り口 γ で与えられる．実際，この曲線上の点での回転双曲面の接平面に γ を直交射影すると直線になるので，第 13 章の問 13.3 に述べたこと(外側がミンコフスキー空間でも議論は同じ)から，γ が測地線になることがわかる(図 17.4 右)．

球面の測地線が原点を通る平面と球面の切り口である大円で与えられたことが思い出される．

17.3 回転双曲面上の距離とポアンカレ計量

$\mathbb{D}$ に平坦計量を与えると，立体射影 $\pi: Q^2 \to \mathbb{D}$ は球面の立体射影と同様に共形写像で角度を保ち，円を円または直線に移す．実は，

命題 17.2 $\mathbb{D}$ にポアンカレ計量を与えると，$\pi: Q^2 \to \mathbb{D}$ は等長写像である．

［証明］ 回転双曲面 Q^2 の点を $P(\theta, \varphi) = (\sinh\theta\cos\varphi, \sinh\theta\sin\varphi, \cosh\theta)$，$\theta \in \mathbb{R}$，$\varphi \in [0, 2\pi)$ と表す．

$P_\theta = (\cosh\theta\cos\varphi, \cosh\theta\sin\varphi, \sinh\theta)$，$P_\varphi = \sinh\theta(-\sin\varphi, \cos\varphi, 0)$ より Q^2 の標準計量はミンコフスキー空間から誘導されることに注意すると，

$$ds^2 = d\theta^2 + \sinh^2\theta d\varphi^2 \tag{17.7}$$

である．

$\bar{P} = \pi_{\mathrm{S}}(P)$ とおくと(17.4)により

$$\bar{P}(\theta, \varphi) = \frac{\sinh\theta}{1 + \cosh\theta}(\cos\varphi, \sin\varphi) \tag{17.8}$$

であるから $\bar{P}$ は $z = \dfrac{\sinh\theta}{1+\cosh\theta}e^{i\varphi}$ と複素数表示される．よって

$$dz = \frac{\partial}{\partial\theta}\Big(\frac{\sinh\theta}{1+\cosh\theta}\Big)e^{i\varphi}d\theta + izd\varphi = \frac{1}{1+\cosh\theta}e^{i\varphi}(d\theta + i\sinh\theta d\varphi)$$

となり，

$$|dz|^2 = \frac{1}{(1+\cosh\theta)^2}(d\theta^2 + \sinh^2\theta d\varphi^2)$$

である．つまり，平坦計量 $|dz|^2$ は Q^2 の計量(17.7)と共形的である．他方

$$1-|z|^2 = 1 - \frac{\sinh^2\theta}{(1+\cosh\theta)^2} = \frac{2}{1+\cosh\theta}$$

であるから，

$$\frac{4|dz|^2}{(1-|z|^2)^2} = (1+\cosh\theta)^2\frac{1}{(1+\cosh\theta)^2}(d\theta^2 + \sinh^2\theta d\varphi^2) = ds^2 \quad (17.9)$$

となり，(17.2)より命題 17.2 を得る． ∎

ポアンカレ計量のガウス曲率については，$E = \dfrac{4}{(1-|z|^2)^2}$ であるから，フビニ–スタディ計量のときと同様な計算により，$K=-1$ がわかる．

ここまでで，曲がった空間である球面や回転双曲面を，平らな平面(の一部)に移し，そこの座標を用いて計量を記述した．このように曲がった空間にはいろいろな座標が入る．15.4 節で，いろいろな座標が入るという視点で，多様体を定義したことを思い出しておこう．

余談

18.5 節に複素多様体の定義があるのでまずそれを読もう．

複素平面 $\mathbb{C}$ は最も簡単な複素多様体であるが，2 次元球面 S^2 は最も簡単なコンパクト複素多様体である．以下は話として読んでほしい．

複素射影空間 $\mathbb{C}P^n \cong \mathbb{C}^{n+1}\setminus\{0\}/\sim$ を次で定義する．“$\boldsymbol{z}, \boldsymbol{w} \in \mathbb{C}^{n+1}\setminus\{0\}$, $\boldsymbol{z}=(z_0, \ldots, z_n)$, $\boldsymbol{w}=(w_0, \ldots, w_n)$ に対して $\boldsymbol{z}\sim\boldsymbol{w}$ とは，ある 0 でない複素数 λ により $\boldsymbol{w}=\lambda\boldsymbol{z}$ がなりたつこと”と定め，その商空間(定義 18.9 参照)を $\mathbb{C}P^n$ とするのである．

$S^2 \cong \mathbb{C}P^1$ となることは，$\mathbb{C}^2\setminus\{0\}\ni(z_0, z_1)$ において $\mathbb{C}^2\setminus\{0\}\ni(z_0, z_1)\sim(z_0/z_1, 1)$ ($z_1=0$ は $(\infty, 1)$ に対応)であるから，これを $z_0/z_1\in\mathbb{C}\cup\{\infty\}$ と考えて，$\mathbb{C}P^1\cong\mathbb{C}\cup\{\infty\}\cong S^2$ を得る．

さて S^2 のフビニ–スタディ計量(16.7)は $\mathbb{C}P^n$ に拡張され，これはケーラー–アインシュタイン多様体として最も基本的な空間になっている．2 次元球面上のフビニ–スタディ計量をきちんと理解しておくことは，この意味でも重要である．

また，対称空間という群作用(18.6 節参照)のある空間には，コンパクト型と非コンパクト型が対になって現れるが，複素射影空間 $\mathbb{C}P^n$ と対になるのが，複素双曲空間 $\mathbb{C}H^n$ で，その最も簡単な例がポアンカレ円板である．ここに入れられたポアンカレ計量は $\mathbb{C}H^n$ に一般化され，同じくケーラー-アインシュタイン多様体の基本的な空間を与える．この意味でポアンカレ計量をきちんと理解しておくことは重要である．

第 16 章と 17 章のまとめ

南極からの立体射影を π_{S} とおき，$\boldsymbol{x}=(x_1, x_2, x_3)$ とするとき，文字が本文と少し変わるが，次のようにまとめられる：

	球面 S^2 $\boldsymbol{x}\in\mathbb{R}^3,\ \lvert\boldsymbol{x}\rvert=1$	回転双曲面 Q^2 $(\boldsymbol{x}, t)\in\mathbb{R}^3_1,\ x_1^2+x_2^2-x_3^2=-1$
計　量	$\mathbb{R}^3$ からの誘導計量	$\mathbb{R}^3_1$ からの誘導計量
$z=\pi_{\mathrm{S}}(\boldsymbol{x})$	$z=\dfrac{x_1+ix_2}{1+x_3}$	$z=\dfrac{x_1+ix_2}{1+x_3}$
像	$\mathbb{C}$	$\mathbb{D}$
対応する計量	$ds^2=\dfrac{4\lvert dz\rvert^2}{(1+\lvert z\rvert^2)^2}$	$ds^2=\dfrac{4\lvert dz\rvert^2}{(1-\lvert z\rvert^2)^2}$
ガウス曲率	1	-1
測 地 線	原点を通る平面との切り口 ＝大円	原点を通る平面との切り口 ＝双曲線

1. 表の右欄は回転双曲面 Q^2 とポアンカレ円板 $\mathbb{D}$ の間の立体射影による対応を与える．
2. 双曲平面 H^2 とポアンカレ円板はケーリー変換 $H^2=\{w=x+iy\in\mathbb{C}\mid y>0\}\ni w \mapsto z=\dfrac{i-w}{i+w}\in\mathbb{D}=\{z\mid \lvert z\rvert<1\}$ で対応する．
3. ケーリー変換により，H^2 上の計量 $\dfrac{\lvert dw\rvert^2}{y^2}$ は $\mathbb{D}$ 上の計量 $\dfrac{4\lvert dz\rvert^2}{(1-\lvert z\rvert^2)^2}$ に対応する．
4. 三角関数：$\cos\theta=\dfrac{1}{2}(e^{i\theta}+e^{-i\theta}),\quad \sin\theta=\dfrac{1}{2i}(e^{i\theta}-e^{-i\theta})$
5. 双曲線関数：$\cosh\tau=\dfrac{1}{2}(e^{\tau}+e^{-\tau}),\quad \sinh\tau=\dfrac{1}{2}(e^{\tau}-e^{-\tau})$
6. 円：$x^2+y^2=1,\ (x, y)=(\cos\theta, \sin\theta)$
7. 双曲線：$x^2-y^2=1,\ (x, y)=(\cosh\tau, \sinh\tau)$

18 基本群と被覆空間

ポアンカレ予想について 15.4 節で述べたが，その中身をもう少し知るためには，本章で述べる事実が必要である．

18.1 単連結性と基本群

ここでは一般次元の位相空間 M を扱うが，まずは曲面の場合で考えてよい．M は連結で，よりわかりやすく，どの 2 点も曲線でつなげる弧状連結と考える．この節と次の節では，M 上の曲線のホモトピー類のもつ性質，つまり互いに他に連続変形できる曲線(道)は同じものとみなしてそれらが共通にもつ性質を議論する．

定義 18.1 M の任意の閉曲線(ループ)が M の中で 1 点に縮められるとき，M は**単連結**であるという．

閉曲面の場合は 5.5 節で見たように，単連結なものは球面のみである．閉曲線のホモトピー同値類(基点を共有する 2 曲線は互いに他に連続変形できるとき同一視する)の空間 $\pi_1(M)$ を考える．基点を共有する 2 つの閉曲線を向きも込めてつなげる演算を積と考え，逆向きにすることを逆元と考える．これはホモトピー同値類の空間 $\pi_1(M)$ に群構造が入ることを意味する．厳密な定義は関連図書 [14] を見よ．

定義 18.2　M の閉曲線のホモトピー同値類が生成する群 $\pi_1(M)$ を M の**基本群**という．

◆**注意**　定義より M が単連結であることと $\pi_1(M)=1$ であることは同値である．

例 18.1　トーラスの場合，穴を一周するループを α，輪切りにする方向のループを β とするとき(図 18.1)，α と β に向きを入れておいて，α，β それぞれには何周するかで整数 $\mathbb{Z}$ と対応させ，また，α と β の間には曲線をつなげるという演算を入れておけば，基本群 $\pi_1(T^2)$ は α と β で生成されて，$\mathbb{Z}\oplus\mathbb{Z}$ となる．これは演算の順序を入れ替えられる可換群であるが，種数 $g\geqq 2$ の閉曲面の基本群は可換にはならない．　□

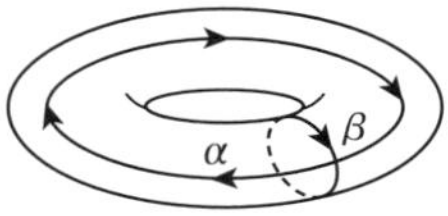

図 18.1　トーラスの基本群の生成元

基本群や，単連結の概念は次に述べる被覆空間で重要な役割を果たす．

18.2　被覆空間

この節では空間 M の被覆空間 $\pi:\widetilde{M}\to M$ というものを考える．

定義 18.3　弧状連結位相空間 $\widetilde{M}$ から M への連続全射に対して $\pi:\widetilde{M}\to M$ が被覆写像であるとは，すべての $p\in M$ に対して p の開近傍 U が存在して，$\pi^{-1}(U)$ が共通部分をもたない $\widetilde{M}$ の開集合の和集合で表され，各々が U と同相であることをいう．このとき $\widetilde{M}$ を M の**被覆空間**という．

例 18.2　円周

$$S^1=\{e^{i\theta}=\cos\theta+i\sin\theta \mid \theta\in[0,2\pi)\},\quad i=\sqrt{-1}$$

に対して，例えば，

$$C = \{\cos 2\theta + i \sin 2\theta \in [0, 2\pi)\}$$

を考えると，これは S^1 の各点を 2 回覆う．$C = \{\cos 3\theta + i \sin 3\theta \in [0, 2\pi)\}$ とすれば 3 回覆う． □

こうしたものを考える理由としては，例えば向き付けられない曲面は，必ず向き付けられる曲面で 2 重に被覆されるという事実があった(15.1 節参照)．射影平面は球面で，クラインの壺はトーラスで 2 重に被覆される(図 18.2)．

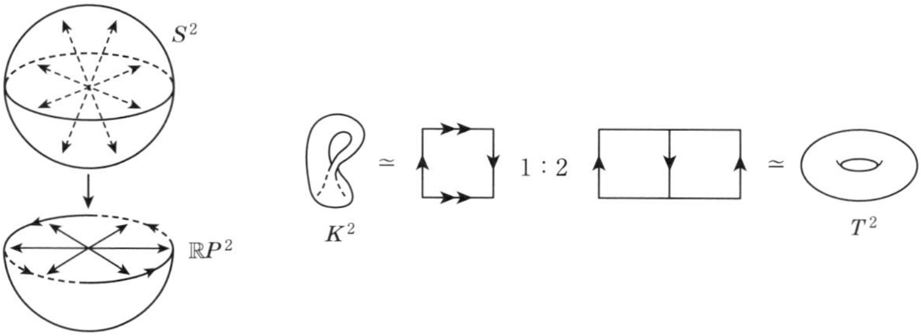

図 18.2 被覆空間の例

このように，被覆空間を考えることで，元の空間よりもわかりやすい空間に問題を移せることがあり，被覆空間の考え方は重要である．

18.3 普遍被覆空間

被覆空間の被覆空間のまた被覆空間をとる，といった操作をして，これ以上連結な空間で被覆できないところまで持ち上げた空間を，普遍被覆空間という．正確には

定義 18.4 M の単連結な被覆空間 $\widetilde{M}$ を**普遍被覆空間**とよぶ．

例 18.3 S^1 の普遍被覆空間は $\pi : \mathbb{R} \to S^1$ で

$$\mathbb{R} \ni \theta \mapsto \pi(\theta) = e^{i\theta} = \cos\theta + i \sin\theta \in S^1, \quad i = \sqrt{-1} \tag{18.1}$$

により与えられる．これが基本となるので，詳しく説明する．

まず，円周 S^1 はその世界では 1 点に縮めることはできないから単連結ではない．一方，実直線 $\mathbb{R}$ は 1 点に縮められるから単連結である．

S^1 のある点 p から角度 θ にある点 q までへの行き方は，何周したかを区別して $(2n\pi+\theta)$ と表すことができる．反対回りも考えるので n は任意の整数である．射影 π により，すべての n に対して $2n\pi+\theta\in\mathbb{R}$ は $q=e^{i\theta}\in S^1$ に移る．

このように(18.1)で q に落ちる点は無限個あるが，その一つを q_i とすると，q_i の近傍は q の近傍の単なるコピーである．　□

一般に空間 M が単連結でないときは，1 点に縮められない閉曲線 α_1 があるから，固定した M の点 p(これを基点という)から別の点 q に行く曲線は α_1 を何周しているかで区別できる．p から q へ行くのに α_1 を k 周$(k\in\mathbb{Z})$してたどり着く曲線を q_k と定義する．1 点に縮められない M の曲線が α_1 だけなら，M の普遍被覆空間を

$$\widetilde{M}=\bigcup_{q\in M}\{q_k \mid k\in\mathbb{Z}, q_k\text{は } p \text{ から}\alpha_1\text{を } k \text{ 周して } q \text{ まで行く曲線}\}/\sim$$

で定める．$\sim$ の意味は，q に行く 2 つの曲線 q_k と q'_l がホモトピー同値のとき同じものとみるという意味で，α_1 を回る回数が同じならば同一視し，異なれば違う曲線と考えることである．

例 18.4　円柱面 $M=S^1\times\mathbb{R}=\{(\theta,r)\,|\,\theta\in[0,2\pi), r\in\mathbb{R}\}$ の普遍被覆空間を求めよう．$p=(0,0)$ とすると，$S^1\times\mathbb{R}$ の点 $q=(\theta,r)$ に行く曲線は S^1 の点 0 から θ へ行く曲線と，高さ $r\in\mathbb{R}$ で決まる，つまり S^1 の普遍被覆空間 $\mathbb{R}$ の点と r で決まるので，M の普遍被覆空間 $\widetilde{M}=\mathbb{R}^2$ となる．同じように考えると，トーラス $T^2=S^1\times S^1$ の普遍被覆空間も $\mathbb{R}^2$ であることがわかる(図 18.3)．　□

1 点に縮められない閉曲線 $\alpha_1,\alpha_2,\ldots,\alpha_s$ があれば，各 α_i に関してもこうした区別をする．つまり $\pi_1(M)$ の生成元 $\alpha_1,\alpha_2,\ldots,\alpha_s$ の作る $\pi_1(M)$ の元を $\sigma=\alpha_{a_1}^{j_1}\alpha_{a_2}^{j_2}\ldots\alpha_{a_k}^{j_k}$ $(a_i\in\{1,\ldots,s\})$と書くとき，p から q までこの道を経て行く曲線のホモトピー同値類を考える．$\alpha_{a_1}^{j_1}$ は α_{a_1} を j_1 周，$\alpha_{a_2}^{j_2}$ は α_{a_2} を j_2 周する曲線であり，これらをつなげたものが $\alpha_{a_1}\alpha_{a_2}\ldots\alpha_{a_k}^{j_k}$ である．一般に α_a と α_b をつなげる演算は可換でないので，つなげる順序も区別する．

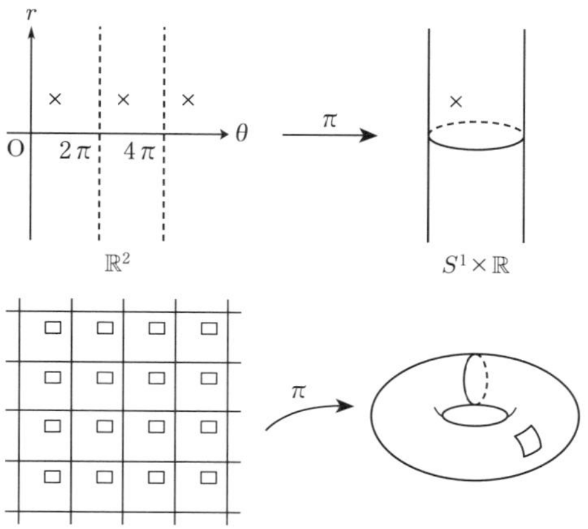

図 18.3 円柱面(上)とトーラスの普遍被覆空間(下)

もう一度いうと，M の基点 p から任意の点 q に行く道を，基本群の生成元 $\alpha_1, \alpha_2, \ldots, \alpha_s$ をどのようにたどっていくかで区別して，これらの道すべてを「ホモトピー同値類は同じ道と思い」合併したものが普遍被覆空間である．p は止めて考えているが，M が弧状連結であることから，$\widetilde{M}$ は p のとり方によらず決まる．

$\widetilde{M}$ の点 $\tilde{q}\in\pi^{-1}(q)$ の近くにある点は，$\tilde{q}$ に来る道をちょっとだけ伸ばせばよいので，$\alpha_1, \alpha_2, \ldots, \alpha_s$ をどのようにたどってきたかは $\tilde{q}$ と同じ，したがって $\tilde{q}\in\widetilde{M}$ の近傍は q の近傍と全く同じコピーである．M がこのようにカバーされている単連結空間が普遍被覆空間である．

この定義から逆に，$\widetilde{M}/\pi_1(M)\cong M$ となることもわかる．つまり p から q への行き方を区別しなければ，元の空間 M になる．これについては 18.6 節でも説明する．

18.4 曲面の普遍被覆空間

球面はそれ自身が単連結であるから普遍被覆空間も球面である．前節で示したように，トーラスの普遍被覆曲面は $\mathbb{R}^2$ である．実は種数が 2 以上，つまり球面とトーラス以外のすべての向き付け可能な閉曲面の普遍被覆曲面は開円板になるという事実がある．これは 18.5 節でもう少し詳しく述べる．

普遍被覆空間から得られることとして，高次ホモトピー群の計算がある．

定義 18.5　k 次元球面 S^k (14.1)から M への連続写像のホモトピー類が作る群を k 次ホモトピー群といい，$\pi_k(M)$ で表す(少しラフにいっている)．M は何次元でもよい．

S^k から M への任意の連続写像が M の中で 1 点に縮められるとき $\pi_k(M)=1$ となる．次のことが知られている．

命題 18.1　M の普遍被覆空間を $\widetilde{M}$ とするとき，$k \geqq 2$ ならば $\pi_k(M)=\pi_k(\widetilde{M})$.

2 次元球面では $\pi_2(S^2)=\mathbb{Z}$ (S^2 を何回覆うかで区別する)である．他方，

命題 18.2　種数が正の閉曲面 M_g $(g>0)$ については，$\pi_2(M_g)=1$.

つまり $g \geqq 1$ のとき，S^2 から M_g への連続写像は 1 点に縮められるものしかない．実際，$\widetilde{M}_g \cong \mathbb{C}$ $(g=1)$ または円板($g \geqq 2$)なので，命題 18.1 より $\pi_2(M_g) = \pi_2(\widetilde{M}_g)=1$ である．

一般次元の M について，上の事実は調和写像のバブル現象(詳細は述べない)に関係し，重要である．

18.5 等長変換，共形変換，ケーベの一意化定理

曲面に計量が与えられると，長さと角度が測れる．両方を保つ変換は**等長変換**であった．長さは変わるけれど，角度を保つ変換を**共形変換**という(図 18.4)．平面上の相似変換はその一例であるが，これ以外にも多くの共形変換が存在する．

計量の与えられた曲面のもつ良い性質として，共形変換で保たれる座標が存在することが知られており，これは**等温座標**とよばれる(定義 10.1 参照)．その存在により，曲面に複素構造が与えられる．これを説明しよう．

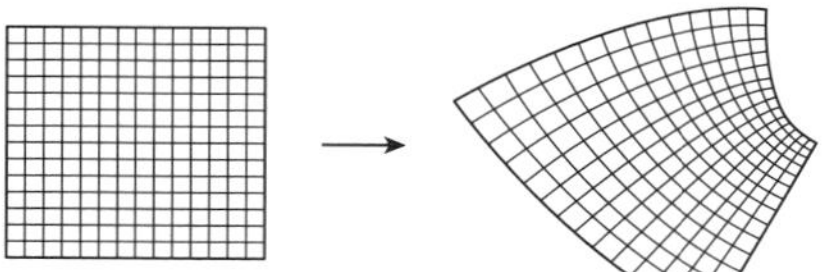

図 18.4　共形変換

定義 18.6　**複素構造**とは，座標が複素数の組で与えられ，かつ一方の座標関数が他方の座標の正則関数になるような座標系がとれることである．このような座標系をもつ多様体を**複素多様体**という（第 17 章の余談参照）．

向き付け可能な曲面は複素 1 次元の最も単純な複素多様体である．実際，曲面の等温座標 (u, v) に対して，$z = u + iv$ とおく．もう一つの等温座標 (x, y) があるとき，$w = x + iy$ とおくと，$w = f(z)$ は正則関数である．ここに $w = f(z)$ という複素数 z だけで表せる可微分関数を**正則関数**といい，f により曲面の z 座標は座標 w に変換される．このパラメーター変換で，曲面上の角度は変わらない，つまり，この変換は共形変換になることを複素関数論で学ぶであろう．そこで複素構造を共形構造ともいい，このとき曲面は**リーマン面**とよばれる．

定理 18.1（ケーベ(Köbe)の一意化定理）　向き付け可能な閉曲面の普遍被覆は，球面 S^2，複素平面 $\mathbb{C}$ または複素円板 $\mathbb{D}$ のいずれかである．

複素平面 $\mathbb{C}$ と複素円板 $\mathbb{D}$ は同相であるが，共形変換で移りあうことはない．つまり $\mathbb{C}$ から $\mathbb{D}$ への，また $\mathbb{D}$ から $\mathbb{C}$ への正則関数は存在しない．実際**ピカール(Picard)の定理**によって，全平面で定義された正則関数は除外値を高々一つしかもてないので，$\mathbb{D}$ に移るものは定数関数のみであり，$\mathbb{D}$ と $\mathbb{C}$ は共形同値ではない．ケーベの一意化定理は，向き付け可能な閉曲面の普遍被覆について，複素構造まで区別する重要な事実である．

さて，曲面に計量を与えると曲面の曲がり方が決まる．これは 10.2 節で述べた**ガウスの驚愕定理**である．ガウス曲率は等長変換で不変である．被覆空間

に射影 π により誘導される計量を入れると，π は局所等長写像となる．ここに局所というのは，同相な近傍ごとに等長であることと解釈する．

定義 18.7　M の被覆空間 $\widetilde{M}$ の M と同相な領域を**基本領域**という．

曲面 M が S^2 を普遍被覆 $\widetilde{M}$ にもてば，M には定曲率 1 の計量が入り，$\mathbb{C}$ を普遍被覆にもてば平坦な計量が，$\mathbb{D}$ を普遍被覆にもてば定曲率 -1 の計量を入れることができる．実際，$\widetilde{M}$ の基本領域の計量をそのまま M の計量と考えればよい．

定義 18.8　このように標準的な計量を入れることを**幾何化**という．

ケーベの一意化定理と，上のことから次を得る．

命題 18.3　向き付けられた閉曲面は 3 種類に幾何化可能である．

18.6　対称性と群作用

定義 18.9　空間 X の**商空間**とは，X の元の間にある同値関係[*1] $\sim$ があるとき，それらを同じ点とみなした空間のことである．

一般に多様体 $\widetilde{M}$ 上の元の間にある同値関係 $\sim$ を与え，商空間 $\widetilde{M}/\sim$ を考えれば，別の空間が得られるが，$\widetilde{M}/\sim$ が多様体になるとは限らない．

特にある(離散)群 Γ が $\widetilde{M}$ に**固有不連続**かつ自由に作用(関連図書 [18] 参照)するとき，その作用で移り合う元を同一視した空間 $\widetilde{M}/\Gamma$ は良い空間(特異点をもたない)になる．

群作用というのは**対称性**といってもよく，例えば，球面 S^2 から射影平面 $\mathbb{R}P^2$ を作ることは，点対称 $\mathbb{Z}_2=\{1,-1\}$ による群作用で，p と $-p$ を同一視することにほかならない(15.2 節参照)．

トーラスは $\mathbb{R}^2\cong\mathbb{C}$ において，実数 a と，実数でない複素数 α を与えて z と

*1　(1) $a\sim a$, (2) $a\sim b\Rightarrow b\sim a$, (3) $a\sim b$, $b\sim c\Rightarrow a\sim c$ をみたす関係．

$z+ma+n\alpha$ をすべての $n, m\in\mathbb{Z}$ について同一視すると得られる($T^2\cong\mathbb{R}^2/(\mathbb{Z}+\mathbb{Z})$)．同様に複素円板上のある離散群作用の商空間として，種数2以上の閉曲面が得られる．特に群が離散群のときは商空間の次元は下がらない．

以上の考え方，つまり，「完備な単連結空間 $\widetilde{M}$ 上の離散群 Γ の作用 $\Gamma \curvearrowright \widetilde{M}$ により別の空間 $\widetilde{M}/\Gamma$ が得られる」という図式は有用である．

そこで3次元空間の分類においても，まずは「親空間 $\widetilde{M}$ は何か？」，つまり**完備単連結な3次元空間は何か？**というのが基本問題になる．これは大変難しい問題で，2003年にペレルマンによりようやく解決された(15.4節参照)．

高次元の多様体に対してもこのような考察はなされている．特に複素多様体の中で**ケーラー**(Kähler)**多様体**という，ちょうど**リーマン面**を拡張した概念があるが，それらの曲率による分類は今なお多くの人々の関心を集めている．カラビ予想などのキーワードで調べてみよう．

まとめ

1. 弧状連結な位相空間 M の任意の閉曲線が M の中で1点に縮められるとき，M を単連結という．
2. M の閉曲線のホモトピー同値類が生成する群 $\pi_1(M)$ を M の基本群という．
3. 弧状連結位相空間 $\widetilde{M}$ から M への連続全射に対して $\pi\colon\widetilde{M}\to M$ が被覆写像であるとは，すべての $p\in M$ に対して p の開近傍 U が存在して，$\pi^{-1}(U)$ が共通部分をもたない $\widetilde{M}$ の開集合の和集合で表され，各々が U と同相であることをいう．このとき $\widetilde{M}$ を M の被覆空間という．
4. C^2 曲面には等温座標が存在し，向き付け可能ならば複素構造が入る．複素構造を入れた曲面をリーマン面という．
5. 閉リーマン面 M の普遍被覆空間は種数 $g=0$，$g=1$，$g\geqq 2$ に応じてそれぞれ，球面 S^2，複素平面 $\mathbb{C}$，複素円板 $\mathbb{D}$ となる(ケーベの一意化定理)．それぞれのとき，M には曲率1，0，-1 の計量が入る．これを幾何化という．
6. 多様体に固有不連続かつ自由な群作用があるとき，その商空間は多様体になる．完備位相多様体の分類は，完備単連結位相多様体の分類が基本である．

19 変分問題の導入

測地線は 2 点を結ぶ曲線の長さの臨界点である．これを証明しよう．
注意点は，$\mathcal{C}=\{p, q$ を結ぶ曲線$\}$ が無限次元の空間であり，その上の長さを与える汎関数 $L:\mathcal{C}\to\mathbb{R}$ の臨界点を求めるためには，高校までの「微分 $=0$」という考え方をもう少し深める必要が生じることである．このように無限次元空間上の汎関数の臨界点を求める問題を**変分問題**という．

19.1 測地線と変分問題

定義 19.1 曲面 M 上の 2 点 p, q を結ぶ曲線 $\boldsymbol{p}(t):[a, b]\to M$ の**変分**とは，$\delta>0$ とするとき，C^2 級写像 $\boldsymbol{p}_\varepsilon(t)=\boldsymbol{p}(\varepsilon, t):(-\delta, \delta)\times[a, b]\to M$ で $\boldsymbol{p}(\varepsilon, a)=p$, $\boldsymbol{p}(\varepsilon, b)=q$, $\boldsymbol{p}(0, t)=\boldsymbol{p}(t)$ をみたすもののことである．

$$V(t) = \left.\frac{\partial \boldsymbol{p}(\varepsilon, t)}{\partial \varepsilon}\right|_{\varepsilon=0} \tag{19.1}$$

を**変分ベクトル場**という（図 19.1）．両端点を固定しているので $V(a)=V(b)=0$ に注意する．

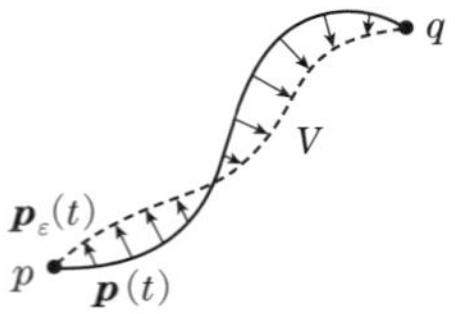

図 19.1　変分ベクトル場

曲線 $\boldsymbol{p}_\varepsilon(t)$ の長さは

$$L(\varepsilon) = \int_a^b |\dot{\boldsymbol{p}}(\varepsilon, t)| dt$$

で与えられる．ただし $\dot{\boldsymbol{p}}(\varepsilon, t)$ は t についての微分を表す．

L は ε の関数であるから，ε について微分することを考える．曲線に沿う共変微分は，曲面の 2 つの接ベクトル X, Y に対して

$$\frac{d}{dt}\langle X, Y\rangle = \langle \nabla_t X, Y\rangle + \langle X, \nabla_t Y\rangle$$

をみたす(命題 13.2 の証明参照)．また，$\dfrac{\partial^2 \boldsymbol{p}}{\partial\varepsilon\partial t} = \dfrac{\partial^2 \boldsymbol{p}}{\partial t\partial\varepsilon}$ のそれぞれ接成分をとったものとして(第 10 章の余談参照)，

$$\nabla_\varepsilon \dot{\boldsymbol{p}} = \nabla_t \frac{\partial \boldsymbol{p}}{\partial\varepsilon} \tag{19.2}$$

がなりたつ．すると，

$$\begin{aligned}
\frac{\partial|\dot{\boldsymbol{p}}(\varepsilon, t)|}{\partial\varepsilon} &= \frac{1}{|\dot{\boldsymbol{p}}(\varepsilon, t)|}\langle \nabla_\varepsilon \dot{\boldsymbol{p}}(\varepsilon, t), \dot{\boldsymbol{p}}(\varepsilon, t)\rangle \\
&= \left\langle \nabla_t \frac{\partial \boldsymbol{p}(\varepsilon, t)}{\partial\varepsilon}, \frac{\dot{\boldsymbol{p}}(\varepsilon, t)}{|\dot{\boldsymbol{p}}(\varepsilon, t)|}\right\rangle \\
&= \left\{\frac{\partial}{\partial t}\left\langle \frac{\partial \boldsymbol{p}(\varepsilon, t)}{\partial\varepsilon}, \frac{\dot{\boldsymbol{p}}(\varepsilon, t)}{|\dot{\boldsymbol{p}}(\varepsilon, t)|}\right\rangle - \left\langle \frac{\partial \boldsymbol{p}(\varepsilon, t)}{\partial\varepsilon}, \nabla_t\Big(\frac{\dot{\boldsymbol{p}}(\varepsilon, t)}{|\dot{\boldsymbol{p}}(\varepsilon, t)|}\Big)\right\rangle\right\}
\end{aligned} \tag{19.3}$$

であるから

$$\begin{aligned}
\frac{dL(\varepsilon)}{d\varepsilon}\Big|_{\varepsilon=0} = \int_a^b \Bigg\{ &\frac{\partial}{\partial t}\left\langle \frac{\partial \boldsymbol{p}(\varepsilon, t)}{\partial\varepsilon}, \frac{\dot{\boldsymbol{p}}(\varepsilon, t)}{|\dot{\boldsymbol{p}}(\varepsilon, t)|}\right\rangle\Big|_{\varepsilon=0} \\
&- \left\langle \frac{\partial \boldsymbol{p}(\varepsilon, t)}{\partial\varepsilon}, \nabla_t\Big(\frac{\dot{\boldsymbol{p}}(\varepsilon, t)}{|\dot{\boldsymbol{p}}(\varepsilon, t)|}\Big)\right\rangle\Big|_{\varepsilon=0}\Bigg\} dt
\end{aligned}$$

$$= \left[\left\langle V(t), \frac{\dot{\boldsymbol{p}}(t)}{|\dot{\boldsymbol{p}}(t)|} \right\rangle \right]_a^b - \int_a^b \left\langle V(t), \nabla_t \left(\frac{\dot{\boldsymbol{p}}(t)}{|\dot{\boldsymbol{p}}(t)|} \right) \right\rangle dt$$

$$= -\int_a^b \left\langle V(t), \nabla_t \left(\frac{\dot{\boldsymbol{p}}(t)}{|\dot{\boldsymbol{p}}(t)|} \right) \right\rangle dt \qquad (19.4)$$

を得る．ここに両端点を固定していることから $V(a)=V(b)=0$ であることと，V が曲面に接していることを用いている．

定義 19.2 ここで得られた

$$\left. \frac{dL(\varepsilon)}{d\varepsilon} \right|_{\varepsilon=0} = -\int_a^b \left\langle V(t), \nabla_t \left(\frac{\dot{\boldsymbol{p}}(t)}{|\dot{\boldsymbol{p}}(t)|} \right) \right\rangle dt \qquad (19.5)$$

を，両端点を固定した曲線の**長さの第 1 変分公式**という．

もし曲線 $\boldsymbol{p}(t)$ が長さの臨界点であるとすると，すべての変分ベクトル場 V に対してこの積分が消えることから，

$$\nabla_t \left(\frac{\dot{\boldsymbol{p}}(t)}{|\dot{\boldsymbol{p}}(t)|} \right) = 0 \qquad (19.6)$$

を得る．実際，$\nabla_t \left(\frac{\dot{\boldsymbol{p}}(t)}{|\dot{\boldsymbol{p}}(t)|} \right) \neq 0$ ならば，$f(a)=f(b)=0$，$a<t<b$ で $f(t)>0$ なる関数を用いて $V(t)=f(t)\nabla_t \left(\frac{\dot{\boldsymbol{p}}(t)}{|\dot{\boldsymbol{p}}(t)|} \right)$ とおけば，この変分に対して $\left. \frac{dL(\varepsilon)}{d\varepsilon} \right|_{\varepsilon=0} < 0$ となってしまう．

(19.6) は $\dot{\boldsymbol{p}}(t)$ が自平行であることを意味するから，系 13.1 により，

命題 19.1 長さ関数の臨界点を与える曲線は測地線である．

12.2 節で述べたように，最短線は測地線であるが，測地線は必ずしも最短線でない．これは臨界点であることは，最小値をとることの必要条件ではあるが，十分条件ではないことからわかるであろう．長さの第 2 変分公式もよく知られており，そこでは重要なヤコビ場の概念が生じる．これらを用いることにより多様体の位相が論じられるなど，測地線はリーマン幾何学において非常に重要な役割を果たしている．

◆**注意** (19.5) において，特に t を $\boldsymbol{p}(t)$ の弧長 s としてもよい．すると，$\nabla_s \dot{\boldsymbol{p}}(s) = \boldsymbol{k}_g$ であり，V と反応する方向が $\boldsymbol{k}_g$ 方向のみであることがわか

る．$\boldsymbol{k}_g$ 方向は接方向 $\boldsymbol{p}'(s)$ と直交しているから，V は $\boldsymbol{p}'(s)$ 方向には反応しない．これは曲線を接線方向に摂動しても長さが変わらないことを意味している．したがって変分ベクトル場 V としては，曲線の法方向をとればよいことがわかる．

19.2　極小曲面と変分問題

変分問題の典型例としてもう一つ重要なのが極小曲面である．

定義 19.3　E^3 の曲面 M 上，平均曲率 H がいたるところ消えるとき，M を**極小曲面**という．

極小曲面で有名なのは，針金の枠をはる面積最小曲面は存在するかという**プラトー**(Plateau)**問題**である．石鹼膜の実験で馴染みがあるであろう．測地線の場合と異なり，枠の形状，それをはる曲面の位相，特異点の有無など，問題は一気に難しくなるが，19 世紀以降，多くの研究がなされてきた．

ここでは，極小曲面が面積汎関数の臨界点となる曲面であることを，測地線の場合と同様，面積の第 1 変分を考えることで示そう．

まず Γ を E^3 に与えられた枠，ここでは円周と同相な曲線としよう．D を円板として，曲面 $\boldsymbol{p}: D \to E^3$ が D の境界 ∂D を Γ に一対一で上に移しているものとする．曲面 $\boldsymbol{p}$ の面積は

$$\mathcal{A}(\boldsymbol{p}) = \int_D dA \tag{19.7}$$

で与えられた．ここに dA は曲面の面積要素である．そこで同じ枠をもつ**曲面の変分**を次のように考える．曲面の単位法ベクトル場を $\boldsymbol{n}$，$f: D \to \mathbb{R}$ を $f|_{\partial D} = 0$ となる任意の関数とする．$\varepsilon \in (-\delta, \delta)$，$\delta > 0$ とするとき，曲面族 $\boldsymbol{p}_\varepsilon(u, v) = \boldsymbol{p}(\varepsilon, u, v): D \to E^3$ を

$$\boldsymbol{p}_\varepsilon(u, v) = \boldsymbol{p}(u, v) + \varepsilon f \boldsymbol{n} \tag{19.8}$$

で定めると，これは Γ を枠にもつ曲面族で $\boldsymbol{p}_0 = \boldsymbol{p}$ である(図 19.2)．

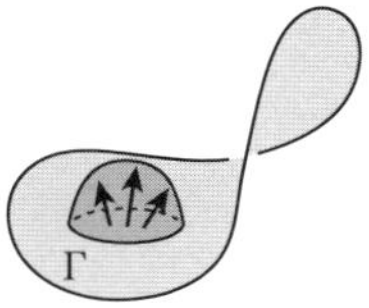

図 19.2 曲面の変分

今,

$$d\boldsymbol{p}_\varepsilon(u,v) = d\boldsymbol{p}(u,v) + \varepsilon df\boldsymbol{n} + \varepsilon f d\boldsymbol{n}$$

より

$$\begin{aligned}\langle d\boldsymbol{p}_\varepsilon(u,v), d\boldsymbol{p}_\varepsilon(u,v)\rangle &= \langle d\boldsymbol{p}(u,v), d\boldsymbol{p}(u,v)\rangle + 2\varepsilon f\langle d\boldsymbol{p}, d\boldsymbol{n}\rangle + [\varepsilon^2] \\ &= I - 2\varepsilon f II + [\varepsilon^2] \qquad (19.9)\end{aligned}$$

となるから($[\varepsilon^2]$ は ε について 2 次以上の項),

$$\begin{aligned} dA_\varepsilon &= \sqrt{(E-2\varepsilon fL)(G-2\varepsilon fN)-(F-2\varepsilon fM)^2+[\varepsilon^2]}\,dudv \\ &= \left((EG-F^2)-2\varepsilon f(EN+GL-2FM)+[\varepsilon^2]\right)^{1/2}dudv \\ &= \left(\sqrt{EG-F^2}-\frac{\varepsilon f(EN+GL-2FM)+[\varepsilon^2]}{\sqrt{EG-F^2}}\right)dudv \end{aligned}$$

を得る. ここでは一般化された 2 項定理を用いた. したがって

$$\begin{aligned} \left.\frac{dA(\boldsymbol{p}_\varepsilon)}{d\varepsilon}\right|_{\varepsilon=0} &= \left.\frac{d}{d\varepsilon}\right|_{\varepsilon=0}\int_D\left\{\sqrt{EG-F^2}-\frac{\varepsilon f(EN+GL-2FM)+[\varepsilon^2]}{\sqrt{EG-F^2}}\right\}dudv \\ &= -\int_D f\frac{EN+GL-2FM}{EG-F^2}dA \\ &= -2\int_D fHdA \qquad (19.10)\end{aligned}$$

となる. ここに H は平均曲率である(6.11). f が任意であることから, 測地線のときと同様の議論により, 曲面 $\boldsymbol{p}_0(u,v)$ が面積汎関数の臨界点となるのは $H\equiv 0$ のときに限る.

定義 19.4 (19.10)を**面積の第 1 変分公式**という.

◆**注意**　この変分ベクトル場 $V = \left.\dfrac{\partial \boldsymbol{p}_\varepsilon}{\partial \varepsilon}\right|_{\varepsilon=0} = f\boldsymbol{n}$ は曲面の法ベクトル方向にとっているが，面積は曲面を接方向に動かしても変化しないので，変分は法方向にとればよいことが知られている．

どんな曲面 M もごく小さな近傍は円板と同相であり，その縁を枠として曲面の変分をとると，部分ごとに上と同じ議論ができる．したがって M の平均曲率がいたるところ消えるということは，M のどの部分を切り取っても面積の臨界点を与えているということである．この意味で次の命題がなりたつ．

命題 19.2　極小曲面は面積汎関数の臨界点である．

プラトー問題は，面積最小曲面を求める問題であるから，少なくともその解が極小曲面であることには違いない．最短線が測地線であることと同様である．しかし，極小曲面が面積最小曲面であるとは限らないのは，測地線が最短線であるとは限らないのと同様である．

プラトー問題は，1931 年にダグラス(J. Douglas)と，ラドー(T. Radó)によって，独立に解決され，ダグラスは第 1 回のフィールズ賞を受賞した(1936 年)．

19.3　調和写像と変分問題

測地線は長さの臨界点であり，極小曲面は面積の臨界点であることがわかった．しかし，ここで少々考えなければならないことがある．

長さも面積もパラメーターを変えても変わらないから，測地線，あるいは極小曲面はパラメーターのとり方による自由度をもつ．つまり，同じ臨界値をとる曲線あるいは曲面が無数に存在することになってしまう(ものとしてはもちろん同じなのだが)．

そこで，この解の自由度をもう少し小さくする方法はないであろうか．これがエネルギーの臨界点を求めることにより改善されるのである．

曲線 $\boldsymbol{c}(t)$ のエネルギーを

$$\mathcal{E}(\boldsymbol{c}) = \frac{1}{2}\int_a^b |\dot{\boldsymbol{c}}(t)|^2 dt \tag{19.11}$$

で定義する．また，曲面 $\boldsymbol{p}(u,v)$ のエネルギーを

$$\mathcal{E}(\boldsymbol{p}) = \frac{1}{2}\int_D \{|\boldsymbol{p}_u|^2 + |\boldsymbol{p}_v|^2\} du dv \tag{19.12}$$

で定義する．これは**ディリクレ**(Dirichlet)**積分**としてよく知られている．

まず曲線の場合，**シュワルツ**(Schwarz)**の不等式**

$$\left(\int_a^b fg\right)^2 \leqq \int_a^b f^2 \int_a^b g^2$$

から，$f = |\dot{\boldsymbol{c}}(t)|$，$g = 1$ として，

$$L(\boldsymbol{c})^2 \leqq 2(b-a)\mathcal{E}(\boldsymbol{c}) \tag{19.13}$$

がなりたち，等号は

$$|\dot{\boldsymbol{c}}(t)| = \text{一定}$$

のときに限る．$|\dot{\boldsymbol{c}}(t)|$ が一定のとき t は**弧長比例パラメーター**とよばれた(13.1節参照)．もし $\boldsymbol{c}$ が2点間を結ぶ曲線の長さの極小値をとり，弧長比例パラメーター表示されていたなら，同じ2点を結ぶ近くの曲線 $\boldsymbol{c}'$ に対して，

$$2(b-a)\mathcal{E}(\boldsymbol{c}) = L(\boldsymbol{c})^2 \leqq L(\boldsymbol{c}')^2 \leqq 2(b-a)\mathcal{E}(\boldsymbol{c}')$$

がなりたつから，エネルギーについても極小値を与えることになる．つまりエネルギーの極小値でなければ，長さの極小値でもない．

ここからは曲面上の曲線 $\boldsymbol{p}(t)$ を考える．エネルギーの第1変分公式は，(19.2)を用いて

$$\begin{aligned}\frac{\partial|\dot{\boldsymbol{p}}(\varepsilon,t)|^2}{\partial\varepsilon} &= 2\left\langle \nabla_\varepsilon \dot{\boldsymbol{p}}(\varepsilon,t), \dot{\boldsymbol{p}}(\varepsilon,t)\right\rangle \\ &= 2\left\langle \nabla_t \frac{\partial \boldsymbol{p}(\varepsilon,t)}{\partial\varepsilon}, \dot{\boldsymbol{p}}(\varepsilon,t)\right\rangle \\ &= 2\left\{\frac{\partial}{\partial t}\left\langle \frac{\partial \boldsymbol{p}(\varepsilon,t)}{\partial\varepsilon}, \dot{\boldsymbol{p}}(\varepsilon,t)\right\rangle - \left\langle \frac{\partial \boldsymbol{p}(\varepsilon,t)}{\partial\varepsilon}, \nabla_t \dot{\boldsymbol{p}}(\varepsilon,t)\right\rangle\right\}\end{aligned} \tag{19.14}$$

であるから

$$\frac{d\mathcal{E}(\varepsilon)}{d\varepsilon}\Big|_{\varepsilon=0} = \int_a^b \left\{ \frac{\partial}{\partial t} \left\langle \frac{\partial \boldsymbol{p}(\varepsilon, t)}{\partial \varepsilon}, \dot{\boldsymbol{p}}(\varepsilon, t) \right\rangle \Big|_{\varepsilon=0} - \left\langle \frac{\partial \boldsymbol{p}(\varepsilon, t)}{\partial \varepsilon}, \nabla_t \dot{\boldsymbol{p}}(\varepsilon, t) \right\rangle \Big|_{\varepsilon=0} \right\} dt$$
$$= \Big[\langle V, \dot{\boldsymbol{p}}(t)\rangle\Big]_a^b - \int_a^b \langle V, \nabla_t \dot{\boldsymbol{p}}(t)\rangle dt \qquad (19.15)$$

より次で与えられる．

補題 19.1　両端点を固定した曲線の**エネルギーの第 1 変分公式**は

$$\frac{d\mathcal{E}(\boldsymbol{p})}{d\varepsilon}\Big|_{\varepsilon=0} = -\int_a^b \langle V, \nabla_t \dot{\boldsymbol{p}}\rangle dt = 0 \qquad (19.16)$$

したがってその臨界点は，前節の議論と同様にして $\nabla_t \dot{\boldsymbol{p}} = 0$，すなわち，命題 13.4 により，

補題 19.2　エネルギーの臨界点を与える曲線は弧長比例パラメーターをもつ測地線である．

このようにパラメーターまで限定されるから，上に述べた自由度は小さくなる．

次に曲面の面積について，エネルギー(ディリクレエネルギーともよばれる)の臨界点を調べてみよう．

$$(|\boldsymbol{p}_u|^2|\boldsymbol{p}_v|^2 - \langle \boldsymbol{p}_u, \boldsymbol{p}_v\rangle^2) \leqq |\boldsymbol{p}_u|^2|\boldsymbol{p}_v|^2 \leqq \frac{1}{4}(|\boldsymbol{p}_u|^2 + |\boldsymbol{p}_v|^2)^2$$

から

$$\mathcal{A}(\boldsymbol{p}) \leqq \mathcal{E}(\boldsymbol{p}) \qquad (19.17)$$

が得られ，等号は $|\boldsymbol{p}_u|^2 = |\boldsymbol{p}_v|^2$，$\langle \boldsymbol{p}_u, \boldsymbol{p}_v\rangle = 0$ のときに限る．これは等温座標のことである．面積の極小値を与える曲面は極小曲面であった．面積は座標によらないから等温座標を用いると，同じ枠をもつ近くの曲面 $\boldsymbol{p}'$ について

$$\mathcal{E}(\boldsymbol{p}) = \mathcal{A}(\boldsymbol{p}) \leqq \mathcal{A}(\boldsymbol{p}') \leqq \mathcal{E}(\boldsymbol{p}')$$

となり，エネルギーの極小値にもなっている．つまり極小曲面はエネルギーの極小値を与えている．なお，極小曲面については等温座標の存在は比較的容易に証明できる(関連図書 [3] 参照)．

そこでエネルギーの第１変分公式が重要となる．これを求めてみよう．上の変分と同様に $\boldsymbol{p}_\varepsilon(u,v)$ を与えると，(19.9)より

$$\begin{aligned}|(\boldsymbol{p}_\varepsilon)_u|^2+|(\boldsymbol{p}_\varepsilon)_v|^2 &= E-2\varepsilon fL+G-2\varepsilon fN+[\varepsilon^2]\\ &= E+G-2\varepsilon f(L+N)+[\varepsilon^2]\end{aligned}$$

であるから

$$\begin{aligned}\left.\frac{d\mathcal{E}(\boldsymbol{p}_\varepsilon)}{d\varepsilon}\right|_{\varepsilon=0} &= \left.\frac{d}{d\varepsilon}\right|_{\varepsilon=0}\int_D \frac{1}{2}(E-2\varepsilon fL+G-2\varepsilon fN+[\varepsilon^2])dudv\\ &= -\int_D f(L+N)dudv\\ &= -\int_D f\langle \boldsymbol{p}_{uu}+\boldsymbol{p}_{vv},\boldsymbol{n}\rangle dudv \qquad (19.18)\end{aligned}$$

となる．

定義 19.5　(19.18)を枠を固定した曲面のエネルギーの第１変分公式という．

ここでもし (u,v) が曲面の計量 h に対する等温座標で $h=E(du^2+dv^2)$ であるならば，曲面上のラプラス作用素(A.22) $\Delta_h=\dfrac{1}{E}(\partial_u^2+\partial_v^2)$ を用いて，

$$\left.\frac{d\mathcal{E}(\boldsymbol{p}_\varepsilon)}{d\varepsilon}\right|_{\varepsilon=0} = -\int_D f\langle\Delta_h\boldsymbol{p},\boldsymbol{n}\rangle Edudv \qquad (19.19)$$

と表される．

命題 19.3　等温座標に関して $\Delta_h\boldsymbol{p}=2H\boldsymbol{n}$ がなりたつ．

［証明］　(19.18)の２行目は，(6.11)で $F=M=0$ により

$$(L+N)dudv=\frac{LE+NE}{E^2}Edudv=2HEdudv$$

となる．よって $\langle\Delta_h\boldsymbol{p},\boldsymbol{n}\rangle=2H$ である．$\Delta_h\boldsymbol{p}$ の接成分は，等温座標に対するクリストッフェル記号を用いると，第８章の問 8.1 により

$$\Gamma^1_{11}+\Gamma^1_{22}=\frac{1}{2}(\partial_1 \log E-\partial_1 \log E)=0,$$
$$\Gamma^2_{11}+\Gamma^2_{22}=\frac{1}{2}(-\partial_2 \log E+\partial_2 \log E)=0$$

をみたす．したがって $\Delta_h \boldsymbol{p}$ は法成分のみをもつから，$\Delta_h \boldsymbol{p}=2H\boldsymbol{n}$ を得る． ∎

第 1 変分が任意の f について消えるのは，

$$\Delta_h \boldsymbol{p}=0 \tag{19.20}$$

のときである．実際 $\Delta_h \boldsymbol{p}\neq 0$ ならば，f として $f|_{\partial D}=0$ で，$\langle \Delta_h \boldsymbol{p}, \boldsymbol{n}\rangle \neq 0$ なる部分でこの値と同じ値をとる適当な関数を作れば，左辺は負となる．

命題 19.4　エネルギーの臨界点を与える曲面は，等温座標に関して $\Delta_h \boldsymbol{p}=0$ をみたす極小曲面である．

定義 19.6　$\Delta_h \varphi=0$ をみたす関数 φ を**調和関数**とよぶ．

系 19.1　E^3 の極小曲面の等温座標に関する座標関数は調和関数である．

実は極小曲面のガウス写像 $\mathcal{G}=\boldsymbol{n}$ は S^2 への正則写像，すなわち有理型関数であることも知られており，極小曲面論は複素関数論と深く関係してくる(7.4 節参照)．

以上の議論から測地線も極小曲面も，**エネルギーの臨界点**を与える写像であることがわかった．より一般に，リーマン多様体 M から別のリーマン多様体 N への写像は，そのエネルギーの臨界点であるとき，**調和写像**とよばれ，いろいろな良い性質をもつ．もちろんエネルギーの定義は上に述べたものより複雑で，M と N のリーマン計量から決まるある量として与えられる(関連図書 [8] 参照)．

調和写像方程式は，良い性質をもつ場合には可積分系方程式(A.6 節参照)になることがあり，古典的な曲線論や曲面論と深く関わり発展している．

まとめ

1. 両端点を固定した変分に関する曲線の長さの第 1 変分公式：

$$\left.\frac{dL(\varepsilon)}{d\varepsilon}\right|_{\varepsilon=0} = -\int_a^b \left\langle V, \nabla_t\left(\frac{\dot{\boldsymbol{p}}(t)}{|\dot{\boldsymbol{p}}(t)|}\right)\right\rangle dt$$

2. 任意の変分に対して $\left.\frac{dL(\varepsilon)}{d\varepsilon}\right|_{\varepsilon=0} = 0 \Longleftrightarrow \nabla_t\left(\frac{\dot{\boldsymbol{p}}(t)}{|\dot{\boldsymbol{p}}(t)|}\right) = 0 \Longleftrightarrow$ 測地線
3. 曲面の枠を固定した変分に関する面積の第 1 変分公式：

$$\left.\frac{d\mathcal{A}(\boldsymbol{p}_\varepsilon)}{d\varepsilon}\right|_{\varepsilon=0} = -2\int_D fH\,dA$$

4. 任意の変分に対して $\left.\frac{d\mathcal{A}(\boldsymbol{p}_\varepsilon)}{d\varepsilon}\right|_{\varepsilon=0} = 0 \Longleftrightarrow H \equiv 0 \Longleftrightarrow$ 極小曲面
5. 曲線のエネルギー：$\mathcal{E}(\boldsymbol{c}) = \frac{1}{2}\int_a^b |\dot{\boldsymbol{c}}(t)|^2 dt$
6. 両端点を固定した曲線のエネルギーの第 1 変分公式：

$$\left.\frac{d\mathcal{E}(\boldsymbol{p})}{d\varepsilon}\right|_{\varepsilon=0} = \int_a^b \langle V, \nabla_t \dot{\boldsymbol{p}}\rangle dt$$

7. 曲面上の曲線 $\boldsymbol{p}$ に対して，$\mathcal{E}(\boldsymbol{p})$ の臨界点は弧長比例パラメーターで表される測地線
8. 曲面 $\boldsymbol{p}(u,v)$ のエネルギー：$\mathcal{E}(\boldsymbol{p}) = \frac{1}{2}\int_D \{|\boldsymbol{p}_u|^2 + |\boldsymbol{p}_v|^2\}dudv$
9. 等温座標表示された曲面 $\boldsymbol{p}(u,v)$ のエネルギーの第 1 変分公式：

$$\left.\frac{d\mathcal{E}(\boldsymbol{p}_\varepsilon)}{d\varepsilon}\right|_{\varepsilon=0} = -\int_D f\langle \Delta_h \boldsymbol{p}, \boldsymbol{n}\rangle E\,dudv$$

10. 等温座標表示された曲面について $\Delta_h \boldsymbol{p} = 2H\boldsymbol{n}$ がなりたつ．
11. 等温座標表示された曲面の $\mathcal{E}(\boldsymbol{p})$ の臨界点は極小曲面で，座標関数は調和関数

付　録

A.1　曲線の長さ

平面曲線，または空間曲線の長さが(2.3)，(4.1)で求まることを示そう．以下，空間曲線の長さについて記すが，平面曲線については z 成分 $=0$ とおけば同じ考察ができる．

曲線の長さの求め方は，直感的にいえば，曲線を線分で細かく分割して，各線分の長さの和をとり，分割を無限に細かくした極限値をとればよい．これは求積法とよばれる積分の考え方の原点である．

3 次元ユークリッド空間 E^3 の曲線 $\boldsymbol{c}$ (空間曲線)を考える．曲線が $\boldsymbol{c}(t)=\begin{pmatrix} x(t) \\ y(t) \\ z(t) \end{pmatrix}$，$t\in[a,b]$ なる E^3 に値をもつベクトル値関数で与えられているとする．$z(t)\equiv 0$ ならば，$\boldsymbol{c}(t)$ は平面曲線である．

パラメーターが t から微小量 Δt だけ変化したときの曲線の位置変化は，3 次元のベクトル

$$\boldsymbol{c}(t+\Delta t)-\boldsymbol{c}(t) \tag{A.1}$$

で与えられる．これを Δt で割って，Δt を 0 に近づけた極限ベクトル

$$\frac{d\boldsymbol{c}(t)}{dt} = \lim_{\Delta t \to 0} \frac{\boldsymbol{c}(t+\Delta t) - \boldsymbol{c}(t)}{\Delta t} \tag{A.2}$$

が存在するとき，これを曲線の t における**接ベクトル**と名付け，$\dfrac{d\boldsymbol{c}(t)}{dt}$ を $\dot{\boldsymbol{c}}(t)$ とも書く．極限がどの t でも存在するとき，曲線 $\boldsymbol{c}(t)$ は微分可能であるという．$\dot{\boldsymbol{c}}(t) = \begin{pmatrix} \dot{x}(t) \\ \dot{y}(t) \\ \dot{z}(t) \end{pmatrix}$ である．以下では $\boldsymbol{c}(t)$ は微分可能で，$\dot{\boldsymbol{c}}(t) \neq 0$ を仮定しておく．

分割された曲線の微小部分の長さは，ユークリッド距離 $|\boldsymbol{c}(t+\Delta t) - \boldsymbol{c}(t)|$ に近い．今

$$\Delta x = x(t+\Delta t) - x(t), \quad \Delta y = y(t+\Delta t) - y(t), \quad \Delta z = z(t+\Delta t) - z(t)$$

とおけば

$$\begin{aligned} |\boldsymbol{c}(t+\Delta t) - \boldsymbol{c}(t)| &= \sqrt{(\Delta x)^2 + (\Delta y)^2 + (\Delta z)^2} \\ &= \sqrt{\left(\frac{\Delta x}{\Delta t}\right)^2 + \left(\frac{\Delta y}{\Delta t}\right)^2 + \left(\frac{\Delta z}{\Delta t}\right)^2}\,\Delta t \end{aligned} \tag{A.3}$$

である．Δt で両辺を割って，$\Delta t \to 0$ とすると，左辺は接ベクトルの長さ $\left|\dfrac{d\boldsymbol{c}(t)}{dt}\right|$ に近づく．したがって右辺のルートの部分はこの値に近づく．

これに注意すると，(A.3)を分割 $t_1 = a < t_2 = t_1 + \Delta_1 t < t_3 = t_2 + \Delta_2 t < \cdots < t_n = b = t_{n-1} + \Delta_{n-1} t$ において，$t = t_i$ ごとに計算して総和をとり，$\Delta_i t \to 0$ $(n \to \infty)$ とすることにより，曲線の長さが，

$$\lim_{n\to\infty} \sum_{i=1}^{n} |\boldsymbol{c}(t_i + \Delta_i t) - \boldsymbol{c}(t_i)|$$

すなわち積分

$$L(\boldsymbol{c}) = \int_a^b \left|\frac{d\boldsymbol{c}(t)}{dt}\right| dt = \int_a^b |\dot{\boldsymbol{c}}(t)| dt \tag{A.4}$$

で求まることがわかる．結論として，

曲線の接ベクトル $\dot{\boldsymbol{c}}(t)$ の大きさを積分すると曲線の長さが求まる

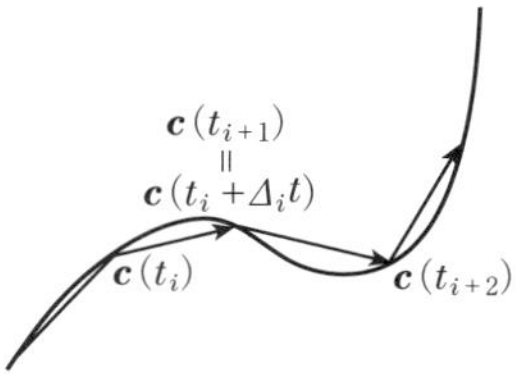

図 A.1　長さの線分近似

が式(A.4)の意味である(図 A.1).

例 A.1　ではここで，簡単な曲線の長さを測ってみよう.

(1) 線分 $I:\boldsymbol{c}(t)=(at+c, bt+d),\ t\in[t_1, t_2]$ の長さを求める．$\dot{\boldsymbol{c}}(t)=(a, b)$ なので，$|\dot{\boldsymbol{c}}(t)|=\sqrt{a^2+b^2}$．よってこの線分の長さは

$$L(I)=\int_{t_1}^{t_2}|\dot{\boldsymbol{c}}(t)|dt=\int_{t_1}^{t_2}\sqrt{a^2+b^2}dt=\sqrt{a^2+b^2}(t_2-t_1).$$

(2) 偏角 θ をパラメーターにもつ半径 a の円 $\boldsymbol{c}(\theta)=(a\cos\theta, a\sin\theta)$ では，$\dot{\boldsymbol{c}}(\theta)=(-a\sin\theta, a\cos\theta)$ より $|\dot{\boldsymbol{c}}(\theta)|=a$ であるから，$\theta\in[\theta_1, \theta_2]$ で決まる円弧 $\boldsymbol{c}$ の長さは，

$$L(\boldsymbol{c})=\int_{\theta_1}^{\theta_2}|\dot{\boldsymbol{c}}(\theta)|d\theta=\int_{\theta_1}^{\theta_2}ad\theta=a(\theta_2-\theta_1) \tag{A.5}$$

である(16.2 節参照).　□

A.2　固有値，実対称行列，2 次形式

$M_n(\mathbb{R})$ で n 次実正方行列全体を表す．行列 $A\in M_n(\mathbb{R})$ に対して $f(\boldsymbol{x})=A\boldsymbol{x}$ で決まる線形写像 $f:\mathbb{R}^n\to\mathbb{R}^n$ により，$\boldsymbol{0}$ でない n 次元ベクトル $\boldsymbol{x}$ は n 次元ベクトル $f(\boldsymbol{x})=A\boldsymbol{x}$ に移るが，一般に，$\boldsymbol{x}$ と $A\boldsymbol{x}$ は方向が異なる．これがたまたま一致して，$A\boldsymbol{x}=\lambda\boldsymbol{x}$ なる実数 λ が存在するとき，λ を A の**固有値**，$\boldsymbol{x}$ を λ に対する**固有ベクトル**という.

実行列 $A\in M_n(\mathbb{R})$ は ${}^tA=A$ をみたすとき**対称行列**とよばれる.

補題 A.1　n 次実対称行列は実固有値をもち，その固有ベクトルは互いに直交するようにとれる．

$n=2$ の証明は初等的なので与えておこう．行列 $A=\begin{pmatrix} a & b \\ c & d \end{pmatrix}$ が実対称，すなわち $b=c$ のとき，固有多項式 $\det(A-\lambda E)=\lambda^2-(a+d)\lambda+(ad-bc)=0$ の実根条件は

$$(a+d)^2-4(ad-bc)=(a-d)^2+4b^2 \geqq 0$$

であるから，固有値 λ, μ は実数になる．それぞれの固有ベクトルを $\boldsymbol{x}, \boldsymbol{y}$ とするとき，${}^t(AB)={}^tB{}^tA$,　${}^t({}^tA)=A$ であり，列ベクトル $\boldsymbol{x}, \boldsymbol{y}$ の内積は(1.2)により $\langle \boldsymbol{x}, \boldsymbol{y}\rangle={}^t\boldsymbol{x}\boldsymbol{y}=\vec{x}\boldsymbol{y}$ と表されるから，

$$\begin{aligned} \lambda\langle \boldsymbol{x}, \boldsymbol{y}\rangle &= \langle A\boldsymbol{x}, \boldsymbol{y}\rangle = {}^t(A\boldsymbol{x})\boldsymbol{y} = ({}^t\boldsymbol{x}{}^tA)\boldsymbol{y} = {}^t\boldsymbol{x}{}^tA\boldsymbol{y} \\ &= {}^t\boldsymbol{x}A\boldsymbol{y} = \langle \boldsymbol{x}, A\boldsymbol{y}\rangle = \mu\langle \boldsymbol{x}, \boldsymbol{y}\rangle \end{aligned}$$

となる．よって

$$(\lambda-\mu)\langle \boldsymbol{x}, \boldsymbol{y}\rangle = 0$$

より，$\lambda-\mu\neq 0$ ならば

$$\langle \boldsymbol{x}, \boldsymbol{y}\rangle = 0$$

を得る．$\lambda=\mu$ のときは，$\boldsymbol{x}$ も $\boldsymbol{y}$ も固有ベクトルだから直交するように選び直せる．つまり，実対称行列の2つの固有ベクトルはいつも直交するようにとれる．

$n>2$ の証明は線形代数学に譲る(関連図書 [11] 参照)．

実対称行列の固有値の捉え方の別の方法として，**ミニマックス原理**がある．特に2次元では，λ, μ は $\langle A\boldsymbol{x}, x\rangle/|\boldsymbol{x}|^2$ の値の最大値，最小値になっている．すなわち，単位ベクトル $\boldsymbol{x}$ を考えたとき $\langle A\boldsymbol{x}, x\rangle$ を最大(または最小)にする $\boldsymbol{x}$ が $A\boldsymbol{x}=\lambda\boldsymbol{x}$ (または $A\boldsymbol{x}=\mu\boldsymbol{x}$)をみたす．

3次以上の実対称行列でも，$\langle A\boldsymbol{x}, x\rangle$ が最大値をとる単位ベクトルを見つけたら，今度はそれと直交する単位ベクトルの中での $\langle A\boldsymbol{x}, x\rangle$ の最大値が2番目に大きい固有値，… というように固有値が次々に求まることが知られている．これは，固有ベクトルの直交性に呼応する．

対称行列について，もう一つ重要な概念が2次形式である．$A\in M_n(\mathbb{R})$ を実対称行列とするとき，$A=(a_{ij})$，$\boldsymbol{x}\in\mathbb{R}^n$ に対して

$$A[\boldsymbol{x}] = {}^t\boldsymbol{x}A\boldsymbol{x} = \sum_{i,j=1}^{n} a_{ij}x^i x^j = \langle \boldsymbol{x}, A\boldsymbol{x}\rangle = \langle A\boldsymbol{x}, \boldsymbol{x}\rangle$$

で定義される $\boldsymbol{x}$ の成分についての斉次2次式を**2次形式**という．実対称行列は対角化できるので(実固有値の存在はこれを保証する)，基底の変換により，2次形式は標準形 $\sum a_i y_i^2$ の形に書き直すことができる．このとき，負の a_i の個数 p と正の a_i の個数 q の対 (p,q) を**2次形式の符号**という．符号は2次形式に対して一意に決まる(**シルベスターの慣性法則**)．

$n=2$ のとき $A=\begin{pmatrix} E & F \\ F & G \end{pmatrix}$ に対し，$\boldsymbol{x}=\begin{pmatrix} \xi \\ \zeta \end{pmatrix}$ とすれば，対応する2次形式は

$$A[\boldsymbol{x}] = {}^t\boldsymbol{x}A\boldsymbol{x} = E\xi^2 + 2F\xi\zeta + G\zeta^2 \tag{A.6}$$

の形であることに注意しよう．これは第1基本形式，また $A=\begin{pmatrix} L & M \\ M & N \end{pmatrix}$ とすれば第2基本形式として，第6章で学んだ．

A.3 平坦領域の勾配ベクトル場と発散定理

ここでは通常，3次元ベクトル解析で述べられる事実を，簡単のため，2次元空間，特にユークリッド平面 E^2 で述べる．より一般に，曲面上での議論はA.4節で述べる．(u,v) を E^2 の通常の座標とする．

定義 A.1 D を E^2 の領域としよう．まず関数 $f: D\to\mathbb{R}$ の**勾配ベクトル場**を

$$\nabla f = \begin{pmatrix} f_u \\ f_v \end{pmatrix} \in \mathbb{R}^2, \quad f_u = \frac{\partial f}{\partial u},\ f_v = \frac{\partial f}{\partial v} \tag{A.7}$$

で定義する.

これは文字通り f の勾配(f の増え方の大きさと方向)を与えるベクトル場である. すなわち各点 $\boldsymbol{p}$ で,

$$\nabla f(\boldsymbol{p}) = f_u(\boldsymbol{p})\left(\frac{\partial}{\partial u}\right)_{\boldsymbol{p}} + f_v(\boldsymbol{p})\left(\frac{\partial}{\partial v}\right)_{\boldsymbol{p}}$$

なるベクトルである. ここに $\left(\frac{\partial}{\partial u}\right)_{\boldsymbol{p}}$, $\left(\frac{\partial}{\partial v}\right)_{\boldsymbol{p}}$ は $\boldsymbol{p}\in D$ における D の接空間 $T_{\boldsymbol{p}}D \cong \mathbb{R}^2$ の基底で, u 方向の単位ベクトル, v 方向の単位ベクトルとする. 右下についている $\boldsymbol{p}$ はこのベクトルの始点を表す.

考える図形の上で, 各点ごとに与えられたベクトルを**ベクトル場**という. D 上のベクトル場は $\xi(u, v), \zeta(u, v)$ を関数として, $X = \xi\frac{\partial}{\partial u} + \zeta\frac{\partial}{\partial v}$ と表せる.

定義 A.2　平坦領域 D 上のベクトル場 X の**発散**を

$$\mathrm{div}X = \frac{\partial \xi}{\partial u} + \frac{\partial \zeta}{\partial v} \tag{A.8}$$

で定義する. これはスカラー(数)である.

ベクトル場の発散とは, 文字通り物理量が拡散していくことを測る量である. ベクトル場で電流や熱流を表すとき, 各点 $\boldsymbol{p}$ の周りのとても小さい長方形への流出量から流入量を差し引いて, 長方形を点 $\boldsymbol{p}$ に縮めた極限量を, 各点での X の発散という. (A.8)の意味をこの定義に基づいて説明しよう.

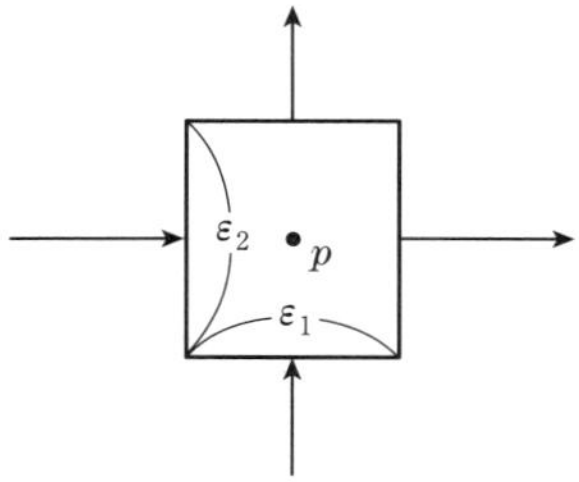

図 A.2　$\boldsymbol{p}$ の周りの長方形

$\boldsymbol{p}$ の座標を (a,b) として，$R=\{(u,v)\,|\,a-\varepsilon_1/2 \leqq u \leqq a+\varepsilon_1/2,\ b-\varepsilon_2/2 \leqq v \leqq b+\varepsilon_2/2\}$ を辺長が $\varepsilon_1, \varepsilon_2$ の長方形とする(図 A.2)．$u=a-\varepsilon_1/2$ なる辺から流入し，$u=a+\varepsilon_1/2$ から流出する量は，ξ 成分の変化量で，この辺長は ε_2 なので，各 v において

$$\Big(\xi(a+\varepsilon_1/2, v)-\xi(a-\varepsilon_1/2, v)\Big)\varepsilon_2$$

と表せる．同様に $v=b-\varepsilon_2/2$ から流入し $v=b+\varepsilon_2/2$ から流出する量は，各 u において

$$\Big(\zeta(u, b+\varepsilon_2/2)-\zeta(u, b-\varepsilon_2/2)\Big)\varepsilon_1$$

である．これらを足して R の面積 $\varepsilon_1\varepsilon_2$ で割り，$\varepsilon_1, \varepsilon_2 \to 0$ とすれば，

$$\lim_{\varepsilon_1,\varepsilon_2\to 0}\left\{\frac{\xi(a+\varepsilon_1/2, v)-\xi(a-\varepsilon_1/2, v)}{\varepsilon_1}+\frac{\zeta(u, b+\varepsilon_2/2)-\zeta(u, b-\varepsilon_2/2)}{\varepsilon_2}\right\}$$
$$=\frac{\partial\xi}{\partial u}+\frac{\partial\zeta}{\partial v}=\mathrm{div}X$$

を得る．これが各点での発散量で，これはスカラーである．

定理 A.1（境界 ∂D をもつ平坦領域 D の発散定理）

$$\int_D \mathrm{div}X\,dudv=\int_{\partial D}\langle X,\nu\rangle ds \qquad \text{(A.9)}$$

ここに ν は境界 ∂D の外向き単位法ベクトル，s は境界 ∂D の弧長パラメーターである．

つまり D の境界では X の法方向の成分が流出するから，それを境界に沿ってぐるりと積分すれば，D 全体の発散量が得られるというわけで，直感的にうなずける．

発散定理は物理や数学で用いられる非常に重要な定理である．ここでは2次元平面で紹介したが，高次元ユークリッド空間やリーマン多様体 M でも対応する発散定理がある(次節参照)．

補題 A.2　長方形 $R=\{(u,v)\mid a\leqq u\leqq b,\ c\leqq v\leqq d\}$ 上のベクトル場 $X=\xi\dfrac{\partial}{\partial u}+\zeta\dfrac{\partial}{\partial v}$ に対して，

$$\int_R \mathrm{div}X\,dudv=\int_{\partial R}\langle X,\nu\rangle ds \tag{A.10}$$

がなりたつ．ds は各辺の線素 du, dv のことである．

［証明］　$\partial R=c_1\cup c_2\cup c_3\cup c_4$ と (a,c) から反時計回りに辺で分割する（図 A.3）．外向き単位法ベクトルは順番に $-\dfrac{\partial}{\partial v}$, $\dfrac{\partial}{\partial u}$, $\dfrac{\partial}{\partial v}$, $-\dfrac{\partial}{\partial u}$ である．またユークリッド計量では $\left|\dfrac{\partial}{\partial u}\right|=\left|\dfrac{\partial}{\partial v}\right|=1$, $\left\langle\dfrac{\partial}{\partial u},\dfrac{\partial}{\partial v}\right\rangle=0$ である．よって $\langle X,\nu\rangle$ は c_1 上 $-\zeta$，c_2 上 ξ，c_3 上 ζ，c_4 上 $-\xi$ である．c_3 と c_4 では線積分の向きが変わるから，計算により，

$$\begin{aligned}\int_R\left(\frac{\partial\xi}{\partial u}+\frac{\partial\zeta}{\partial v}\right)dudv&=\int_c^d\int_a^b\frac{\partial\xi}{\partial u}dudv+\int_a^b\int_c^d\frac{\partial\zeta}{\partial v}dvdu\\&=\int_c^d\{\xi(b,v)-\xi(a,v)\}dv+\int_a^b\{\zeta(u,d)-\zeta(u,c)\}du\\&=\int_{c_2}\xi dv+\int_{c_4}\xi dv-\int_{c_3}\zeta du-\int_{c_1}\zeta du=\int_{\partial R}\langle X,\nu\rangle ds\end{aligned} \tag{A.11}$$

となる．∎

この式を(11.4)と比較すれば，$g=\xi$, $f=-\zeta$ としたものであることがわかるから，11.2 節で行った議論と同様にして，一般平坦領域 D に対する発散定理（定理 A.1）を得る．

定義 A.3　平坦領域 D 上の関数 f の勾配ベクトル場 $X=\nabla f$ の発散 $\Delta f=\mathrm{div}(\nabla f)$ で定義される微分作用素 Δ を，**ラプラス**(Laplace)**作用素**（**ラプラシアン**）という．

今(A.8)において，$\xi=\dfrac{\partial f}{\partial u}$, $\zeta=\dfrac{\partial f}{\partial v}$ であるから

$$\Delta f=\frac{\partial^2 f}{\partial u^2}+\frac{\partial^2 f}{\partial v^2} \tag{A.12}$$

となり，よく知られた微分作用素である．

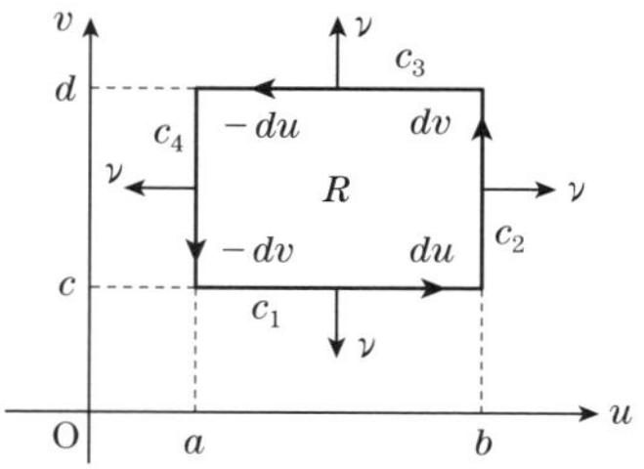

図 A.3　境界からの発散

A.4　曲面上の発散定理

ここまでは平坦領域上で議論したが，次に任意のリーマン計量を入れた領域 (D, h) を考えよう．8.3 節で述べたことにより，座標 $u^1 = u,\ u^2 = v$ をとり，

$$g_{ij} = h\Big(\frac{\partial}{\partial u^i}, \frac{\partial}{\partial u^j}\Big), \quad i, j = 1, 2$$

を第 1 基本量とするとき，行列 $g = \big(g_{ij}\big)$ の逆行列の成分を g^{ij}，$g = \det\big(g_{ij}\big)$ と書く（これと区別するため，計量を h とした）．

定義 A.4　ベクトル場 $X = \xi^i \dfrac{\partial}{\partial u^i}$ の**発散** $\mathrm{div}_h X$ を

$$\mathrm{div}_h X = \frac{1}{\sqrt{g}}\partial_i(\sqrt{g}\,\xi^i) = \sum_{i=1}^{2}\xi^i_{,i} \tag{A.13}$$

で定める（関連図書 [19] 参照）．ここに $\xi^i_{,j}$ は，クリストッフェル記号を用いると，ξ^i の u^j 方向の**共変微分係数**として

$$\xi^i_{,j} = \partial_j \xi^i + \Gamma^i_{jk}\xi^k \tag{A.14}$$

で与えられる．

さて，(A.13) は，(A.14) において

$$\sum_{i=1}^{2}\Gamma^i_{ik} = \frac{1}{2g}\partial_k g = \partial_k \log\sqrt{g} \tag{A.15}$$

がわかればすぐにいえるので，(A.15) を示そう．$\big(g^{ij}\big) = \dfrac{1}{g}\begin{pmatrix} g_{22} & -g_{12} \\ -g_{21} & g_{11}\end{pmatrix}$ なので

$$\frac{1}{2g}\partial_k g = \frac{1}{2g}\partial_k(g_{11}g_{22}-g_{12}^2)$$
$$= \frac{1}{2g}\{(\partial_k g_{11})g_{22}+(\partial_k g_{22})g_{11}-2(\partial_k g_{12})g_{12}\}$$
$$= \frac{1}{2}\{g^{11}\partial_k g_{11}+g^{22}\partial_k g_{22}+2g^{12}\partial_k g_{12}\}$$

で，他方，

$$\sum_{i=1}^{2}\Gamma_{ik}^{i} = \frac{1}{2}g^{1l}(\partial_1 g_{lk}+\partial_k g_{1l}-\partial_l g_{1k})+\frac{1}{2}g^{2l}(\partial_2 g_{lk}+\partial_k g_{2l}-\partial_l g_{2k})$$
$$= \frac{1}{2}g^{11}\partial_k g_{11}+g^{12}\partial_k g_{12}+\frac{1}{2}g^{22}\partial_k g_{22}$$

なのでこれらは確かに一致する．

定理 A.2（発散定理）　リーマン計量 $h=\left(g_{ij}\right)$ が与えられた曲面上の領域 D の面積要素を dA, ∂D の線素を ds とするとき，

$$\int_D \mathrm{div}_h X dA = \int_{\partial D}\langle X,\nu\rangle ds \tag{A.16}$$

がなりたつ．ここに ν は ∂D の外向き単位法ベクトルである．

［証明］　$c(t)=\partial D$ とすると，$c=(u^1,u^2)$ の接ベクトルは $\dot{c}=\dot{u}^1\frac{\partial}{\partial u^1}+\dot{u}^2\frac{\partial}{\partial u^2}$ より，D の外向き単位法ベクトルを $\nu=\alpha\frac{\partial}{\partial u^1}+\beta\frac{\partial}{\partial u^2}$ とすると，

$$0=\langle\dot{c},\nu\rangle=\alpha(\dot{u}^1 g_{11}+\dot{u}^2 g_{12})+\beta(\dot{u}^1 g_{12}+\dot{u}^2 g_{22}). \tag{A.17}$$

よって

$$\tilde{\nu}=(\dot{u}^1 g_{12}+\dot{u}^2 g_{22})\frac{\partial}{\partial u^1}-(\dot{u}^1 g_{11}+\dot{u}^2 g_{12})\frac{\partial}{\partial u^2}$$

は外向き法ベクトルで，

$$|\tilde{\nu}|^2=(\dot{u}^1 g_{12}+\dot{u}^2 g_{22})^2 g_{11}-2(\dot{u}^1 g_{12}+\dot{u}^2 g_{22})(\dot{u}^1 g_{11}+\dot{u}^2 g_{12})g_{12}$$
$$+(\dot{u}^1 g_{11}+\dot{u}^2 g_{12})^2 g_{22}$$
$$=g((\dot{u}^1)^2 g_{11}+2\dot{u}^1\dot{u}^2 g_{12}+(\dot{u}^2)^2 g_{22})=g|\dot{c}|^2$$

を得る．次に

$$\begin{aligned}\langle X, \tilde{\nu}\rangle &= \xi^1(\dot{u}^1 g_{12} + \dot{u}^2 g_{22})g_{11} - \xi^1(\dot{u}^1 g_{11} + \dot{u}^2 g_{12})g_{12} \\ &\quad + \xi^2(\dot{u}^1 g_{12} + \dot{u}^2 g_{22})g_{12} - \xi^2(\dot{u}^1 g_{11} + \dot{u}^2 g_{12})g_{22} \\ &= g(\xi^1\dot{u}^2 - \xi^2\dot{u}^1)\end{aligned}$$

より

$$\langle X, \nu\rangle = \frac{\sqrt{g}}{|\dot{c}|}(\xi^1\dot{u}^2 - \xi^2\dot{u}^1) \tag{A.18}$$

を得る．また，$ds = |\dot{c}|dt$ であるから

$$\langle X, \nu\rangle ds = \sqrt{g}(\xi^1\dot{u}^2 - \xi^2\dot{u}^1)dt \tag{A.19}$$

となる．したがって(A. 13)において

$$\begin{aligned}\int_D \mathrm{div}_h X dA &= \int_D \frac{1}{\sqrt{g}}\partial_i(\sqrt{g}\,\xi^i)\sqrt{g}\,du^1du^2 \\ &= \int_{\partial D}\sqrt{g}(\xi^1 du^2 - \xi^2 du^1) \\ &= \int_{\partial D}\langle X, \nu\rangle ds\end{aligned}$$

が示された．　■

他方，これを微分形式の言葉で述べると，1 形式 $\varphi = \sqrt{g}(\xi^1 du^2 - \xi^2 du^1)$ に対して，(A. 13)の真ん中の式を使えば，$d\varphi = \mathrm{div}_h X dA$ であるから，ストークスの定理(11. 5)と同じ表現を得る．

定義 A. 5　関数 $f: D \to \mathbb{R}$ の勾配ベクトル場 ∇f を

$$\nabla f = (g^{ij} f_i)\frac{\partial}{\partial u^j}, \quad f_i = \frac{\partial f}{\partial u^i} \tag{A.20}$$

と定め，(D, h) 上のラプラス作用素を

$$\Delta_h f = \mathrm{div}_h \nabla f = \frac{1}{\sqrt{g}}\partial_i(\sqrt{g}(g^{ij} f_j)) \tag{A.21}$$

で定義する．

ラプラス作用素は，等温座標 $g_{ij}=E\delta_{ij}$ では，$\sqrt{g}\,g^{ij}=\delta_{ij}$ であるから，

$$\Delta_h f=\mathrm{div}_h\nabla f=\frac{1}{E}\left\{\left(\frac{\partial}{\partial u^1}\right)^2+\left(\frac{\partial}{\partial u^2}\right)^2\right\}f \tag{A. 22}$$

と表せる．

余談

ここでは 2 次元の場合に発散定理とストークスの定理を述べたが，一般にはストークスの定理は 3 次元ユークリッド空間のベクトル解析の言葉で述べられる．しかしこれをリーマン多様体に拡張するときは，2 次元ですらベクトル X を表に出すと，リーマン計量 g が関わってきて表現が面倒になる．

他方，微分形式を用いた 11. 2 節の議論では計量が現れず，高次元においても表現がスッキリ述べられる．これは数学で生まれた微分形式の理論が，表現において優れていることを意味している．

ただ，背景にある物理現象を忘れると，なぜ発散定理というのかといった事情がわからない．数学，物理は切っても切れない糸でつながれているが，背景を理解した上では，抽象化という点で数学の果たす役割は大きい．

A. 5　ガウス–コダッチ方程式の別証明

8. 2 節で述べた命題 8. 2 を証明しよう．ここではアインシュタインの規約を用いる．内容は微分形式を用いて第 10 章で既に示したことである．

命題 A. 1　2 次元単連結領域 D 上に正値対称 2 次行列 (g_{ij}) と，対称 2 次行列 (h_{ij}) が与えられたとき，これからクリストッフェル記号(8. 3)と，$h^k_j=g^{kl}h_{lj}$ を定める．このとき，$\boldsymbol{p}_1, \boldsymbol{p}_2, \boldsymbol{n}$ を未知ベクトルとする偏微分方程式(8. 4)

$$\begin{cases}\partial_j\boldsymbol{p}_i=\Gamma^k_{ij}\boldsymbol{p}_k+h_{ij}\boldsymbol{n}\\ \partial_j\boldsymbol{n}=-h^k_j\boldsymbol{p}_k\end{cases},\quad 1\leqq i,j,k\leqq 2$$

の可積分条件(8. 5)は，

$$R^k_{ijl} = \partial_l \Gamma^k_{ij} - \partial_j \Gamma^k_{il} + \Gamma^s_{ij}\Gamma^k_{sl} - \Gamma^s_{il}\Gamma^k_{sj}$$

に対して，(8. 7)

$$\begin{cases} R^k_{ijl} = h_{ij}h^k_l - h_{il}h^k_j \\ \partial_l h_{ij} - \partial_j h_{il} + \Gamma^k_{ij}h_{lk} - \Gamma^k_{il}h_{kj} = 0 \end{cases}$$

で与えられる．

ここに R^k_{ijl} は**曲率テンソル**とよばれる重要な量[*1]である．

$g^{is}R^k_{ijl} = R^{ks}{}_{jl}$ とおくとき，$R^{ks}{}_{jl} = h^s_j h^k_l - h^s_l h^k_j$ であるから $k=l=1$，$s=j=2$ とおくと $R^{12}{}_{21} = h^1_1 h^2_2 - (h^1_2)^2$ は $\mathrm{I}^{-1}\mathrm{II}$ の行列式，つまりガウス曲率である．よって

$$K = R^{12}{}_{21} \tag{A. 23}$$

となり，これは可積分条件の一つ目がガウス方程式とよばれる所以である．

［証明］　可積分条件は

$$\partial_l \partial_j \boldsymbol{p}_i = \partial_j \partial_l \boldsymbol{p}_i, \quad \partial_l \partial_j \boldsymbol{n} = \partial_j \partial_l \boldsymbol{n}$$

である．(8. 4)より

$$\begin{aligned} \partial_l \partial_j \boldsymbol{p}_i &= \partial_l(\Gamma^k_{ij})\boldsymbol{p}_k + \Gamma^k_{ij}\boldsymbol{p}_{kl} + \partial_l(h_{ij})\boldsymbol{n} + h_{ij}\boldsymbol{n}_l \\ &= \partial_l(\Gamma^m_{ij})\boldsymbol{p}_m + \Gamma^k_{ij}(\Gamma^m_{kl}\boldsymbol{p}_m + h_{kl}\boldsymbol{n}) + \partial_l(h_{ij})\boldsymbol{n} - h_{ij}h^m_l \boldsymbol{p}_m \\ &= \left(\partial_l \Gamma^m_{ij} + \Gamma^k_{ij}\Gamma^m_{kl} - h_{ij}h^m_l\right)\boldsymbol{p}_m + \left(\partial_l h_{ij} + \Gamma^k_{ij}h_{kl}\right)\boldsymbol{n}. \end{aligned}$$

同様にして，

$$\partial_j \partial_l \boldsymbol{p}_i = \left(\partial_j \Gamma^m_{il} + \Gamma^k_{il}\Gamma^m_{kj} - h_{il}h^m_j\right)\boldsymbol{p}_m + \left(\partial_j h_{il} + \Gamma^k_{il}h_{kj}\right)\boldsymbol{n}$$

であるから，辺々引いて，(8. 6)を用いると，

$$\begin{aligned} 0 &= \partial_l \partial_j \boldsymbol{p}_i - \partial_j \partial_l \boldsymbol{p}_i \\ &= \left(R^m_{ijl} - h_{ij}h^m_l + h_{il}h^m_j\right)\boldsymbol{p}_m + \left(\partial_l h_{ij} - \partial_j h_{il} + \Gamma^k_{ij}h_{kl} - \Gamma^k_{il}h_{kj}\right)\boldsymbol{n} \end{aligned}$$

＊1　関連図書 [18] では符号が逆なので注意.

で，各成分が消えることから，ガウス–コダッチ方程式を得る．

可積分条件の第 2 式 $\partial_l\partial_j \boldsymbol{n} = \partial_j\partial_l \boldsymbol{n}$ はこのまま計算するよりも，$\boldsymbol{p}_k$ 成分と $\boldsymbol{n}$ 成分の各々が消えることをいう方が容易である．実際 $\boldsymbol{p}_k$ 成分については

$$
\begin{aligned}
\langle \partial_l\partial_j \boldsymbol{n} - \partial_j\partial_l \boldsymbol{n}, \boldsymbol{p}_k \rangle &= \langle \partial_l \boldsymbol{n}_j - \partial_j \boldsymbol{n}_l, \boldsymbol{p}_k \rangle \\
&= \partial_l \langle \boldsymbol{n}_j, \boldsymbol{p}_k \rangle - \langle \boldsymbol{n}_j, \boldsymbol{p}_{kl} \rangle - \partial_j \langle \boldsymbol{n}_l, \boldsymbol{p}_k \rangle + \langle \boldsymbol{n}_l, \boldsymbol{p}_{kj} \rangle \\
&= -\partial_l h_{jk} + \langle h_j^m \boldsymbol{p}_m, \boldsymbol{p}_{kl} \rangle + \partial_j h_{lk} - \langle h_l^m \boldsymbol{p}_m, \boldsymbol{p}_{kj} \rangle \\
&= -\partial_l h_{jk} + h_j^m \Gamma_{kl}^s g_{sm} + \partial_j h_{lk} - h_l^m \Gamma_{kj}^s g_{sm} \\
&= -\partial_l h_{jk} + h_{jr} g^{rm} \Gamma_{kl}^s g_{sm} + \partial_j h_{lk} - h_{lr} g^{rm} \Gamma_{kj}^s g_{sm} \\
&= -\partial_l h_{jk} + \partial_j h_{lk} + h_{js} \Gamma_{kl}^s - h_{ls} \Gamma_{kj}^s
\end{aligned}
$$

で，これは上で見たコダッチ方程式と同じなので消える．次に $\boldsymbol{n}$ 成分は

$$
\langle \partial_l\partial_j \boldsymbol{n} - \partial_j\partial_l \boldsymbol{n}, \boldsymbol{n} \rangle = \partial_l \langle \boldsymbol{n}_j, \boldsymbol{n} \rangle - \langle \boldsymbol{n}_j, \boldsymbol{n}_l \rangle - \partial_j \langle \boldsymbol{n}_l, \boldsymbol{n} \rangle + \langle \boldsymbol{n}_l, \boldsymbol{n}_j \rangle = 0
$$

である．結局ガウス–コダッチ方程式が可積分条件であることがわかった．■

◆注意

$$
h_{ij,l} = \partial_l h_{ij} - \Gamma_{il}^k h_{kj} - \Gamma_{lj}^k h_{ik} \qquad \text{(A. 24)}
$$

とおくとき，コダッチ方程式(10. 7)は

$$
h_{ij,l} = h_{il,j} \qquad \text{(A. 25)}
$$

と表せる．これは $h_{ij,l}$ がどの添え字についても対称であることを示していて，10. 3 節では正規直交系に対して示されたことである．$h_{ij,l}$ を h_{ij} の**共変微分係数**という．多様体論に現れる重要な概念にテンソルがあるが，テンソルの共変微分はそれがまたテンソルになるよう定義される．

8. 3 節で述べたように，座標を用いた計算は添え字が多くてうんざりするが，実際の計算を行うためにはこの手法も重要であることを覚えておこう．

A.6　可積分系理論への入り口

曲面論の基本定理は，その動枠のみたす偏微分方程式の可積分条件を用いて，10.4節とA.5節で証明した．可積分条件にはいろいろな表し方がある．例えば曲面 $\boldsymbol{p}$ の動枠を $X=\begin{pmatrix}\boldsymbol{p}_1 & \boldsymbol{p}_2 & \boldsymbol{n}\end{pmatrix}$ とおくとき，$\partial_u X=X_u$，$\partial_v X=X_v$ と書くと，

$$\begin{cases} X_u = XU \\ X_v = XV \end{cases} \tag{A.26}$$

として行列に関する偏微分方程式として記述できる．ここに U, V はクリストッフェル記号や h_{ij} を含む項からなる 3×3 行列であるが，ここでは具体的記述はしない．いいたいことは，10.4節とA.5節で計算した可積分条件 $X_{uv}=X_{vu}$ が，行列の形では

$$U_v - V_u - [U, V] = 0 \tag{A.27}$$

と書けることである．ここに $[U, V]=UV-VU$ である．実際

$$\begin{cases} X_{uv} = X_v U + XU_v = XVU + XU_v \\ X_{vu} = X_u V + XV_u = XUV + XV_u \end{cases}$$

であるから，辺々引いて X が正則であることを使うと(A.27)を得る．

(A.27)は可積分系理論で**両立条件**，または**零曲率条件**としてよく知られている式である．この条件を幾何学量を用いて計算したものが，**ガウス-コダッチ方程式**にほかならない．例えば平均曲率一定曲面のとき，(A.27)は本質的に，可積分系方程式である**双曲サイン-ゴードン**(sinh-Gordon)**方程式**に還元されるなど，多くの興味深いことが知られている．

平均曲率一定曲面は一定の体積を囲む面積極小の曲面という性質をもつが，そのガウス写像は2次元球面 S^2 への調和写像であることが知られている．曲面から球面，複素射影空間への調和写像はよく研究されていて，特に興味深いのは，これが**2次元戸田格子方程式**とよばれる可積分系方程式に関係していることである．1次元戸田格子方程式は，つながったバネの運動方程式として

知られており，可積分系方程式としてよく研究されている．その2次元版が曲面論と結びつき，ガウス写像が調和写像であることを経て，多くの平均曲率一定曲面の構成に使われることになった．

このきっかけとなったのが，**ホップ**(Hopf)**予想**の反例となった**ウェンテ**(Wente)**のトーラス**の発見である(図 A.4)．ホップ予想とは，E^3 の閉曲面で平均曲率一定なものは回転球面に限る，つまり丸いシャボン玉であろうというものであった．曲面の位相が球面であったり，また自己交叉がないときはこれは正しいことが証明されていたが，ウェンテは，トーラスで自己交叉をもつ反例を構成した．

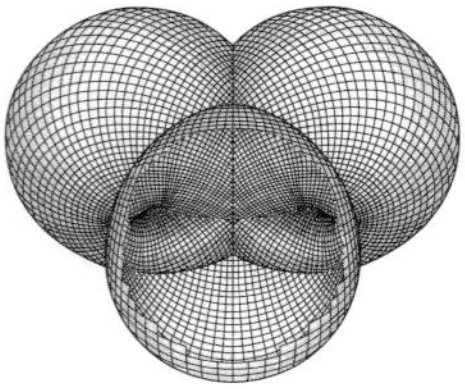

図 A.4　ウェンテのトーラス

可積分系理論とトーラスは大変相性が良く，これをきっかけに幾何学と可積分系理論が結びつき，1980年中盤ごろからこの観点での研究が活発に行われるようになった．

有名な可積分系方程式には，浅水波の方程式であるKdV方程式や，タバコの煙の輪を記述する渦方程式など，身近な問題と直結しているものが多い．このように古典力学や曲面論から発生した可積分系理論は，その後純粋理論として大きな発展を遂げ，無限次元可積分系理論として，佐藤幹夫やシーガル-ウィルソン(G. Segal-G. Wilson)らによる無限次元グラスマン幾何や，ループ群を用いた大理論につながっている．

問題の略解

第 1 章

1.1 $\cos\theta=\dfrac{\langle \boldsymbol{a},\boldsymbol{b}\rangle}{|\boldsymbol{a}||\boldsymbol{b}|}=\dfrac{3}{2\sqrt{3}}=\dfrac{\sqrt{3}}{2}$ より $\theta=\dfrac{\pi}{6}$.

1.2 $(1,2,3)$ を始点とするベクトル $\boldsymbol{a}=\begin{pmatrix}1\\-1\\0\end{pmatrix}$, $\boldsymbol{b}=\begin{pmatrix}0\\-2\\-4\end{pmatrix}$, $\boldsymbol{c}=\begin{pmatrix}-3\\-1\\-3\end{pmatrix}$ のはる平行六面体の体積の $\dfrac{1}{6}$ なので，$V=\dfrac{1}{6}\left|\det\begin{pmatrix}\boldsymbol{a} & \boldsymbol{b} & \boldsymbol{c}\end{pmatrix}\right|=\dfrac{5}{3}$.

1.3 (1) $S=|\boldsymbol{f}_1\times\boldsymbol{f}_2|=\sqrt{|\boldsymbol{f}_1|^2|\boldsymbol{f}_2|^2-\langle\boldsymbol{f}_1,\boldsymbol{f}_2\rangle^2}=\sqrt{3}$.

(2) $\boldsymbol{f}_3=\begin{pmatrix}-1\\-1\\1\end{pmatrix}$.

(3) $V=\left|\det\begin{pmatrix}\boldsymbol{f}_1 & \boldsymbol{f}_2 & \boldsymbol{f}_3\end{pmatrix}\right|=3$，または $S\times|\boldsymbol{f}_3|=3$.

(4) $\boldsymbol{e}_1=\dfrac{1}{\sqrt{2}}\begin{pmatrix}1\\-1\\0\end{pmatrix}$, $\boldsymbol{e}_2=\dfrac{1}{\sqrt{6}}\begin{pmatrix}1\\1\\2\end{pmatrix}$, $\boldsymbol{e}_3=\dfrac{1}{\sqrt{3}}\begin{pmatrix}-1\\-1\\1\end{pmatrix}$.

(5) $$E=\begin{pmatrix}\frac{1}{\sqrt{2}} & \frac{1}{\sqrt{6}} & -\frac{1}{\sqrt{3}}\\ -\frac{1}{\sqrt{2}} & \frac{1}{\sqrt{6}} & -\frac{1}{\sqrt{3}}\\ 0 & \frac{2}{\sqrt{6}} & \frac{1}{\sqrt{3}}\end{pmatrix}=FT=\begin{pmatrix}1 & 0 & -1\\ -1 & 1 & -1\\ 0 & 1 & 1\end{pmatrix}T.$$

$F^{-1}\begin{pmatrix}F & E\end{pmatrix}=\begin{pmatrix}I & F^{-1}E\end{pmatrix}=\begin{pmatrix}I & T\end{pmatrix}$ より（I は単位行列）$\begin{pmatrix}F & E\end{pmatrix}$ を基本変形して $\begin{pmatrix}I & F^{-1}E\end{pmatrix}$ の形にすることにより $T=\begin{pmatrix}\frac{1}{\sqrt{2}} & \frac{1}{\sqrt{6}} & 0\\ 0 & \frac{2}{\sqrt{6}} & 0\\ 0 & 0 & \frac{1}{\sqrt{3}}\end{pmatrix}$.

1.4 $A=(a^l_k)$, $T=(t^k_i)$, $T^{-1}=(s^j_l)$ とする．$A\boldsymbol{f}_k=a^l_k\boldsymbol{f}_l$, $\boldsymbol{e}_i=t^k_i\boldsymbol{f}_k$ より（アインシュタインの規約：上下に同じ添え字があるときはそれらについて和をとる，を用いている），$A\boldsymbol{e}_i=A(t^k_i\boldsymbol{f}_k)=t^k_i a^l_k\boldsymbol{f}_l=t^k_i a^l_k s^j_l\boldsymbol{e}_j$ であるから $\mathcal{E}$ に関する行列表示は $B=$

$T^{-1}AT$ である．

1.5　(1), (3) は正しいが，(2), (4) は正しくない．

1.6　一般に $AB \neq BA$ であるから，定義式に入れたとき，これはなりたつとは限らない．

1.7　加法定理より求まる．また，$R(t)^{-1}=R(-t)$.

1.8　$P(\boldsymbol{x})=\boldsymbol{x}+\boldsymbol{a}$ に対して $P(\boldsymbol{x}+\boldsymbol{y}) \neq P(\boldsymbol{x})+P(\boldsymbol{y})$, $P(\lambda\boldsymbol{x}) \neq \lambda P(\boldsymbol{x})$ である．

第2章

2.1　$\boldsymbol{c}(t)=a\begin{pmatrix}\cos t\\ \sin t\end{pmatrix}$ なので，$\begin{pmatrix}\dot{x}\\ \dot{y}\end{pmatrix}=a\begin{pmatrix}-\sin t\\ \cos t\end{pmatrix}$，$\begin{pmatrix}\ddot{x}\\ \ddot{y}\end{pmatrix}=a\begin{pmatrix}-\cos t\\ -\sin t\end{pmatrix}$，$|\dot{\boldsymbol{c}}|=a$ であるから (2. 11) より $\kappa=\dfrac{a^2\sin^2 t+a^2\cos^2 t}{a^3}=\dfrac{1}{a}$.

2.2　$\boldsymbol{e}_1' \equiv 0$ だから定ベクトル $\boldsymbol{a}$ が存在して $\boldsymbol{c}'(s)=\boldsymbol{e}_1=\boldsymbol{a}$ である．したがって初期ベクトル $\boldsymbol{b}$ を用いて $\boldsymbol{c}(s)=\boldsymbol{a}s+\boldsymbol{b}$ と表せ，$\boldsymbol{c}(s)$ は直線にほかならない．

2.3　$x=r(\theta)\cos\theta$, $y=r(\theta)\sin\theta$ より

$$x_\theta = r_\theta\cos\theta - r\sin\theta, \quad y_\theta = r_\theta\sin\theta + r\cos\theta,$$

$$x_{\theta\theta} = r_{\theta\theta}\cos\theta - 2r_\theta\sin\theta - r\cos\theta,$$

$$y_{\theta\theta} = r_{\theta\theta}\sin\theta + 2r_\theta\cos\theta - r\sin\theta$$

より (2. 11) に代入して分母は

$$\{(r_\theta\cos\theta - r\sin\theta)^2 + (r_\theta\sin\theta + r\cos\theta)^2\}^{3/2} = (r^2+r_\theta^2)^{3/2},$$

分子は

$$\begin{aligned}&(r_\theta\cos\theta - r\sin\theta)(r_{\theta\theta}\sin\theta + 2r_\theta\cos\theta - r\sin\theta)\\ &-(r_\theta\sin\theta + r\cos\theta)(r_{\theta\theta}\cos\theta - 2r_\theta\sin\theta - r\cos\theta)\\ &\quad = r^2+2r_\theta^2 - rr_{\theta\theta}.\end{aligned}$$

2.4　分母を $(1+t^2)^3$ とすると，分子は $8a^3t^6+8a^3t^8-8a^3t^6(1+t^2)=0$. $t\to\pm\infty$ で $x\to 2a$, $y\to\pm\infty$ である (図 1)．また

$$\dot{x} = 2a\Big(\frac{2t}{1+t^2} - \frac{2t^3}{(1+t^2)^2}\Big),$$

$$\dot{y} = 2a\Big(\frac{3t^2}{1+t^2} - \frac{2t^4}{(1+t^2)^2}\Big)$$

より $t=0$ で $\dot{\boldsymbol{c}}=0$ である．

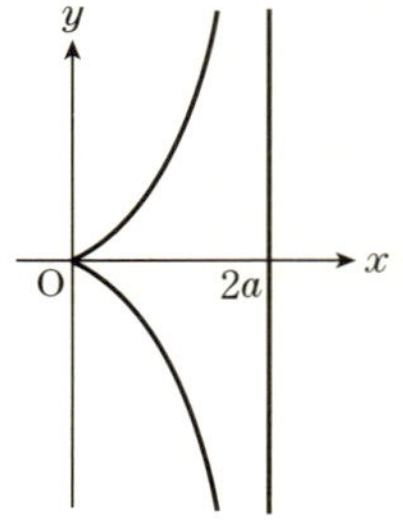

図 1

2.5　弧長は $s=\int_a^t \sqrt{\dot{x}^2+\dot{y}^2}dt=\int_a^t \sqrt{a^2\sin^2 t+b^2\cos^2 t}dt$.
よって $ds=\sqrt{a^2\sin^2 t+b^2\cos^2 t}dt$ より

$$\boldsymbol{e}_1=\frac{d\boldsymbol{p}}{ds}=\frac{dt}{ds}\dot{\boldsymbol{p}}=\frac{1}{\sqrt{a^2\sin^2 t+b^2\cos^2 t}}\begin{pmatrix}-a\sin t\\ b\cos t\end{pmatrix}$$

であるから

$$\boldsymbol{e}_2=\frac{1}{\sqrt{a^2\sin^2 t+b^2\cos^2 t}}\begin{pmatrix}-b\cos t\\ -a\sin t\end{pmatrix}.$$

よって $\kappa=\langle\boldsymbol{e}_1',\boldsymbol{e}_2\rangle=\dfrac{dt}{ds}\langle\dot{\boldsymbol{e}}_1,\boldsymbol{e}_2\rangle=\dfrac{ab}{(a^2\sin^2 t+b^2\cos^2 t)^{3/2}}$.

2.6　$\dot{x}=\sinh t$, $\dot{y}=\cosh t$, $\ddot{x}=\cosh t$, $\ddot{y}=\sinh t$ より(2. 11)に代入して

$$\kappa=\frac{\sinh^2 t-\cosh^2 t}{(\sinh^2 t+\cosh^2 t)^{3/2}}=\frac{-1}{\{(e^{2t}+e^{-2t})/2\}^{3/2}}=\frac{-1}{(\cosh 2t)^{3/2}}.$$

2.7　$\boldsymbol{p}(x)=\begin{pmatrix}x\\ f(x)\end{pmatrix}$ より $\dfrac{d\boldsymbol{p}}{dx}=\begin{pmatrix}1\\ \dfrac{df}{dx}\end{pmatrix}$. よって長さは $\displaystyle\int_a^b\sqrt{1+\left(\frac{df}{dx}\right)^2}dx$.

2.8　$y=a\cosh\dfrac{x}{a}$ より $\dfrac{dy}{dx}=\sinh\dfrac{x}{a}$. $1+\sinh^2\dfrac{x}{a}=\cosh^2\dfrac{x}{a}$ であるから，長さは前問より $\displaystyle\int_{-c}^c\cosh\frac{x}{a}dx=2a\Big[\sinh\frac{x}{a}\Big]_0^c=2a\sinh\frac{c}{a}$.

2.9　$\boldsymbol{c}(x)=\begin{pmatrix}x\\ a\cosh\dfrac{x}{a}\end{pmatrix}$ より $\dot{\boldsymbol{c}}(x)=\begin{pmatrix}1\\ \sinh\dfrac{x}{a}\end{pmatrix}$, $\ddot{\boldsymbol{c}}(x)=\begin{pmatrix}0\\ \dfrac{1}{a}\cosh\dfrac{x}{a}\end{pmatrix}$ を(2. 11)に代入して $\kappa=\dfrac{1}{a\cosh^2\dfrac{x}{a}}$.

2.10　$\boldsymbol{p}=\begin{pmatrix}x\\ x^3\end{pmatrix}$, $\dot{\boldsymbol{p}}=\begin{pmatrix}1\\ 3x^2\end{pmatrix}$, $\ddot{\boldsymbol{p}}=\begin{pmatrix}0\\ 6x\end{pmatrix}$ より $\kappa=\dfrac{6x}{(1+9x^4)^{3/2}}$. したがって $x>0$ で曲率は正，$x<0$ で曲率は負．実際 $x>0$ で左曲がり，$x<0$ で右曲がりである．

2.11　$\boldsymbol{p}(t)=\begin{pmatrix}a(t-\sin t)\\ a(1-\cos t)\end{pmatrix}$ より $\dot{\boldsymbol{p}}=\begin{pmatrix}a(1-\cos t)\\ a\sin t\end{pmatrix}$ だから，$|\dot{\boldsymbol{p}}|=\sqrt{2}\,a\sqrt{1-\cos t}$,
$\ddot{\boldsymbol{p}}=\begin{pmatrix}a\sin t\\ a\cos t\end{pmatrix}$. 公式(2. 11)より $\kappa=\dfrac{a^2(\cos t-1)}{2\sqrt{2}\,a^3(1-\cos t)^{3/2}}=-\dfrac{1}{2\sqrt{2}\,a\sqrt{1-\cos t}}$.

2.12　前問より $|\dot{\boldsymbol{p}}|=\sqrt{2}\,a\sqrt{1-\cos t}=2a\sin\dfrac{t}{2}$ だから

$$2a\int_0^{2\pi}\sin\frac{t}{2}dt=2a\Big[-2\cos\frac{t}{2}\Big]_0^{2\pi}=8a.$$

第3章

3.1　(1) 2　(2) 0　(3) 2

3.2　分母を $(1+\sin^2 t)^4$ として，分子を $a^4\cos^2 t$ でくくると，

$$\cos^2 t(1+\sin^2 t)-(1-\sin^2 t)(1+\sin^2 t)=0.$$

$\dfrac{\dot{x}}{a}=-\dfrac{\sin t}{(1+\sin^2 t)^2}(1+\sin^2 t+2\cos^2 t)$，$\dfrac{\dot{y}}{a}=-\dfrac{1}{(1+\sin^2 t)^2}(\cos^4 t-\sin^2 t-\sin^4 t)$ で $\dot{x}=0$ となるのは $\sin t=0$ のときのみだが，このとき $\dot{y}\neq 0$ なので，$\dot{\boldsymbol{c}}\neq 0$.

3.3　$x=r\cos\theta$，$y=r\sin\theta$ とおくことで，前問より $r^4=a^2r^2(\cos^2\theta-\sin^2\theta)=a^2r^2\cos 2\theta$ となり，$r^2=a^2\cos 2\theta$ を得る．このとき θ の動く範囲は $-\dfrac{\pi}{4}\leqq\theta\leqq\dfrac{\pi}{4}$ および $\dfrac{3\pi}{4}\leqq\theta\leqq\dfrac{5\pi}{4}$ である．原点で滑らかになるよう，向きをつけると，概形は下記の通り．

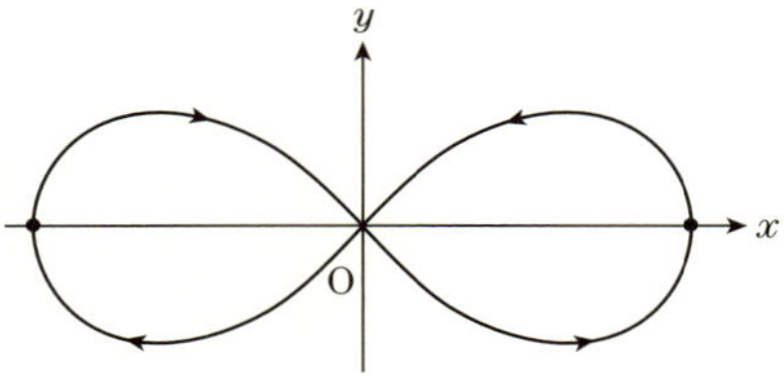

図2

回転数は0である．次に $r^2=a^2\cos 2\theta$ を続けて2回微分することにより，$rr_\theta=-a^2\sin 2\theta$，$(r_\theta)^2+rr_{\theta\theta}=-2a^2\cos 2\theta=-2r^2$ を得る．(2.14)の分母は $(r^2+r_\theta^2)^{3/2}=\left(\dfrac{r^4+a^4\sin^2 2\theta}{r^2}\right)^{3/2}=\left(\dfrac{a^4}{r^2}\right)^{3/2}=\dfrac{a^6}{r^3}$．また，分子は $r^2+2r_\theta^2-rr_{\theta\theta}=r^2+3r_\theta^2-\left(r_\theta^2+rr_{\theta\theta}\right)=3r^2+3\dfrac{a^4\sin^2 2\theta}{r^2}=3\dfrac{r^4+a^4\sin^2 2\theta}{r^2}=\dfrac{3a^4}{r^2}$.

よって(2.14)を用いると，$\kappa=\dfrac{3r}{a^2}$.

3.4　問2.5により $\kappa=\dfrac{ab}{(a^2\sin^2 t+b^2\cos^2 t)^{3/2}}$.

よって，$\dot{\kappa}=-\dfrac{ab(a^2-b^2)\sin t\cos t}{3(a^2\sin^2 t+b^2\cos^2 t)^{5/2}}$ より，$a^2\neq b^2$ のとき頂点は $t=0,\ \pi/2,\ \pi,\ 3\pi/2$ の4点となる．$a>b$ のとき最大値は $t=0,\pi$ で $\kappa=a/b^2$，最小値は $t=\pi/2,\ 3\pi/2$ で $\kappa=b/a^2$ となる．$a<b$ のときは最大，最小が逆になる．$a^2=b^2$ のときはいたるところ頂点．図は略．

3.5　卵形線 $\boldsymbol{c}$ の点 p における接線 l の分ける開半平面を $H^{\pm}$ とする．もし $\boldsymbol{c}$ が囲む

領域 D が l の片側になければ，$H^+\cap\boldsymbol{c}$ の点 q と $H^-\cap\boldsymbol{c}$ の点 r が存在して，線分 pq, pr, qr は D に含まれる．よって三角形 pqr も D に含まれるが，これは l と，p を端点とするある線分で交わる．他方 l は p で $\boldsymbol{c}$ に接するから，$\boldsymbol{c}$ が三角形 pqr に入り込む．しかし $\boldsymbol{c}=\partial D$ であるからこれはあり得ない．

3.6　卵形線 $\boldsymbol{c}$ の接線 l が $\boldsymbol{c}$ と 2 点 p, q を共有するなら，pq を結ぶ線分は凸性により D の閉包 $\bar{D}$ に含まれる．このとき前問により，D は l の片側にのみ存在するから，その境界は l の反対側にはなく，線分 pq は l に含まれることになる．

3.7　(1) l を x 軸として折り返しの行列を書くと $R=\begin{pmatrix}1 & 0\\ 0 & -1\end{pmatrix}$ である．曲線 $\boldsymbol{c}(s)=\begin{pmatrix}x(s)\\ y(s)\end{pmatrix}$ とするとき，$\tilde{\boldsymbol{c}}(s)=R\boldsymbol{c}(s)$ であるから，$\dfrac{d}{ds}\tilde{\boldsymbol{c}}(s)=R\boldsymbol{c}'(s)$ で弧長は保たれる．

(2) $\tilde{\boldsymbol{c}}$ のフレネ-セレ枠 $\tilde{\boldsymbol{e}}_1=R\boldsymbol{e}_1$ を s で微分して，$\tilde{\boldsymbol{e}}_1'=R\boldsymbol{e}_1'=\kappa(s)R\boldsymbol{e}_2$ だが，$\tilde{\boldsymbol{e}}_2$ は R が折り返しで向きが逆になるので，$\tilde{\boldsymbol{e}}_1'=-\kappa(s)\tilde{\boldsymbol{e}}_2$ となる．

第4章

4.1　$\boldsymbol{c}(t)=\begin{pmatrix}a\cos t\\ a\sin t\\ bt\end{pmatrix}$, $\dot{\boldsymbol{c}}(t)=\begin{pmatrix}-a\sin t\\ a\cos t\\ b\end{pmatrix}$, $\ddot{\boldsymbol{c}}(t)=\begin{pmatrix}-a\cos t\\ -a\sin t\\ 0\end{pmatrix}$, $\dddot{\boldsymbol{c}}(t)=\begin{pmatrix}a\sin t\\ -a\cos t\\ 0\end{pmatrix}$

より $\dot{\boldsymbol{c}}\times\ddot{\boldsymbol{c}}=\begin{pmatrix}ab\sin t\\ -ab\cos t\\ a^2\end{pmatrix}$．また $\left|\dot{\boldsymbol{c}}\quad\ddot{\boldsymbol{c}}\quad\dddot{\boldsymbol{c}}\right|=a^2b$．よって $|\dot{\boldsymbol{c}}|=\sqrt{a^2+b^2}$，$|\dot{\boldsymbol{c}}\times\ddot{\boldsymbol{c}}|=a\sqrt{a^2+b^2}$．これらを(4.8)に代入して $\kappa(t)=\dfrac{a}{a^2+b^2}$, $\tau(t)=\dfrac{b}{a^2+b^2}$ を得る．

4.2　$\dot{\boldsymbol{c}}(t)=3a\begin{pmatrix}1-t^2\\ 2t\\ 1+t^2\end{pmatrix}$, $\ddot{\boldsymbol{c}}(t)=6a\begin{pmatrix}-t\\ 1\\ t\end{pmatrix}$, $\dddot{\boldsymbol{c}}(t)=6a\begin{pmatrix}-1\\ 0\\ 1\end{pmatrix}$, $|\dot{\boldsymbol{c}}|^2=18a^2(1+t^2)^2$, $\dot{\boldsymbol{c}}\times\ddot{\boldsymbol{c}}=18a^2\begin{pmatrix}t^2-1\\ -2t\\ 1+t^2\end{pmatrix}$ だから，公式(4.8)を使えば，

$$\kappa(t)=\frac{|\dot{\boldsymbol{c}}\times\ddot{\boldsymbol{c}}|}{|\dot{\boldsymbol{c}}|^3}=\frac{1}{3a(1+t^2)^2},\quad \tau(t)=\frac{|\dot{\boldsymbol{c}}\ \ddot{\boldsymbol{c}}\ \dddot{\boldsymbol{c}}|}{|\dot{\boldsymbol{c}}\times\ddot{\boldsymbol{c}}|^2}=\frac{1}{3a(1+t^2)^2}.$$

4.3　$\boldsymbol{c}(t)=\begin{pmatrix}a\cosh t\\ a\sinh t\\ at\end{pmatrix}$, $\dot{\boldsymbol{c}}(t)=\begin{pmatrix}a\sinh t\\ a\cosh t\\ a\end{pmatrix}$, $\ddot{\boldsymbol{c}}(t)=\begin{pmatrix}a\cosh t\\ a\sinh t\\ 0\end{pmatrix}$, $\dddot{\boldsymbol{c}}(t)=\begin{pmatrix}a\sinh t\\ a\cosh t\\ 0\end{pmatrix}$,

$$\dot{\boldsymbol{c}}\times\ddot{\boldsymbol{c}}=\begin{pmatrix}-a^2\sinh t\\ a^2\cosh t\\ -a^2\end{pmatrix}.$$

$|\dot{\boldsymbol{c}}(t)|=a\sqrt{\cosh^2 t+\sinh^2 t+1}=\sqrt{2}\,a\cosh t$ より，弧長は $s=\int_0^t \sqrt{2}\,a\cosh t dt$.

$|\dot{\boldsymbol{c}}\times\ddot{\boldsymbol{c}}|=\sqrt{2}\,a^2\cosh t$, $\begin{vmatrix}\dot{\boldsymbol{c}} & \ddot{\boldsymbol{c}} & \dddot{\boldsymbol{c}}\end{vmatrix}=a^3$ より曲率も捩率も $\dfrac{1}{2a\cosh^2 t}$.

4.4　$$\boldsymbol{c}(t)=a\begin{pmatrix}\cosh t\cos t\\ \cosh t\sin t\\ t\end{pmatrix},\quad \dot{\boldsymbol{c}}(t)=a\begin{pmatrix}\sinh t\cos t-\cosh t\sin t\\ \sinh t\sin t+\cosh t\cos t\\ 1\end{pmatrix}$$

より $|\dot{\boldsymbol{c}}|=\sqrt{2}\,a\cosh t$.

$\ddot{\boldsymbol{c}}(t)=2a\sinh t\begin{pmatrix}-\sin t\\ \cos t\\ 0\end{pmatrix}$ より $\dot{\boldsymbol{c}}\times\ddot{\boldsymbol{c}}=2a^2\sinh t\begin{pmatrix}-\cos t\\ -\sin t\\ \sinh t\end{pmatrix}$.

よって $|\dot{\boldsymbol{c}}\times\ddot{\boldsymbol{c}}|=2a^2|\sinh t|\cosh t$.

$\dddot{\boldsymbol{c}}(t)=2a\begin{pmatrix}-\cosh t\sin t-\sinh t\cos t\\ \cosh t\cos t-\sinh t\sin t\\ 0\end{pmatrix}$ より $\begin{vmatrix}\dot{\boldsymbol{c}} & \ddot{\boldsymbol{c}} & \dddot{\boldsymbol{c}}\end{vmatrix}=8a^3\sinh^2 t$. 公式に代入して，$\kappa(t)=\dfrac{|\sinh t|}{\sqrt{2}\,a\cosh^2 t}$，$\tau(t)=\dfrac{2}{a\cosh^2 t}$.

4.5　${}^tT(s)=-T(s)$ を用いると，

$$\begin{aligned}(X(s){}^tX(s))'&=X'(s){}^tX(s)+X(s){}^tX'(s)=X(s)T(s){}^tX(s)+X(s){}^tT(s){}^tX(s)\\&=0\end{aligned}$$

であるから，初期値 $X(0){}^tX(0)=E$ ならば，$X(s){}^tX(s)=E$ である．

第5章

5.1　三角形分割では $2e=3f$ がなりたつから，$\chi(M)=v-e+f=v-\dfrac{e}{3}$ より $e=3(v-\chi(M))$. 他方，辺は2つの頂点をもつことから $\dbinom{v}{2}\geqq e$. よって $v(v-1)/2\geqq e=3(v-\chi(M))$ となり，

$$\binom{v-3}{2}=\frac{(v-3)(v-4)}{2}=\frac{v(v-1)}{2}-3v+6\geqq 3(2-\chi(M)).$$

5.2　(1) $v=7$, $e=23$, $f=14$ で，$\chi(T^2)=0$.

(2) 2×3 の碁盤の目の各四角形に対角線1本ずつを入れても $v=6$ なので(1)により

三角形分割にならない．例としては，3×3 の碁盤の目の各四角形に対角線 1 本ずつを入れたものは $v=9$, $e=27$, $f=18$ で，三角形分割になる．

5.3　$y=0$ とすると $(R-x)^2+z^2=r^2$ は xz 平面の $(R,0)$ を中心とする半径 r の円 c である．また z を一定にすると，$\sqrt{x^2+y^2}$ は一定だから，この図形は z 軸を中心とする回転で不変である．したがって S は c を z 軸の周りに回転してできるトーラスである．

5.4　四辺形分割の頂点数を V，辺の数を E，面の数を F とすると，$V=F$，各辺は 2 つの四辺形に属し，各四辺形は 4 つの辺をもつから $2E=4F$ である．各四辺形に対角線を入れて三角形分割にするとき，頂点数 $v=V=F$，辺の数 $e=E+F=3F$，面の数 $f=2F$ であるから，$\chi(M)=v-e+f=F-3F+2F=0$ で M はトーラスである．

5.5　六辺形分割の頂点数を V，辺の数を E，面の数を F とすると，各頂点は 3 つの六辺形に属し，各六辺形は 6 つの頂点をもつから $3V=6F$，各辺は 2 つの六辺形に属し，各六辺形は 6 つの辺をもつから $2E=6F$ である．各六辺形のある頂点から 3 本の線を入れて三角形分割にするとき，頂点数 $v=V=2F$，辺の数 $e=E+3F=6F$，面の数 $f=4F$ であるから，$\chi(M)=v-e+f=2F-6F+4F=0$ で M はトーラス，つまり種数は 1 である．

5.6　$M_1\sharp M_2$ の種数は g_1+g_2 だから $\chi(M_1\sharp M_2)=2(1-g_1-g_2)$．

第6章

6.1　凸曲面は(1)，(3)，(4)，(6)．ガウス曲率の符号は図から判定する．各点を直線が通る曲面は(2)，(6)．実際これらは $\left(\sqrt{\dfrac{x^2}{a^2}+\dfrac{y^2}{b^2}}+\sqrt{\dfrac{z^2}{c^2}+\varepsilon}\right)\left(\sqrt{\dfrac{x^2}{a^2}+\dfrac{y^2}{b^2}}-\sqrt{\dfrac{z^2}{c^2}+\varepsilon}\right)=0$，((2)では $\varepsilon=1$，(6)では 0)と分解できる(問 7.4 参照)．

6.2　(1) $x=a\cos u\cos v$，$y=b\cos u\sin v$，$z=c\sin u$

(2) $x=a\cosh u\cos v$，$y=b\cosh u\sin v$，$z=c\sinh u$

(3) $x=a\sinh u\cos v$，$y=b\sinh u\sin v$，$z=c\cosh u$

(4) $x=au\cos v$，$y=bu\sin v$，$z=u^2$

(5) $x=au\cosh v$，$y=bu\sinh v$，$z=u^2$

(6) $x=au\sin v$，$y=bu\cos v$，$z=cu$

6.3　S^2 の点を $\boldsymbol{p}(u,v)=\begin{pmatrix}\cos u\cos v\\ \cos u\sin v\\ \sin u\end{pmatrix}$，$u\in(-\pi/2,\pi/2)$，$v\in[0,2\pi)$ と表す(北極と南極を除く)．高さ $z=\sin u_0$ で決まる平面との切り口 C は，$\cos u_0=a$ とおいて

$\boldsymbol{p}(v)=\begin{pmatrix} a\cos v \\ a\sin v \\ \sqrt{1-a^2} \end{pmatrix}$ だから，v での微分をドットで表すと，$\dot{\boldsymbol{p}}(v)=\begin{pmatrix} -a\sin v \\ a\cos v \\ 0 \end{pmatrix}$．したがって $|\dot{\boldsymbol{p}}(v)|=a$．これより弧長は $s=av$ であるから弧長に関する微分をダッシュで表すと，$\boldsymbol{p}'(s)=\begin{pmatrix} -\sin v \\ \cos v \\ 0 \end{pmatrix}$，$\boldsymbol{p}''(s)=-\dfrac{1}{a}\begin{pmatrix} \cos v \\ \sin v \\ 0 \end{pmatrix}$．$\boldsymbol{p}(u_0, v)$ における S^2 の接ベクトルは $\boldsymbol{p}_u=\begin{pmatrix} -\sin u_0\cos v \\ -\sin u_0 \sin v \\ \cos u_0 \end{pmatrix}$ と $\boldsymbol{p}_v=\begin{pmatrix} -\cos u_0 \sin v \\ \cos u_0\cos v \\ 0 \end{pmatrix}$ なので，$\boldsymbol{p}''(s)$ の接成分は $\boldsymbol{p}_v$ とは直交しており，$\langle \boldsymbol{p}''(s), \boldsymbol{p}_u\rangle=(\sin u_0)/a=\tan u_0$ となる．つまり C の測地的曲率 $\kappa_g=\tan u_0$．$u_0=0$ のとき $\kappa_g=0$ だから，大円は測地線である．

6.4　常螺旋面：$\boldsymbol{p}=\begin{pmatrix} u\cos v \\ u\sin v \\ av+b \end{pmatrix}$ より $\boldsymbol{p}_u=\begin{pmatrix} \cos v \\ \sin v \\ 0 \end{pmatrix}$, $\boldsymbol{p}_v=\begin{pmatrix} -u\sin v \\ u\cos v \\ a \end{pmatrix}$ なので $E=1$, $F=0$, $G=u^2+a^2$．$\boldsymbol{p}_u\times\boldsymbol{p}_v=\begin{pmatrix} a\sin v \\ -a\cos v \\ u \end{pmatrix}$ より $\boldsymbol{n}=\dfrac{1}{\sqrt{u^2+a^2}}\begin{pmatrix} a\sin v \\ -a\cos v \\ u \end{pmatrix}$．$\boldsymbol{p}_{uu}=0$，$\boldsymbol{p}_{uv}=\begin{pmatrix} -\sin v \\ \cos v \\ 0 \end{pmatrix}$，$\boldsymbol{p}_{vv}=\begin{pmatrix} -u\cos v \\ -u\sin v \\ 0 \end{pmatrix}$．よって $L=0$，$M=-\dfrac{a}{\sqrt{u^2+a^2}}$，$N=0$ より $K=-\dfrac{a^2}{(u^2+a^2)^2}$, $H=0$.

6.5　$\boldsymbol{p}(u,v)=\begin{pmatrix} 3u+3uv^2-u^3 \\ v^3-3v-3u^2v \\ 3(u^2-v^2) \end{pmatrix}$ より $\boldsymbol{p}_u=3\begin{pmatrix} 1+v^2-u^2 \\ -2uv \\ 2u \end{pmatrix}$，$\boldsymbol{p}_v=3\begin{pmatrix} 2uv \\ v^2-1-u^2 \\ -2v \end{pmatrix}$ なので $E=9A^2$，$F=0$，$G=9A^2$，ここに $A=u^2+v^2+1$ (u, v は等温座標である)．

$\boldsymbol{p}_u\times\boldsymbol{p}_v=9A\begin{pmatrix} 2u \\ 2v \\ u^2+v^2-1 \end{pmatrix}$ なので $\boldsymbol{n}=\dfrac{1}{A}\begin{pmatrix} 2u \\ 2v \\ u^2+v^2-1 \end{pmatrix}$．

また $\boldsymbol{p}_{uu}=3\begin{pmatrix} -2u \\ -2v \\ 2 \end{pmatrix}$, $\boldsymbol{p}_{uv}=3\begin{pmatrix} 2v \\ -2u \\ 0 \end{pmatrix}$, $\boldsymbol{p}_{vv}=3\begin{pmatrix} 2u \\ 2v \\ -2 \end{pmatrix}$ より $L=-6$, $M=0$, $N=6$ で $K=-\dfrac{4}{9(u^2+v^2+1)^4}$, $H=0$.

第7章

7.1　$dudv=(u_x dx+u_y dy)(v_x dx+v_y dy)=(u_x v_y-u_y v_x)dxdy=\dfrac{\partial(u,v)}{\partial(x,y)}dxdy.$
また $u=r\cos\theta,\ v=r\sin\theta$ のとき $du=dr\cos\theta-rd\theta\sin\theta,\ dv=dr\sin\theta+rd\theta\cos\theta$ より $dudv=(dr\cos\theta-rd\theta\sin\theta)(dr\sin\theta+rd\theta\cos\theta)=rdrd\theta.$

7.2　$\boldsymbol{p}(s,v)=\begin{pmatrix} f(s)\cos v \\ f(s)\sin v \\ g(s) \end{pmatrix}$ より（以後 s 略），$\boldsymbol{p}_s=\begin{pmatrix} f'\cos v \\ f'\sin v \\ g' \end{pmatrix}$．$\boldsymbol{p}_v=\begin{pmatrix} -f\sin v \\ f\cos v \\ 0 \end{pmatrix}$ において $(f')^2+(g')^2=1$ に注意すると，$E=1,\ F=0,\ G=f^2.$

$\boldsymbol{p}_s\times\boldsymbol{p}_v=\begin{pmatrix} -fg'\cos v \\ -fg'\sin v \\ ff' \end{pmatrix}$ より $\boldsymbol{n}=\begin{pmatrix} -g'\cos v \\ -g'\sin v \\ f' \end{pmatrix}.$

また $\boldsymbol{p}_{ss}=\begin{pmatrix} f''\cos v \\ f''\sin v \\ g'' \end{pmatrix}$，$\boldsymbol{p}_{sv}=\begin{pmatrix} -f'\sin v \\ f'\cos v \\ 0 \end{pmatrix}$，$\boldsymbol{p}_{vv}=\begin{pmatrix} -f\cos v \\ -f\sin v \\ 0 \end{pmatrix}$ より $L=-g'f''+f'g'',\ M=0,\ N=fg'.$

今 $(f')^2+(g')^2=1$ とその微分 $f'f''+g'g''=0$ を用いると，$LN=(-g'f''+f'g'')fg'=-ff''(g')^2+ff'g'g''=-ff''\{(g')^2+(f')^2\}=-ff''$ だから $\underline{K=-\dfrac{f''}{f}}$．さらに $LG=(-g'f''+f'g'')f^2=(-g'f''+f'g'')fg'\cdot f/g'=-f^2f''/g'$ より，$LG+NE=-f^2f''/g'+fg'$ だから $\underline{H=\dfrac{1}{2}\Big(\dfrac{g'}{f}-\dfrac{f''}{g'}\Big)}.$

(1)　$f(u)=a\cos u,\ g(u)=a\sin u$ より $f_u=-a\sin u,\ g_u=a\cos u$ であるから $s=au$．$f'=-\sin u,\ f''=-(\cos u)/a,\ g'=\cos u,\ g''=-(\sin u)/a$ より，

$$K=1/a^2,\quad H=1/a.$$

(2)　$f(u)=R+r\cos u,\ g(u)=r\sin u$ より，(1)と同様に弧長は $s=ru$．よって $f'=-\sin u,\ f''=-\dfrac{1}{r}\cos u,\ g'=\cos u,\ g''=-\dfrac{1}{r}\sin u$ より

$$K=\frac{\cos u}{r(R+r\cos u)},\quad H=\frac{1}{2}\Big\{\frac{\cos u}{R+r\cos u}+\frac{1}{r}\Big\}.$$

(3)　$f(u)=ae^{-u/a},\ g(u)=\displaystyle\int\sqrt{1-e^{-2u/a}}du$ を u で微分して $f_u=-e^{-u/a},\ g_u=\sqrt{1-e^{-2u/a}}$ より u は弧長 s．よって $f'=-e^{-u/a},\ f''=\dfrac{1}{a}e^{-u/a},\ g'=\sqrt{1-e^{-2u/a}},$ $g''=\dfrac{e^{-2u/a}}{a\sqrt{1-e^{-2u/a}}}$ より

$$K=-\frac{1}{a^2},\quad H=\frac{1}{2a}\Big\{\frac{\sqrt{1-e^{-2u/a}}}{e^{-u/a}}-\frac{e^{-u/a}}{\sqrt{1-e^{-2u/a}}}\Big\}.$$

(4) $f(x)=x$, $g(x)=a\cosh^{-1}\dfrac{x}{a}$ である．$z=\cosh^{-1}t$ の微分は $t=\cosh z$ を微分して逆数をとり，$\dfrac{dz}{dt}=\dfrac{1}{\sqrt{t^2-1}}$．よって $g_x=\dfrac{1}{\sqrt{(x/a)^2-1}}=\dfrac{a}{\sqrt{x^2-a^2}}$ である．$\dfrac{ds}{dx}=\sqrt{1+g_x^2}=\dfrac{x}{\sqrt{x^2-a^2}}$ (s は弧長)より $f'=f_x\dfrac{dx}{ds}=\dfrac{\sqrt{x^2-a^2}}{x}$，同様に $f''=\left(\dfrac{x}{x\sqrt{x^2-a^2}}-\dfrac{\sqrt{x^2-a^2}}{x^2}\right)\dfrac{\sqrt{x^2-a^2}}{x}=\dfrac{a^2}{x^3}$．$g'=\dfrac{a}{\sqrt{x^2-a^2}}\dfrac{\sqrt{x^2-a^2}}{x}=\dfrac{a}{x}$，$g''=-\dfrac{a}{x^2}\dfrac{\sqrt{x^2-a^2}}{x}$．よって

$$K=-\frac{1}{x}\frac{a^2}{x^3}=-\frac{a^2}{x^4},\quad H=\frac{1}{2}\left(\frac{1}{x}\frac{a}{x}-\frac{x}{a}\frac{a^2}{x^3}\right)=0.$$

(注意：$u=\sqrt{x^2-a^2}$ なるパラメーターに変えると，問 6.4 の常螺旋面は，懸垂線と同じガウス曲率，平均曲率をもつことがわかる.)

7.3　曲面の点 p を通る直線 l が曲面に含まれるので u, v 座標として，u 曲線が l となるようにとる．l は直線だから，$\boldsymbol{p}_{uu}(t)=0$ より $L=0$ である．また l に沿って曲面の接平面が一定なので単位法ベクトル $\boldsymbol{n}$ は一定．よって $M=\langle \boldsymbol{p}_v, \boldsymbol{n}_u\rangle=0$ となる．したがって l に沿って $K=0$.

7.4　点 $(x,y,z)=(1,0,0)$ における平面 $x\equiv 1$ で一葉双曲面をカットすると，$y^2-z^2=0$ より，$y=\pm z$ なる 2 本の直線が切り口となる．$z=0$ のどの点でも事情は同じなのでこの円周に沿ってこれらの(どちらか一方でよい)直線が動いてできる曲面が一葉双曲面である．$\boldsymbol{p}(\theta,\varphi)=\begin{pmatrix}x\\y\\z\end{pmatrix}=\begin{pmatrix}\cosh\theta\cos\varphi\\\cosh\theta\sin\varphi\\\sinh\theta\end{pmatrix}$ とおくと，$\boldsymbol{p}_\theta=\begin{pmatrix}\sinh\theta\cos\varphi\\\sinh\theta\sin\varphi\\\cosh\theta\end{pmatrix}$，$\boldsymbol{p}_\varphi=\begin{pmatrix}-\cosh\theta\sin\varphi\\\cosh\theta\cos\varphi\\0\end{pmatrix}$ から $E=\sinh^2\theta+\cosh^2\theta$, $F=0$, $G=\cosh^2\theta$，および単位法ベクトル $\boldsymbol{n}=\dfrac{1}{A}\begin{pmatrix}-\cosh\theta\cos\varphi\\-\cosh\theta\sin\varphi\\\sinh\theta\end{pmatrix}$，$A=\sqrt{\sinh^2\theta+\cosh^2\theta}$ を得る．他方 $\boldsymbol{p}_{\theta\theta}=\begin{pmatrix}\cosh\theta\cos\varphi\\\cosh\theta\sin\varphi\\\sinh\theta\end{pmatrix}$，$\boldsymbol{p}_{\theta\varphi}=\begin{pmatrix}-\sinh\theta\sin\varphi\\\sinh\theta\cos\varphi\\0\end{pmatrix}$，$\boldsymbol{p}_{\varphi\varphi}=\begin{pmatrix}-\cosh\theta\cos\varphi\\-\cosh\theta\sin\varphi\\0\end{pmatrix}$ より $L=-\dfrac{1}{A}$，$M=0$，$N=\dfrac{\cosh^2\theta}{A}$ を得るから，$K=-\dfrac{1}{(\cosh^2\theta+\sinh^2\theta)^2}<0$ で，平坦ではない．問 7.1 の議論を用いて，$x^2-z^2=1$ の回転面として計算してもよい．

7.5　(1) 問 6.1 (5)双曲放物面参照.

(2) $\boldsymbol{p}=\begin{pmatrix} x \\ y \\ \dfrac{x^2}{a^2}-\dfrac{y^2}{b^2} \end{pmatrix}$ とおくと，$\boldsymbol{p}_x=\begin{pmatrix} 1 \\ 0 \\ \dfrac{2x}{a^2} \end{pmatrix}$, $\boldsymbol{p}_y=\begin{pmatrix} 0 \\ 1 \\ -\dfrac{2y}{b^2} \end{pmatrix}$, $\boldsymbol{p}_{xx}=\begin{pmatrix} 0 \\ 0 \\ \dfrac{2}{a^2} \end{pmatrix}$,

$\boldsymbol{p}_{xy}=0$,　$\boldsymbol{p}_{yy}=\begin{pmatrix} 0 \\ 0 \\ -\dfrac{2}{b^2} \end{pmatrix}$ より $\boldsymbol{n}=\dfrac{1}{A}\begin{pmatrix} -\dfrac{2x}{a^2} \\ \dfrac{2y}{b^2} \\ 1 \end{pmatrix}$,　$A^2=\dfrac{4x^2}{a^4}+\dfrac{4y^2}{b^4}+1$ より $L=\dfrac{1}{A}\dfrac{2}{a^2}$,　$M=0$,　$N=-\dfrac{1}{A}\dfrac{2}{b^2}$ だから漸近方向を $\xi\boldsymbol{p}_x+\eta\boldsymbol{p}_y$ とするとき，$L\xi^2+2M\xi\eta+N\eta^2=0$ を解いて $a\boldsymbol{p}_x\pm b\boldsymbol{p}_y$ を得る．

7.6　北極，南極は無限回，他の点は 2 回覆う．

実際，輪環面 $\boldsymbol{p}(u,v)=((R+r\cos u)\cos v, (R+r\cos u)\sin v, r\sin u)$ $(0\leqq u\leqq 2\pi,\ 0\leqq v\leqq 2\pi)$ の単位法ベクトルが $\boldsymbol{n}=(-\cos u\cos v, -\cos u\sin v, -\sin u)\in S^2$ であることが計算でわかる．すると $(0,0,\pm 1)$ $(u=\pm\pi/2)$ 以外の点には逆像が 2 つ：(u,v) と $(\pi-u, \pi+v)$ ある．図示してもよい．

7.7　問 7.2 で，$f=a\cosh t, g=b\sinh t$ とおくと，単位法ベクトルは $\boldsymbol{n}=\begin{pmatrix} -g'\cos u \\ -g'\sin u \\ f' \end{pmatrix}$ である．ここに弧長を s とすると，$ds=\sqrt{a^2\sinh^2 t+b^2\cosh^2 t}\,dt$ なので，$f'=\dfrac{a\sinh t}{\sqrt{a^2\sinh^2 t+b^2\cosh^2 t}}=\dfrac{a}{\sqrt{a^2+b^2\cosh^2 t/\sinh^2 t}}$ である．今，$t\to\infty$ とするとき，$\displaystyle\lim_{t\to\infty}\frac{\cosh^2 t}{\sinh^2 t}=\lim_{t\to\infty}\frac{(e^t+e^{-t})^2}{(e^t-e^{-t})^2}=1$ に注意すれば，$\boldsymbol{n}$ の z 座標は $\dfrac{a}{\sqrt{a^2+b^2}}$ に収束する．よってガウス写像の像は，$z=\pm\dfrac{a}{\sqrt{a^2+b^2}}$ で囲まれた円環領域になる．

第 8 章

8.1　$g_{ij}=\lambda\delta_{ij}$，$g^{ij}=\dfrac{1}{\lambda}\delta^{ij}$．　$\Gamma^k_{11}=\dfrac{1}{2}g^{kl}\left(\partial_1 g_{l1}+\partial_1 g_{1l}-\partial_l g_{11}\right)=\dfrac{1}{2}g^{kk}\left(\partial_1 g_{k1}+\partial_1 g_{1k}-\partial_k g_{11}\right)$ より $\Gamma^1_{11}=\dfrac{1}{2\lambda}\partial_1 g_{11}=\dfrac{1}{2}\partial_1\log\lambda$．同様に $\Gamma^2_{22}=\dfrac{1}{2}\partial_2\log\lambda$．

$\Gamma^2_{11}=\dfrac{1}{2\lambda}\left(\partial_1 g_{21}+\partial_1 g_{12}-\partial_2 g_{11}\right)=-\dfrac{1}{2}\partial_2\log\lambda$．同様に $\Gamma^1_{22}=-\dfrac{1}{2}\partial_1\log\lambda$．

$\Gamma^k_{12}=\dfrac{1}{2}g^{kl}\left(\partial_1 g_{l2}+\partial_2 g_{1l}-\partial_k g_{12}\right)=\dfrac{1}{2}g^{kk}\left(\partial_1 g_{k2}+\partial_1 g_{1k}\right)$ より $\Gamma^1_{12}=\dfrac{1}{2}g^{11}\left(\partial_1 g_{12}+\partial_2 g_{11}\right)=\dfrac{1}{2}\partial_2\log\lambda=\Gamma^1_{21}$．同様に $\Gamma^2_{12}=\dfrac{1}{2}\partial_1\log\lambda=\Gamma^2_{21}$．

8.2 $$R^1_{221} = \partial_1\Gamma^1_{22} - \partial_2\Gamma^1_{21} + \Gamma^s_{22}\Gamma^1_{s1} - \Gamma^s_{21}\Gamma^1_{s2}$$
$$= \frac{1}{2}\Big\{\partial_1(-\partial_1 \log\lambda) - \partial_2(\partial_2 \log\lambda)\Big\} + \frac{1}{4}\Big\{(-\partial_1 \log\lambda)(\partial_1 \log\lambda)$$
$$+(\partial_2 \log\lambda)(\partial_2 \log\lambda) - (\partial_2 \log\lambda)^2 - (\partial_1 \log\lambda)(-\partial_1 \log\lambda)\Big\}$$
$$= \frac{1}{2}(-\partial_1^2 \log\lambda - \partial_2^2 \log\lambda)$$
$$= -\frac{1}{2}\Delta \log\lambda.$$

8.3 $g^{2i}R^1_{i21} = h^2_2 h^1_1 - h^2_1 h^1_2 = \det(\mathrm{I}^{-1}\mathrm{II}) = K$ である．前問と合わせると，$K = -\dfrac{\Delta \log\lambda}{2\lambda}$ を得る（(10.4)参照）．

8.4 $E = 9A^2 = G$, $F = 0$, $L = -6 = -N$, $M = 0$ であった．ここに $A = u^2 + v^2 + 1$．前問により $K = -\dfrac{\Delta \log\lambda}{2\lambda} = -\dfrac{\Delta \log(9A^2)}{18A^2}$．ここに $\partial_u \log A = \dfrac{2u}{A}$，$\partial_u^2 \log A = \dfrac{2}{A} - \dfrac{4u^2}{A^2}$, $\partial_v \log A = \dfrac{2v}{A}$, $\partial_v^2 \log A = \dfrac{2}{A} - \dfrac{4v^2}{A^2}$ より $\Delta \log A = \dfrac{4}{A^2}$．
よって $\Delta \log(9A^2) = 2\Delta \log A = \dfrac{8}{A^2}$．したがって $K = -\dfrac{4}{9A^4}$ で問 6.5 の答と一致する．

$\lambda = 9A^2$ とおくとき，(8.7)のコダッチ方程式では $(i, j, l) = (1, 1, 2)$ と $(2, 2, 1)$ が本質的で，$h_{11} = -6 = -h_{22}$, $h_{12} = 0$ より，第 1, 2 項は消えるから，$\Gamma^k_{11}h_{2k} - \Gamma^k_{21}h_{k1} = \Gamma^2_{11}h_{22} - \Gamma^1_{21}h_{11} = \dfrac{1}{2}\{-(\partial_2 \log\lambda)h_{22} - (\partial_2 \log\lambda)h_{11}\} = 0$，$\Gamma^k_{22}h_{1k} - \Gamma^k_{21}h_{k2} = \Gamma^1_{22}h_{11} - \Gamma^2_{21}h_{22} = \dfrac{1}{2}\{-(\partial_1 \log\lambda)h_{11} - (\partial_1 \log\lambda)h_{22}\} = 0$ で確かにみたされる．

8.5 $III = \langle d\boldsymbol{n}, d\boldsymbol{n}\rangle$ に対応する対称行列を III で表すと，(7.9)より，$\begin{pmatrix}\boldsymbol{n}_u & \boldsymbol{n}_v\end{pmatrix} = \begin{pmatrix}\boldsymbol{p}_u & \boldsymbol{p}_v\end{pmatrix}(-\mathrm{I}^{-1}\mathrm{II})$ と書けるから，

$$\mathrm{III} = \begin{pmatrix}\langle \boldsymbol{n}_u, \boldsymbol{n}_u\rangle & \langle \boldsymbol{n}_u, \boldsymbol{n}_v\rangle \\ \langle \boldsymbol{n}_v, \boldsymbol{n}_u\rangle & \langle \boldsymbol{n}_v, \boldsymbol{n}_v\rangle\end{pmatrix} = \begin{pmatrix}{}^t\boldsymbol{n}_u \\ {}^t\boldsymbol{n}_v\end{pmatrix}\begin{pmatrix}\boldsymbol{n}_u & \boldsymbol{n}_v\end{pmatrix}$$
$$= {}^t\Big(\begin{pmatrix}\boldsymbol{p}_u & \boldsymbol{p}_v\end{pmatrix}(-\mathrm{I}^{-1}\mathrm{II})\Big)\begin{pmatrix}\boldsymbol{p}_u & \boldsymbol{p}_v\end{pmatrix}(-\mathrm{I}^{-1}\mathrm{II})$$
$$= {}^t\mathrm{II}\,{}^t(\mathrm{I}^{-1})\,\mathrm{I}\,(\mathrm{I}^{-1}\mathrm{II}) = \mathrm{II}(\mathrm{I}^{-1}\mathrm{II})$$

である．ここで 2 次正方行列 $A = \mathrm{I}^{-1}\mathrm{II}$ にケーリー-ハミルトンの定理を適用すると，$A^2 - (\mathrm{tr}\,A)A + (\det A)E = 0$（$E$ は単位行列）である．したがって $(\mathrm{I}^{-1}\mathrm{II})(\mathrm{I}^{-1}\mathrm{II}) - 2H(\mathrm{I}^{-1}\mathrm{II}) + KE = 0$ を得る．左から I をかけると，H, K はスカラーだから $\mathrm{III} - 2H\mathrm{II} + K\mathrm{I} = 0$ となる．対応する 2 次形式で書くと $III - 2HII + KI = 0$．

第 9 章

9.1 (1) $d\varphi = dy \wedge dx + dx \wedge dy = 0$.

(2) $h=xy+c$, c は定数. 暗算でもできるが, (x_0, y_0) と (x, y_0) を結ぶ線分 c_1, (x, y_0) と (x, y) を結ぶ線分 c_2 に沿って線積分を行う.

$$\int_{c_1}\varphi+\int_{c_2}\varphi=(xy_0-x_0y_0)+(xy-xy_0)=xy-x_0y_0$$

9.2 $d\psi=\dfrac{-2xy}{(x^2+y^2)^2}dy\wedge dx-\dfrac{2xy}{(x^2+y^2)^2}dx\wedge dy=0,\ (x, y)\neq(0, 0).$
ψ は $\psi=\dfrac{1}{2}d\log(x^2+y^2)$ なる完全形式である. もしくは極座標を使うと, $\psi=\dfrac{dr}{r}$ で $\psi=d\log r$, $r>0$ がすぐにわかる.

9.3 (1) $\begin{pmatrix}\boldsymbol{p}_u & \boldsymbol{p}_v\end{pmatrix}=\begin{pmatrix}\boldsymbol{e}_1 & \boldsymbol{e}_2\end{pmatrix}T$ とおくと, $d\boldsymbol{p}=\boldsymbol{p}_udu+\boldsymbol{p}_vdv=\theta^1\boldsymbol{e}_1+\theta^2\boldsymbol{e}_2$ より $\begin{pmatrix}\boldsymbol{p}_u & \boldsymbol{p}_v\end{pmatrix}\begin{pmatrix}du\\ dv\end{pmatrix}=\begin{pmatrix}\boldsymbol{e}_1 & \boldsymbol{e}_2\end{pmatrix}T\begin{pmatrix}du\\ dv\end{pmatrix}=\begin{pmatrix}\boldsymbol{e}_1 & \boldsymbol{e}_2\end{pmatrix}\begin{pmatrix}\theta^1\\ \theta^2\end{pmatrix}$ であるから, $\begin{pmatrix}\theta^1\\ \theta^2\end{pmatrix}=T\begin{pmatrix}du\\ dv\end{pmatrix}$.

(2) $T=\begin{pmatrix}t^i_j\end{pmatrix}$ とおく. i は行, j は列を表す. $dA=|\boldsymbol{p}_u\times\boldsymbol{p}_v|du\wedge dv=|(t^1_1\boldsymbol{e}_1+t^2_1\boldsymbol{e}_2)\times(t^1_2\boldsymbol{e}_1+t^2_2\boldsymbol{e}_2)|du\wedge dv=|t^1_1t^2_2-t^2_1t^1_2\ |du\wedge dv$ である. $\theta^1\wedge\theta^2=(t^1_1du+t^1_2dv)\wedge(t^2_1du+t^2_2dv)=(t^1_1t^2_2-t^2_1t^1_2)du\wedge dv$ なので, $\det T>0$ に注意すると, $\theta^1\wedge\theta^2=dA$.

9.4 $\theta^1=\dfrac{2dx}{1+|z|^2}$, $\theta^2=\dfrac{2dy}{1+|z|^2}$ とおくと, 前問から,

$$dA=\theta^1\wedge\theta^2=\frac{4}{(1+|z|^2)^2}dx\wedge dy.$$

$z=r^{i\theta}$ なる極座標では $dA=\dfrac{4}{(1+r^2)^2}rdr\wedge d\theta$ (問 7.1 参照)なので求める面積は

$$\left|\int_0^\infty\int_0^{2\pi}\frac{4}{(1+r^2)^2}rdrd\theta\right|=2\pi\int_0^\infty\frac{4rdr}{(1+r^2)^2}=4\pi\Big[-\frac{1}{1+r^2}\Big]_0^\infty=4\pi$$

でこれは単位球面 S^2 の面積にほかならない.

第10章

10.1 $ds^2=\dfrac{1}{y^2}(dx^2+dy^2)$ より (x, y) は等温座標で, $E=\dfrac{1}{y^2}$.
$\Delta\log E=\dfrac{\partial^2}{\partial y^2}(-2\log y)=\dfrac{2}{y^2}$ であるから(10.4)より, $K=-1$.

10.2 $ds^2=\dfrac{du^2-4vdudv+4udv^2}{4(u-v^2)}=\dfrac{(du-2vdv)^2}{4(u-v^2)}+dv^2$ だから $\theta^1=\dfrac{du-2vdv}{2\sqrt{u-v^2}}$, $\theta^2=dv$ とおくと $d\theta^1=d\theta^2=0$ がわかり(実際 $\theta^1=d(\sqrt{u-v^2})$), よって $\omega^1_2=0$ より $d\omega^1_2=0$ で $K=0$.

10.3　$\boldsymbol{p}_u = a\begin{pmatrix} -\sin u\cos v \\ -\sin u\sin v \\ \cos u \end{pmatrix} = a\boldsymbol{e}_1$，$\boldsymbol{p}_v = a\begin{pmatrix} -\cos u\sin v \\ \cos u\cos v \\ 0 \end{pmatrix} = a\cos u\boldsymbol{e}_2$ であるから，$d\boldsymbol{p} = a\boldsymbol{e}_1 du + a\cos u\boldsymbol{e}_2 dv = \theta^1\boldsymbol{e}_1 + \theta^2\boldsymbol{e}_2$ で，$\theta^1 = adu$, $\theta^2 = a\cos udv$. $\omega_2^1 = \xi du + \eta dv$ とおくとき，第 1 構造式から $0 = d\theta^1 = \theta^2\wedge\omega_2^1 = -a\xi\cos udu\wedge dv$, $-a\sin udu\wedge dv = d\theta^2 = \theta^1\wedge\omega_1^2 = -a\eta du\wedge dv$ より $\omega_2^1 = \sin udv$. 今 $d\omega_2^1 = \cos udu\wedge dv = \dfrac{1}{a^2}\theta^1\wedge\theta^2$ なので $K = \dfrac{1}{a^2}$ を得る.

10.4　$\boldsymbol{n} = \boldsymbol{e}_1\times\boldsymbol{e}_2 = -\dfrac{1}{a}\boldsymbol{p}$ を得るから $d\boldsymbol{n} = -\dfrac{1}{a}d\boldsymbol{p} = -\boldsymbol{e}_1 du - \cos u\boldsymbol{e}_2 dv = \omega_3^i\boldsymbol{e}_i$ で $\omega_3^1 = -du = -\dfrac{1}{a}\theta^1$, $\omega_3^2 = -\cos udv = -\dfrac{1}{a}\theta^2$ となる．よって $\omega_i^3 = b_{ij}\theta^j$ とするとき，$b_{11} = \dfrac{1}{a} = b_{22}$, $b_{12} = b_{21} = 0$.

10.5　$\boldsymbol{p}(s, v) = \begin{pmatrix} f(s)\cos v \\ f(u)\sin v \\ g(s) \end{pmatrix}$，$d\boldsymbol{p} = \begin{pmatrix} f'\cos v \\ f'\sin v \\ g' \end{pmatrix}ds + \begin{pmatrix} -f\sin v \\ f\cos v \\ 0 \end{pmatrix}dv = \boldsymbol{e}_1 ds + f\boldsymbol{e}_2 dv$ より，$\theta^1 = ds$, $\theta^2 = fdv$. $\omega_2^1 = xds + ydv$ とするとき，第 1 構造式から $0 = d\theta^1 = \theta^2\wedge\omega_2^1 = -xfds\wedge dv$ より $x = 0$. $f'ds\wedge dv = d\theta^2 = \theta^1\wedge\omega_1^2 = -yds\wedge dv$ より $y = -f'$. よって $\omega_2^1 = -f'dv$ となり，$d\omega_2^1 = -f''ds\wedge dv = -\dfrac{f''}{f}\theta^1\wedge\theta^2$. よって第 2 構造式から $K = -\dfrac{f''}{f}$ という問 7.2 と同じ結果を得る.

また $\boldsymbol{n} = \boldsymbol{e}_1\times\boldsymbol{e}_2 = \begin{pmatrix} -g'\cos v \\ -g'\sin v \\ f' \end{pmatrix}$ なので $d\boldsymbol{n} = \begin{pmatrix} -g''\cos v \\ -g''\sin v \\ f'' \end{pmatrix}ds + \begin{pmatrix} g'\sin v \\ -g'\cos v \\ 0 \end{pmatrix}dv = -\dfrac{g''}{f'}\boldsymbol{e}_1 ds - g'\boldsymbol{e}_2 dv$ となる．ここで $f'f'' + g'g'' = 0$ を用いた．これより，$\omega_3^1 = -\dfrac{g''}{f'}ds = -\dfrac{g''}{f'}\theta^1$，$\omega_3^2 = -g'dv = -\dfrac{g'}{f}\theta^2$，よって $b_{11} = \dfrac{g''}{f'} = -\dfrac{f''}{g'}$，$b_{22} = \dfrac{g'}{f}$, $b_{12} = b_{21} = 0$.

第 11 章

11.1　$A = (F^*f)x_u + (F^*g)y_u$，$B = (F^*f)x_v + (F^*g)y_v$ において B_u，A_v の x_u, x_v, y_u, y_v に対する微分はキャンセルすることをいう．実際，B_u から $(F^*f)x_{vu} + (F^*g)y_{vu}$, A_v から $(F^*f)x_{uv} + (F^*g)y_{uv}$ でこれらは一致する.

11.2　(1) 閉曲面のガウス-ボンネの定理より $\int_M K\theta^1\wedge\theta^2 = 2\pi\chi(M) = 4\pi(1-g) < 0$ なのでいたるところ $K \geqq 0$ とすると矛盾.

(2) 問 5.4 から $\chi(S)=0$ で，閉曲面のガウス-ボンネの定理より $\int_S K\theta^1\wedge\theta^2=0$ である．また S はトーラスである．

11.3 (1) 等温座標によるガウス曲率の公式(10.4)において，$E=\dfrac{4}{(1-|w|^2)^2}$ であるから $\bar\partial\log E=-2\bar\partial\log(1-|w|^2)=\dfrac{2w}{1-|w|^2}$，よって $\partial\bar\partial\log E=\dfrac{2}{(1-|w|^2)^2}$ となるから，$K=-\dfrac{2\partial\bar\partial\log E}{E}=-1$.

(2) $du\wedge dv=rdr\wedge d\theta$ に注意して，

$$\int_{D(t)}\theta^1\wedge\theta^2=\int_{D(t)}\frac{4}{(1-|w|^2)^2}dudv=\int_0^{2\pi}\int_0^t\frac{4}{(1-r^2)^2}rdrd\theta$$
$$=2\pi\int_0^t\frac{4r}{(1-r^2)^2}dr=4\pi\Big[\frac{1}{1-r^2}\Big]_0^t=\frac{4\pi t^2}{1-t^2}.$$

(3) 領域のガウス-ボンネの定理より，$\int_{D(t)}K\theta^1\wedge\theta^2+\int_{C_t}\kappa_g ds=2\pi$ だから(1)と(2)を用いて，$\int_{C_t}\kappa_g ds=2\pi\dfrac{1+t^2}{1-t^2}$.

第 12 章

12.1 母線はどこで考えても同じなので，xz 平面で考えてよい．つまり問 7.2 で $v=0$ とすると，$\boldsymbol{p}(s)=\begin{pmatrix}f\\0\\g\end{pmatrix}$ で，$\boldsymbol{p}'(s)=\begin{pmatrix}f'\\0\\g'\end{pmatrix}$，$\boldsymbol{p}''(s)=\begin{pmatrix}f''\\0\\g''\end{pmatrix}$ である．この点で $\boldsymbol{n}=\begin{pmatrix}-g'\\0\\f'\end{pmatrix}$ なので，s が弧長であることから $f'f''+g'g''=0$ より $\boldsymbol{p}''(s)$ は $\boldsymbol{n}$ と平行，したがって $\boldsymbol{k}_g=0$ である．

12.2 $z=c$ とすると，$g(u)=c$ なので，u は一定である．

$f(u)=a$ とすると，$\boldsymbol{p}(v)=\begin{pmatrix}a\cos v\\a\sin v\\c\end{pmatrix}$ となる．よって $\boldsymbol{p}_v=\begin{pmatrix}-a\sin v\\a\cos v\\0\end{pmatrix}$ で弧長は $s=av$ となり，$\boldsymbol{p}'=\begin{pmatrix}-\sin v\\\cos v\\0\end{pmatrix}$，$\boldsymbol{p}''=\dfrac{1}{a}\begin{pmatrix}-\cos v\\-\sin v\\0\end{pmatrix}$ である．この点での曲面の単位法ベクトルは問 7.2 より $\boldsymbol{n}=\begin{pmatrix}-g_u\cos v\\-g_u\sin v\\f_u\end{pmatrix}$ だから

$$\boldsymbol{k}_g=\boldsymbol{p}''-\langle\boldsymbol{p}'',\boldsymbol{n}\rangle\boldsymbol{n}=\frac{1}{a}\begin{pmatrix}(-1+(g_u)^2)\cos v\\(-1+(g_u)^2)\sin v\\-f_u g_u\end{pmatrix}=\frac{1}{a}\begin{pmatrix}-(f_u)^2\cos v\\-(f_u)^2\sin v\\-f_u g_u\end{pmatrix}.$$

したがってこれが消えるのは $f_u=0$ のとき，すなわち母線の接ベクトルが z 軸方向を向くときである．

12.3　前問より母線の接ベクトルが z 軸方向を向くのは，$z=0$ の切り口である xy 平面上の内外 2 つの円である．

12.4　半径 a の直円柱は $\boldsymbol{p}(t,z)=\begin{pmatrix}a\cos t\\a\sin t\\z\end{pmatrix}$ と表される．その接ベクトルは $\boldsymbol{p}_t=\begin{pmatrix}-a\sin t\\a\cos t\\0\end{pmatrix}$，$\boldsymbol{p}_z=\begin{pmatrix}0\\0\\1\end{pmatrix}$ であるから，単位法ベクトル $\boldsymbol{n}$ は $\boldsymbol{n}=\begin{pmatrix}\cos t\\\sin t\\0\end{pmatrix}$．他方，常螺旋 $\boldsymbol{p}(t)=\begin{pmatrix}a\cos t\\a\sin t\\bt\end{pmatrix}$ は $\dot{\boldsymbol{p}}(t)=\begin{pmatrix}-a\cos t\\a\sin t\\b\end{pmatrix}$ より弧長 $s=\sqrt{a^2+b^2}t$ で，

$$\boldsymbol{p}(s)=\begin{pmatrix}a\cos\dfrac{s}{\sqrt{a^2+b^2}}\\a\sin\dfrac{s}{\sqrt{a^2+b^2}}\\b\dfrac{s}{\sqrt{a^2+b^2}}\end{pmatrix}.$$

よって $\boldsymbol{p}'(s)=\dfrac{1}{\sqrt{a^2+b^2}}\begin{pmatrix}-a\sin t\\a\cos t\\b\end{pmatrix}$，$\boldsymbol{p}''(s)=\dfrac{1}{a^2+b^2}\begin{pmatrix}-a\cos t\\-a\sin t\\0\end{pmatrix}$ となり，これは法方向なので，$\boldsymbol{p}_g=0$ で，常螺旋は直円柱の測地線である．

12.5† $\boldsymbol{p}'=\boldsymbol{p}_u u'+\boldsymbol{p}_v v'$ および $\boldsymbol{p}''=u''\boldsymbol{p}_u+v''\boldsymbol{p}_v+\boldsymbol{p}_{uu}(u')^2+2\boldsymbol{p}_{uv}u'v'+\boldsymbol{p}_{vv}(v')^2$ により，クリストッフェル記号を用いて

$$\begin{aligned}\boldsymbol{k}_g&=\{u''+\Gamma^1_{11}(u')^2+2\Gamma^1_{12}u'v'+\Gamma^1_{22}(v')^2\}\boldsymbol{p}_u\\&\quad+\{v''+\Gamma^2_{11}(u')^2+2\Gamma^2_{12}u'v'+\Gamma^2_{22}(v')^2\}\boldsymbol{p}_v.\end{aligned}$$

12.6† $u=u^1(s)$, $v=u^2(s)$ と書くとき，測地線の方程式 $\boldsymbol{k}_g=0$ は，前問よりアインシュタインの規約を用いて

$$\begin{cases} \dfrac{d^2u^1}{ds^2}+\Gamma^1_{jk}\dfrac{du^j}{ds}\dfrac{du^k}{ds}=0 \\ \dfrac{d^2u^2}{ds^2}+\Gamma^2_{jk}\dfrac{du^j}{ds}\dfrac{du^k}{ds}=0 \end{cases}$$

となる．

第 13 章

13.1　問 10.3 で $a=1$ として，$\omega^1_2=\sin u dv$ であった．小円は $\sin u=c\ (c\neq 0)$ であるから，$X=\xi^1\boldsymbol{e}_1+\xi^2\boldsymbol{e}_2$ の平行移動の方程式は

$$\begin{cases} \dfrac{d\xi^1}{dv}+\xi^2\dfrac{\omega^1_2}{dv}=\dfrac{d\xi^1}{dv}+c\xi^2=0 \\ \dfrac{d\xi^2}{dv}+\xi^1\dfrac{\omega^2_1}{dv}=\dfrac{d\xi^2}{dv}-c\xi^1=0 \end{cases}$$

となる．この一般解は $\dfrac{d^2\xi^i}{dv^2}=-c^2\xi^i,\ i=1,2$ より

$$\begin{cases} \xi^1=\alpha\cos cv+\beta\sin cv \\ \xi^2=\alpha\sin cv-\beta\cos cv \end{cases}$$

である．例えば $v=0$ で $X=\boldsymbol{e}_1\ (\alpha=1,\beta=0)$ を小円に沿って $v=\dfrac{\pi}{2}$ まで平行移動すると，$(\cos c\pi/2)\boldsymbol{e}_1+(\sin c\pi/2)\boldsymbol{e}_2$ を得る．大円 l では $c=0$ であるから，$\boldsymbol{e}_1$ は大円に沿って平行である．

他方，大円 l 上の $v=\dfrac{\pi}{2}$ で与えられる点 p への経路として，$\boldsymbol{e}_1$ をまず北極まで経線 l_1 に沿って平行移動したのち，北極から p まで経線 l_2 に沿って平行移動させる．平行移動では内積が保たれることから，$X=\boldsymbol{e}_1$ は l_1 と直交し続けるから北極では l_2 の方向を向く．すると l_2 に沿っての平行移動では l_2 に接し続けるから p では赤道と直交する方向のベクトルになる．しかし $\boldsymbol{e}_1$ を赤道に沿って平行移動したものは上で見たように赤道に接したままだから，経路による平行移動の差が生じることがわかる．

13.2　点 $\boldsymbol{p}(s)$ での曲面の単位法ベクトルを $\boldsymbol{n}$ とすると，$\boldsymbol{q}(s)=\boldsymbol{p}(s)-\langle\boldsymbol{p}(s),\boldsymbol{n}\rangle\boldsymbol{n}$ であるから，$\boldsymbol{q}'(s)=\boldsymbol{p}'(s)-\langle\boldsymbol{p}'(s),\boldsymbol{n}\rangle\boldsymbol{n}$，$|\boldsymbol{q}'(s)|^2=|\boldsymbol{p}'(s)|^2-\langle\boldsymbol{p}'(s),\boldsymbol{n}\rangle^2$ なので s は $s\neq a$ では $\boldsymbol{q}$ の弧長ではないが，$s=a$ では弧長である．今 $\boldsymbol{q}''(s)=\boldsymbol{p}''(s)-\langle\boldsymbol{p}''(s),\boldsymbol{n}\rangle\boldsymbol{n}$ であるから，$\boldsymbol{q}''(a)=\boldsymbol{k}_g$ となり，平面曲線では $|\boldsymbol{q}''(a)|$ は曲率の大きさだから，これが $\boldsymbol{p}$ の測地的曲率の大きさになる．

13.3　球面の大円の各接平面への直交射影は直線であることは明らかであろう．よって前問により各点で測地的曲率が消えるから，測地線の一意性から，球面の測地線は大円である．

13.4　母線の接平面への直交射影は直線であることから，前問と同様．

13.5† 問 8.1 において $\lambda=1/y^2$ であるから，$\Gamma_{11}^1=0$，$\Gamma_{12}^1=-\dfrac{1}{y}$，$\Gamma_{22}^1=0$，$\Gamma_{11}^2=\dfrac{1}{y}$，$\Gamma_{12}^2=0$，$\Gamma_{22}^2=-\dfrac{1}{y}$ となる．よって問 12.6 により，測地線の方程式は

$$\begin{cases} x''-\dfrac{2x'y'}{y}=0 \\ y''+\dfrac{1}{y}\{(x')^2-(y')^2\}=0 \end{cases}$$

で簡単な計算により(13.12)と一致することがわかる．

第 14 章

14.1　$\langle A\boldsymbol{x}, A\boldsymbol{y}\rangle={}^t(A\boldsymbol{x})A\boldsymbol{y}={}^t\boldsymbol{x}{}^tAA\boldsymbol{x}={}^t\boldsymbol{x}\boldsymbol{y}=\langle \boldsymbol{x}, \boldsymbol{y}\rangle$.

14.2　$U=\begin{pmatrix} x_1 \\ y_1 \\ z_1 \\ t_1 \end{pmatrix}$，$V=\begin{pmatrix} x_2 \\ y_2 \\ z_2 \\ t_2 \end{pmatrix}$ のとき $\langle U, V\rangle_1=x_1x_2+y_1y_2+z_1z_2-t_1t_2={}^tUFV$ だから $\langle BU, BV\rangle_1={}^t(BU)FBV={}^tU{}^tBFBV={}^tUFV=\langle U, V\rangle_1$.

第 15 章

15.1　長方形 $R=\left\{(u, v)\,|\,0\leqq u\leqq 2\pi, |v|<\dfrac{1}{2}\right\}$ を描き，

$$\boldsymbol{p}(u, v)=\begin{pmatrix} \cos u \\ \sin u \\ 0 \end{pmatrix}+v\begin{pmatrix} \cos\dfrac{u}{2}\cos u \\ \cos\dfrac{u}{2}\sin u \\ \sin\dfrac{u}{2} \end{pmatrix}$$

で同一視されるところを調べると，$u=0$ の辺が $u=2\pi$ の辺と逆向きに同一視される．つまりメビウスの帯になる．

$$e_1=\begin{pmatrix} \cos u \\ \sin u \\ 0 \end{pmatrix},\ e_2=\begin{pmatrix} -\sin u \\ \cos u \\ 0 \end{pmatrix},\ e_3=\begin{pmatrix} 0 \\ 0 \\ 1 \end{pmatrix}$$

は正規直交基底で，

$$p(u, v)=\left(1+v\cos\frac{u}{2}\right)e_1+v\sin\frac{u}{2}e_3$$

と書ける．$(e_1)_u=e_2$，$(e_3)_u=0$ より，

$p_u = -\frac{v}{2}\sin\frac{u}{2}e_1 + \left(1+v\cos\frac{u}{2}\right)e_2 + \frac{v}{2}\cos\frac{u}{2}e_3,\ p_v = \cos\frac{u}{2}e_1 + \sin\frac{u}{2}e_3.$

よって $E=\frac{v^2}{4}+\left(1+v\cos\frac{u}{2}\right)^2,\ F=0,\ G=1$ で，$EG-F^2=E.$

$p_u\times p_v = \sin\frac{u}{2}\left(1+v\cos\frac{u}{2}\right)e_1 + \frac{v}{2}e_2 - \cos\frac{u}{2}\left(1+v\cos\frac{u}{2}\right)e_3$ より単位法ベクトルは

$$n=\frac{1}{\sqrt{E}}\left\{\left(1+v\cos\frac{u}{2}\right)\left(\sin\frac{u}{2}e_1-\cos\frac{u}{2}e_3\right)+\frac{v}{2}e_2\right\}.$$

今 $p_{vv}=0$ より $N=0$ で，$K=-M^2/E$ となるから

$$\begin{aligned}M &= \langle p_{uv}, n\rangle\\ &= \frac{1}{\sqrt{E}}\left\langle -\frac{1}{2}\sin\frac{u}{2}e_1+\cos\frac{u}{2}e_2+\frac{1}{2}\cos\frac{u}{2}e_3,\right.\\ &\qquad\left.\left\{\left(1+v\cos\frac{u}{2}\right)\left(\sin\frac{u}{2}e_1-\cos\frac{u}{2}e_3\right)+\frac{v}{2}e_2\right\}\right\rangle\\ &= \frac{1}{\sqrt{E}}\left(-\frac{1}{2}\left(1+v\cos\frac{u}{2}\right)+\frac{v}{2}\cos\frac{u}{2}\right)=-\frac{1}{2\sqrt{E}}\end{aligned}$$

より，$K=-\frac{1}{4E^2}=-\frac{4}{\left(v^2+4\left(1+v\cos\frac{u}{2}\right)^2\right)^2}$ を得る．

15.2　球面は北極からの立体射影と南極からの立体射影を用いて，2 枚のチャート $S^2\setminus\{\mathrm{N}\}$ と $S^2\setminus\{\mathrm{S}\}$ で覆える．これについては 16.1 節に記述があり，(u_1,u_2) から (v_1,v_2) に座標が変換される．実はこの変換はヤコビ行列式が負になっている(16.1 節の注意および下記参照)が，(v_1,v_2) を $(v_1,-v_2)$ に変えれば，座標変換のヤコビ行列式が正のアトラスを得ることができる．したがって $\mathcal{C}_1$ として $\{(u_1,u_2),(v_1,-v_2)\}$，$\mathcal{C}_2$ として $\{(u_1,-u_2),(v_1,v_2)\}$ を選ぶことができる．他にもいろいろなアトラスのとり方があるが，これが一番枚数が少ない．

$f:\mathbb{C}\to\mathbb{C}$ が反正則関数，すなわち，$f=f(z)$ が $\frac{\partial f}{\partial z}=0$ をみたすとする(10.2 節参照)．$f=u+iv$ を実部，虚部への分解，$z=x+iy$ とするとき，

$$\frac{\partial f}{\partial z}=0 \Longleftrightarrow \begin{cases} u_x=-v_y\\ u_y=v_x\end{cases}$$

が示される．(コーシー-リーマンの関係式と符号が逆になる)．したがって，f のヤコビ行列は

$$J_f=\begin{pmatrix}u_x & u_y\\ v_x & v_y\end{pmatrix}=\begin{pmatrix}u_x & u_y\\ u_y & -u_x\end{pmatrix}$$

となり，$\det J_f=-u_x^2-u_y^2<0$ である．

関 連 図 書

[1] M. ガッセン／青木薫 訳『完全なる証明——100万ドルを拒否した天才数学者』文春文庫，文藝春秋，2012.（Masha Gessen, *Perfect Rigor: A Genius and the Mathematical Breakthrough of the Century*, Houghton Mifflin Harcourt, 2009.）

[2] V. L. ハンセン／井川俊彦 訳『自然の中の幾何学——みつばちの巣から宇宙論まで』トッパン，1994.（Vagn Lundsgaard Hansen, *Geometry in Nature*, A. K. Peters, 1993.）

[3] 小林昭七『曲線と曲面の微分幾何(改訂版)』裳華房，1995.

[4] W. クリンゲンバーグ／小畠守生 訳『微分幾何学』海外出版貿易，1975.（Wilhelm Klingenberg, *Eine Vorlesung über Differentialgeometrie*, Springer, 1973.）

[5] 松坂和夫『集合・位相入門』岩波書店，1968，新装版，2018.

[6] 松本幸夫『多様体の基礎』東京大学出版会，1988.

[7] 松島与三『多様体入門』裳華房，1965，新装版，2017.

[8] 宮岡礼子『現代幾何学への招待——曲面の幾何からシンプレクティック幾何，フレアホモロジーまで』SGC ライブラリ 124，サイエンス社，2016，電子版，SDB Digital Books 57, 2019.

[9] 宮岡礼子『曲がった空間の幾何学——現代の科学を支える非ユークリッド幾何とは』ブルーバックス，講談社，2017.

[10] 大槻富之助『微分幾何学』朝倉書店，1961.

[11] 齋藤正彦『線型代数入門』東京大学出版会，1966.

[12] 酒井隆『リーマン幾何学——数学の基礎的諸分野への現代的入門』裳華房，1992.

[13] 塩濱勝博，成慶明『曲面の微分幾何学——局所理論から大域理論へ』日本評論社，2006.

[14] I. M. シンガー，J. A. ソープ／赤攝也 監訳／松江広文，一楽重雄 訳『トポロジーと幾何学入門』培風館，1995.（I. M. Singer and J. A. Thorpe, *Lecture Notes on Elementary Topology and Geometry*, Springer, 1967.）

[15] 梅原雅顕，山田光太郎『曲線と曲面(改訂版)——微分幾何的アプローチ』裳華房，2015.

[16] 和達三樹『非線形波動』岩波書店，2000.

[17] Manfredo P. do Carmo, *Differential Geometry of Curves and Surfaces*, Prentice Hall, 1976.

[18] Shoshichi Kobayashi and Katsumi Nomizu, *Foundations of Differential Geometry I, II*, Wiley, 1996.

[19] Jürgen Jost, *Riemannian Geometry and Geometric Analysis*, 7th edition, Springer, 2017.

索　引

あ　行

か　行

さ　行

た 行

な　行

は　行

ま 行

や 行

ら 行

わ 行

宮岡礼子
1951年生まれ．1973年東京工業大学卒業，1975年同大学大学院理工学研究科修士課程(数学専攻)修了．理学博士．東京工業大学助手・助教授，上智大学理工学部教授，九州大学大学院数理学研究院教授，東北大学大学院理学研究科教授，東北大学教養教育院総長特命教授を経て，東北大学名誉教授．2001年日本数学会幾何学賞受賞．
主著に『曲がった空間の幾何学——現代の科学を支える非ユークリッド幾何とは』(講談社，2017)，『現代幾何学への招待——曲面の幾何からシンプレクティック幾何，フレアホモロジーまで』(サイエンス社，2016)，『21世紀の数学——幾何学の未踏峰』(小谷元子共編，日本評論社，2004)．

曲線と曲面の現代幾何学——入門から発展へ

2019年9月19日　第1刷発行
2025年2月 5 日　第3刷発行

著　者　宮岡礼子（みやおかれいこ）

発行者　坂本政謙

発行所　株式会社 岩波書店
〒101-8002 東京都千代田区一ツ橋2-5-5
電話案内 03-5210-4000
https://www.iwanami.co.jp/

印刷製本・法令印刷

ISBN 978-4-00-005250-4　　Printed in Japan